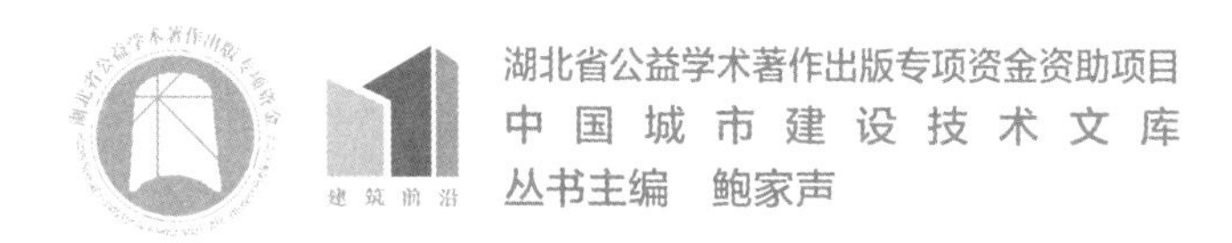
湖北省公益学术著作出版专项资金资助项目
中 国 城 市 建 设 技 术 文 库
丛书主编　鲍家声

The Theory and Methods of Urban Growth Management with Respect to Water Resources and Environment: A Case Study of Tianjin

水资源环境约束下
城镇增长管理理论与方法研究

以天津市为例

贾梦圆　陈 天　著

图书在版编目（CIP）数据

水资源环境约束下城镇增长管理理论与方法研究：以天津市为例 / 贾梦圆，陈天著. —武汉：华中科技大学出版社，2023.3
（中国城市建设技术文库）
ISBN 978-7-5680-8987-6

Ⅰ. ①水… Ⅱ. ①贾… ②陈… Ⅲ. ①水资源管理－研究－天津 Ⅳ. ①TV213.4

中国国家版本馆CIP数据核字（2023）第005037号

水资源环境约束下城镇增长管理理论与方法研究：以天津市为例　　贾梦圆　陈天　著

SHUIZIYUAN HUANJING YUESHU XIA CHENGZHEN ZENGZHANG GUANLI LILUN
YU FANGFA YANJIU: YI TIANJIN SHI WEI LI

出版发行：华中科技大学出版社（中国・武汉）　　电话：（027）81321913
地　　址：武汉市东湖新技术开发区华工科技园　　邮编：430223

策划编辑：张淑梅　　封面设计：王　娜
责任编辑：赵　萌　　责任监印：朱　玢

印　　刷：湖北金港彩印有限公司
开　　本：710 mm×1000 mm　1/16
印　　张：17
字　　数：283千字
版　　次：2023年3月第1版 第1次印刷
定　　价：98.00 元

投稿邮箱：zhangsm@hustp.com
本书若有印装质量问题，请向出版社营销中心调换
全国免费服务热线：400-6679-118 竭诚为您服务

华中出版

“中国城市建设技术文库”
丛书编委会

作者简介

贾梦圆

1991 年 6 月生，北京建筑大学建筑与城市规划学院城乡规划系讲师，天津大学与昆士兰大学双学位博士。主要研究领域为生态城市规划、城市形态学理论以及城市数字化建模方法。主持国家自然科学基金青年项目、教育部人文社会科学研究青年基金项目；在 *Land Use Policy*、*Ecological Indicators*、《城市规划学刊》等期刊上发表相关研究成果 20 余篇。

陈天

1964 年 10 月生，天津大学建筑学院英才教授，博士生导师，城市设计方向学科带头人，城市空间与城市设计研究所所长，天津城市规划设计大师。担任中国城市规划学会第六届理事会常务理事，教育部高等学校建筑类专业教学指导委员会委员、教育部高等学校城乡规划专业教学指导分委员会副主任委员，中国建筑学会城市设计分会理事，中国城市科学研究会韧性城市专业委员会常务理事，天津城市规划学会常务理事。主持或参与国家级、省部级科研课题 20 余项，发表中外期刊及重要会议论文 100 余篇；主持建筑城市设计与规划设计实践项目 80 余项；培养硕博士研究生百余名；出版专著译著及教材 12 部。

本研究获得教育部人文社会科学研究青年基金项目（22YJCZH066）、国家自然科学基金青年项目（52208040）、北京建筑大学青年教师科研能力提升计划（X22016）资助。

前　　言

协调城镇化进程与水环境保护的关系是实现社会经济可持续发展的关键议题。水资源短缺、水污染加剧、水生态恶化等一系列问题日益突出。国家“十三五”规划纲要明确提出，“落实最严格的水资源管理制度”“全面推进节水型社会建设”。“以水定城、以水定地、以水定人、以水定产”已成为我国城镇发展和规划管理的必然要求[1]。推动水资源、水环境、水生态的协同治理更是“十四五”时期的重要发展方向之一，未来城镇发展将更加关注合理利用水资源、保护水环境、修复水生态的水生态文明建设模式。2019 年 5 月中共中央、国务院发布的《关于建立国土空间规划体系并监督实施的若干意见》提出：“坚持山水林田湖草生命共同体理念，加强生态环境分区管治，量水而行，保护生态屏障，构建生态廊道和生态网络，推进生态系统保护和修复，依法开展环境影响评价。”在此背景下，如何在城镇空间规划中践行“以水定城、量水而行”的发展思路，协调城市发展与水资源环境保护的关系，是优化空间规划编制体系的重要方向。

近年来，我国学者围绕水资源承载力探讨协调城市社会经济发展与水环境保护的理论与方法（封志明 等，2006；童玉芬，2010；郭倩 等，2017；夏军 等，2002），围绕水生态安全问题探讨协调城镇空间与水生态空间布局的规划与管理策略（尚文绣 等，2016；俞孔坚 等，2019；黎秋杉 等，2019；王晓红 等，2017），还有部分研究从城市的空间形态、用地功能、道路系统、市政设施角度出发，探讨

[1] 发改委发展规划司 . 节水型社会建设“十三五”规划 [R]. 北京，2017.

顺应水环境自然特征的城市空间规划方法（白羽，2010；陈浩，2013；贵体进，2016）。虽然已有一些城水关系的研究，但城市与水的关系是一个综合性的复杂系统，涵盖了水资源管理、水污染防治、水生态修复、水灾害防控、水景观设计、水文化传承等诸多内容，协调城市与水的关系，实现二者的有机统一、相辅相成，仍需进一步深入研究。另一方面，城市的未来发展具有高度复杂性和不确定性，如何科学认识城镇空间的发展规律，引导建立城镇发展与资源节约、环境保护的协调关系，是城镇增长管理政策制定的难点。水作为自然资源和生态系统的关键要素，对于城镇发展具有激励、约束、反馈等重要作用。在“以水定城、量水而行”的城市发展要求背景下，如何将水资源环境要素作为生态约束因素纳入城镇增长管理过程，协调城水关系，构建合理利用水资源、保护水环境、修复水生态的城镇发展格局是国土空间规划编制需要关注的重点问题。鉴于此，本书旨在针对我国北方缺水地区的水资源环境特征，探讨水资源环境约束下的城镇增长管理理论与方法，进一步丰富针对不同地域环境特征的国土空间规划编制体系。

首先，本书通过对水资源环境保护和城镇增长管理相关理论的系统梳理，提出解析城市与水资源环境复杂关系的城水耦合理论，并构建可用于量化评估城水关系的指标体系，为空间规划编制过程的现状研判和规划决策提供依据。“城水耦合理念”作为建立人、城、水和谐共生关系的一种空间规划理念，进一步丰富和扩展了生态城市规划理论。本书从复杂系统视角解读城市与水资源环境的相互作用关系，一方面有助于更全面地理解城镇空间增长的驱动机制，另一方面也有利于探寻水资源环境保护的多种途径。本书构建并通过实证检验的城水关系评价指标体系，有助于将抽象的城水耦合理念融入城镇增长管理过程，也可为今后生态城市评价指标体系、可持续发展评价指标体系等相关评价体系的建立和优化提供参考。

其次，本书介绍了基于城水耦合理念的城镇增长管理方法。该方法从多学科的复合视角出发，融合城镇空间规划与水资源承载力、水生态保护等专业理论与技术，提出以城水协调发展为目标，涵盖“现状分析—特征识别—方案比选—规划编制”

全过程的城镇增长管理方法。通过综合应用系统动力学模型、生态安全格局方法、CLUE-S 模型建立基于城水特征的城镇空间增长模拟系统，将水资源承载力与水生态敏感区域综合融入边界管控体系的制定过程。还从城水相互作用的双向动态思维角度，预测城镇用地规模与水资源承载力的关系，弥补当前增长管控边界划定方法存在的不足之处，有助于完善和优化国土空间规划的技术方法体系。

最后，以天津市为例，围绕如何合理预测城镇空间增长规模并建立动态监测和规划调整机制，如何协调城镇空间增长与水生态敏感空间保护的关系等问题，通过研讨协调城水关系，促进人、城、水和谐共生的城镇增长管理策略创新，为我国北方缺水地区城市的规划编制与管理实践提供参考。

本书希望从三个层面充实和完善当前国土空间规划编制理论与技术体系。第一，在生态规划理论层面，应用“驱动力—压力—状态—影响—响应”（DPSIR）概念框架和耦合模型理论概括总结城市与水系统之间的复杂作用关系，为实现将“城水耦合理念”这一抽象概念应用于指导和优化城镇空间规划实践提供可行途径。第二，在空间规划方法层面，整合系统动力学模型、生态安全格局理论、CLUE-S 模型等多学科的理论与技术方法，构建耦合城水特征的城镇空间增长模拟系统，填补增长边界划定方法中对水资源环境要素考虑不足的缺陷。第三，在增长管理实践层面，以天津市为例，解析我国北方缺水地区的城水矛盾，并从协调城水关系的角度对城镇空间增长的边界管控体系提出优化建议。

从生态环境保护和空间规划体系优化的现实需求出发，以实现人、城、水和谐共生为目标，通过整合水资源管理、水生态保护与城镇空间规划的理论与方法，解析“城水耦合”的空间规划理念，丰富城镇增长管理的理论与方法体系，探索水生态文明思想在空间规划领域的践行途径。

目　录

上篇

基于城水耦合理念的城镇增长管理理论与方法

1 城水关系的基本论述

1.1 城水关系的历史渊源

亲水而居是人类自古以来的传统与偏好，纵观世界各地历史悠久、人口众多的著名城市，它们均与水相伴而生、相伴而兴，如伦敦与泰晤士河、纽约与哈得孙河、芝加哥与五大湖、巴黎与塞纳河，再如我国的广州与珠江、上海与黄浦江、南京与长江、杭州与西湖、天津与海河等。在古代，河流水系承担着供给生产生活用水和货运通道的重要职能，滨水地段具有较好的区位优势，人们会沿河修建城市，城市与河流形成了亲密的互动关系，这种关系延续至今。“上善若水”“智者乐水”“四水归堂，九水归一”“水村山郭”等词语也体现了水对文化价值观的深刻影响。

中国传统的城市建设遵从“道法自然”的哲学理念，将水作为人与自然沟通和联系的媒介，引导城市空间的形态演化。沿河发展的城市往往顺应水环境地形，呈现带状或组团式的空间形态特征，例如兰州市沿黄河、宜昌市沿长江北岸形成带状发展结构，重庆市在长江、嘉陵江水系的分割下，武汉市在长江和汉江的交汇处，形成组团式的城市结构等。

时至今日，随着工程技术和交通运输技术的发展，城市的交通主轴线已由河道向陆路交通过渡转变，尽管人们的生活范围极大扩展，并不局限于接近水源地居住，但是滨水地段良好的景观效果以及长久以来城市发展积淀的水岸文化依然驱动着人们向往滨水而居的生活。城市的空间扩展方向和新区选址依然趋向于环境优美、水系丰富的滨水地段。例如，我国的 19 个国家级新区中有 18 个临近大型河流、湖泊或沿海岸线（表 1-1）。河流从城市中流淌而过，见证着城市的历史，已成为城市的历史、文化和风貌的特色标签。鉴于城市发展与水环境具有密不可分的关系，城市“因水而生，因水而兴”，未来还应持续关注水环境保护，传承城市的水文化基因，实现城市“因水而美”的目标。

表 1-1　19 个国家级新区的选址与邻近水系

序号	新区名称	主体城市	陆域面积 / km^2	邻近水系
1	浦东新区	上海	1210	东海、长江、黄浦江
2	滨海新区	天津	2270	渤海、海河
3	两江新区	重庆	1200	长江、嘉陵江
4	舟山群岛新区	浙江舟山	1440	东海、钱塘江
5	兰州新区	甘肃兰州	1700	—
6	南沙新区	广东广州	803	南海、珠江、沙湾水道
7	西咸新区	陕西西安、咸阳	882	渭河
8	贵安新区	贵州贵阳、安顺	1795	红枫湖、百花湖、天河潭
9	西海岸新区	山东青岛	2096	黄海
10	金普新区	辽宁大连	2299	渤海、黄海
11	天府新区	四川成都、眉山	1578	府河、兴隆湖
12	湘江新区	湖南长沙	490	梅溪湖、湘江
13	江北新区	江苏南京	2451	长江
14	福州新区	福建福州	1892	东海
15	滇中新区	云南昆明	482	滇池
16	哈尔滨新区	黑龙江哈尔滨	493	松花江
17	长春新区	吉林长春	499	长春北湖
18	赣江新区	江西南昌、九江	465	赣江、鄱阳湖
19	雄安新区	河北保定	约 2000	白洋淀

资料来源：作者整理。

1.2　城水关系的矛盾问题

水是支撑人类生存与发展的基础生态环境要素，然而近年来水资源、水环境、水生态等问题逐渐成为制约城市高质量发展、影响城市环境品质的“瓶颈”因素。

1. 水资源短缺

水是生命之源，是最为重要的基础性自然资源和战略性经济资源，然而我国作为拥有世界 20% 左右人口的大国仅拥有全球 5%~7% 的淡水资源[1]，属于世界贫水和最缺水的国家之一。自 20 世纪 70 年代末，随着城镇的发展，不断增长的生产生活用水需求导致区域水资源供应压力急剧增长。《中国水资源公报》显示，2018

[1] QIU J. China faces up to groundwater crisis [J]. Nature，2010，466（7304）：308.

年全国生活和工业用水量 2121.5 亿 m^3，较 2000 年的全国生活和工业用水量增长 406.1 亿 m^3。水资源存量与用水需求的平衡持续倾斜，越来越多的城市面临严峻的缺水问题。据水利部统计，全国 669 个城市中有 400 个供水不足，其中 110 个城市为严重缺水城市，特别是作为我国粮食主要产区和城镇化发展重点地区的北方地区，水资源短缺已严重制约城镇社会经济发展，并威胁地区的农业生产和粮食安全，由于过度汲取地表水和开采地下水，造成河流干涸、湖泊萎缩、湿地退化、地面沉降、海水入侵等一系列问题 [1]。

2. 水污染严重

我国总体水环境污染状况不容乐观，《2018 中国生态环境状况公报》显示，七大水系中黄河、松花江、淮河流域为轻度污染，海河和辽河流域为中度污染。水环境的污染分为点源污染和面源污染两种类型。点源污染指的是生活污水、工业废水、畜禽和水产养殖等污水直接排入河道污染水体；面源污染来源于农业生产中的化肥农药使用和城市径流污染。伴随城镇发展的人口密度增加、工业集聚、建筑密度增加，点源污染和面源污染加剧，水体中氮、磷等营养物质以及化学污染物显著增加，从而导致水体富营养化，甚至形成黑臭水体。同时水资源短缺问题的加剧，造成地表水和地下水的生态补给能力下降，水体流动性降低，水环境系统的自然净化能力被削弱。日益严峻的水环境污染严重威胁城市居民身体健康，影响城市环境品质和发展潜力。

3. 水生态恶化

我国城镇化水平较高的地区，普遍存在水生态系统的人工干预较多和生态脆弱性较强的特征。长期以来，河道硬质化、截弯取直以及水闸、水库、人工排水沟渠等各类水利工程设施的修建，改变了地表水系的连通性和下渗能力，造成水生态系统的蓄、滞、净、纳、排能力降低。受到城市扩张的驱动，围湖造地、填海造地等工程建设造成河湖湿地面积大幅度减少，并且严重破坏了河流和湿地的循环系统，削弱了水生态系统调蓄雨洪、净化水体、调节微气候、控制土壤侵蚀、美化环境的

---

[1] BAO C，FANG C-L. Water resources flows related to urbanization in China：challenges and perspectives for water management and urban development [J]. Water Resources Management，2012，26（2）：531-552.

作用。此外，水环境污染、水流量减少、水网连通性下降、河道人工化等因素造成水生动植物的生境改变，影响鱼虾河蟹等水生生物的生存和繁殖，导致种群数量减少，甚至灭绝。健康的水生态系统是维系生物圈平衡的基础，对水生态系统的破坏终将伤及人类自身的生存和发展。近年来，城市内涝、干旱、水土流失、水生动植物减少等问题均表明水生态恶化对城镇发展的威胁。

1.3 基本概念界定

1.3.1 城水耦合关系

“耦合”一词源自物理学概念，指两个（或多个）系统通过自身和外界的相互作用而彼此影响的现象，耦合的概念已经被广泛地应用于城市化与生态环境相互作用关系的研究中，属于应用开放的复杂巨系统（OCGS）科学理论解析城市问题的一种新视角。“城水耦合关系”一词描述的是城市与水资源环境之间通过相互的激励、反馈、约束等相互作用关系而彼此影响的现象，其内涵是一种人工环境与自然环境互动反馈过程。

在复杂巨系统中，一系列具有主动或被动适应能力的主体相互作用形成系统的复杂性特点，这种主体直接的相互作用关系也是维持复杂巨系统平衡状态的基础。对于“城水耦合”这一城市与水资源环境的复杂适应性过程，城市与水两个系统均涵盖多个具有适应能力的主体要素。在空间规划语境中，城市系统的主体包含土地、道路、公园绿地、建筑物等物质要素以及城市人口、产业活动、功能布局等非物质要素；水环境系统的主体包含水资源、水生态、水灾害、水景观、水文化等要素。笔者在以上阐述的基础上，整理出城市系统与水环境系统的相互作用关系概念图（图 1-1）。促进城市人工环境与自然环境的和谐共生，是优化 21 世纪城市规划思想方法和工作方法的重要理念。促进城水耦合关系建立，即探讨如何尊重和合理利用城市与水环境系统各项主体要素的相互作用关系，促进人、城、水的协调发展与和谐共生。

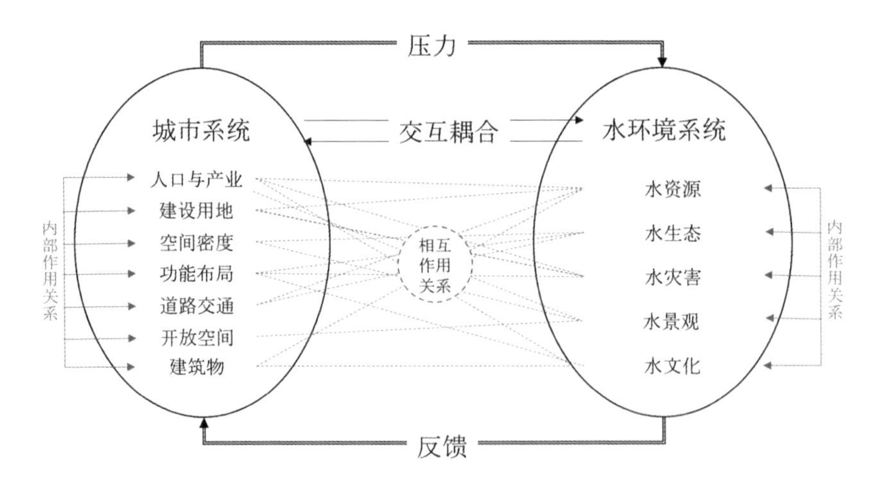

图 1-1　城市系统与水环境系统的相互作用关系概念图

（资料来源：作者自绘）

本书旨在探索水资源环境约束视角下的城镇增长管理策略，影响增长管理政策制定的生态环境因素众多，诸如动植物生境、植被覆盖类型、地形与土壤结构等，若仅从水资源环境特征的角度而言，水资源条件、水生态环境、水灾害风险、水景观条件、水文化特征等因素是城镇增长管理应考虑的要点。城水关系是一个复杂的系统关系，难以在有限篇幅中实现面面俱到的研究分析，再考虑到本书以天津市为例来探讨北方缺水地区如何协调城水关系的增长管理策略，因此本书侧重于分析北方缺水地区城市发展矛盾最为突出的水资源和水生态问题。具体而言，本书主要从以下两个角度探讨城镇增长管理的优化策略：

第一，促进水资源承载力与城镇空间规模耦合协调的角度；

第二，促进水生态敏感区域与城镇空间布局耦合协调的角度。

在本书所提到的城水耦合关系中，“城”特指城镇空间的规模与布局特征，“水”特指水资源环境特征中的水资源承载力与水生态敏感区域特征。

1.3.2 城镇空间增长

“城镇空间”一词是国土空间规划的术语之一，指的是“以城镇经济、社会、政治、文化、生态等要素为主的功能空间”[1]。国内学者自2018年空间规划体系改革实施后，逐渐开始采用“城镇空间”一词替代“城市空间”，但相关研究文献依然较少。因此，本书将借鉴“城市空间增长”等相关概念的研究，进行概念界定。“城市（城镇）空间增长”一词来源于20世纪90年代美国“增长管理”（growth management）的概念，增长管理是美国为了遏制城市蔓延问题而提出的响应措施之一。改革开放以来，随着我国经济的快速发展，城镇的规模和用地也快速增长，但出现了粗放式增长、用地浪费、农用地不断减少等问题，因而国内学术界对城镇空间的增长管理问题也日益关注，对城镇空间增长的特征、机制、管理策略等进行研究。但学术界除使用“城市（城镇）空间增长”这一名词外，还有“城市（城镇）空间拓展”“城市（城镇）用地扩张”“城市（城镇）空间扩张”“城市扩张”等相近词语，此外“城市蔓延”也是与增长管理密切相关的概念之一，这些概念的辨析可见表1-2。

表1-2　城镇空间增长的相关概念辨析

概念词	城市空间增长	城市空间拓展	城市用地扩张	城市蔓延
英文	urban growth	urban expansion	urban expansion	urban sprawl
描述对象	城市空间，包含规模、要素、结构、形态四个方面的变化	城市空间，主要指空间结构特征，如单中心结构、多中心结构等	针对城市用地特征，包含城市建设用地以及用地功能	城市空间，包含土地利用、交通、功能布局、开放空间、建筑等要素
词性	中性词，描述城市向外围或纵向的空间扩展过程	中性词，描述城市空间的迅速发展，出现城市结构变化的时候应用较多	中性词，描述城市向外围地区的扩展过程	带有消极语义，形容造成用地浪费、威胁生态环境等不良影响的城市空间增长方式

资料来源：作者整理。

在中国知网（CNKI）网站以“城市（城镇）空间增长”为主题词进行检索，引用量最高的文章为马强和徐循初在2004年发表在《城市规划汇刊》中介绍西方城市的城市蔓延问题和精明增长策略的文章，该文对我国城市空间增长潜在的蔓延风险

---

[1] “城镇空间”这一术语的解释来源于《省级国土空间规划编制指南（试行）》（由自然资源部于2020年1月发布）。

进行了分析，但对于城市空间增长和城市空间扩展并没有具体区分，将城市空间增长一词用于对美国精明增长（smart growth）策略的介绍，城市空间扩展一词用于描述我国城市空间的扩张过程。张沛 等（2011）对“城市空间增长”的相关概念进行辨析，总结“城市空间增长”一词侧重描述城市人口及用地规模的增长，包含了城市内部和外部空间的增长和扩大过程；“城市空间拓展”表示城市空间的迅速发展，跨越空间发展门槛即出现城市结构变化的时候应用较多；而“城市空间扩张”或“城市扩张”更侧重于从二维的城市用地范围增长的角度分析，并且通常包含城市空间侵占农田、生态空间的现象。周春山 等（2013）认为城市空间增长是一定时期内城市空间在规模、要素、结构、形态等方面的变化，是城市地理、城市规划研究的重要课题。李雪英 等（2005）总结城市空间增长既包含城市空间的增量扩展，也包含城市内部空间的存量更新重组。也有学者总结城市空间增长是一个三维扩张过程，体现在城市建成区蔓延和建筑容量增长两个方面（罗超 等，2015）。

综合上述文献对“城市（城镇）空间增长”概念的界定，“城镇空间增长”的概念指在一定时期内城市和建制镇的增量扩展过程，包含城镇的社会经济发展和用地扩张等。

1.3.3 边界管控体系

边界管控是约束城镇用地无序蔓延、实施城市增长管理的重要政策手段。应用边界控制城镇用地扩张的思想源于 1944 年的大伦敦规划，伦敦在城市建成区外围划定了宽约 16 km 的绿带，用以限制城市无休止的扩张。自 20 世纪 70 年代以来，美国为了应对城市低密度蔓延问题，开始应用城市增长边界（urban growth boundary）作为一项管理城市土地开发、实现精明增长的政策工具。20 世纪 90 年代，城市增长管理的理念在我国城市规划领域得到关注，为了应对快速城镇化过程中城市用地粗放化、无序化扩张的问题，我国开始探讨划定城市增长管理边界。2006 年实施的《城市规划编制办法》中，首次提出在城市总体规划中要“研究中心城区空间增长边界，提出建设用地规模和建设用地范围”。2013 年 12 月中央城镇化工作会议提出“尽快把每个城市特别是特大城市开发边界划定”。2014 年全国 14 个大城市开展了划定城市开发边界的试点工作，标志着我国正式开始应用城市开发边界实施城市增长管理的实践。2017 年党的十九大提出“完成生态保护红线、永久基本农田、城镇开发边界三条控制线划定工作”的任务要求，基本形成了我国国土空间规划中的边界管控体系框架。

“三线”体系中“城镇开发边界”对城镇空间增长具有最直接的管控作用，“生态保护红线”也是约束城镇空间布局、保护水生态环境的重要政策工具。虽然“永久基本农田保护红线”也是边界管控体系中重要的一部分，但考虑其到与城水关系的直接联系较弱，暂不作为研究对象。因此，本书主要围绕“城镇开发边界”“生态保护红线”中与水环境相关的边界划定内容（即“水生态保护红线”）展开研究，探讨基于利用边界管控体系的城镇增长管理策略。

1. 城镇开发边界

对于城镇开发边界（城市增长边界）的定义，自然资源部 2019 年 6 月发布的《城镇开发边界划定指南（试行，征求意见稿）》中的表述是“在国土空间规划中划定的，一定时期内指导和约束城镇发展，在其区域内可以进行城镇集中开发建设，重点完善城镇功能的区域边界”，边界内可分成城镇集中建设区、城镇弹性发展区和特别用途区三种类型（图 1-2）。因而，城镇开发边界是一种具有永久性与阶段性、刚性与弹性、强制性和法律保障的规划管理工具。

根据当前我国各类国土空间规划编制的指南和政策文件对城镇开发边界的概念界定，对其概念解读如下：

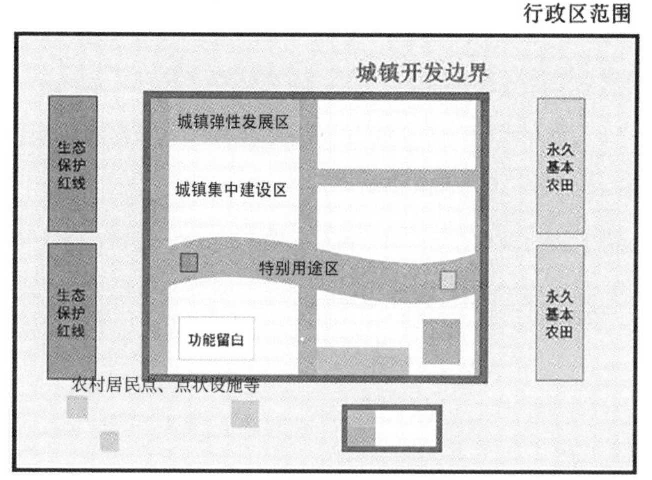

城镇集中建设区
根据规划城镇建设用地规模，为满足城镇居民生产生活需要，划定的一定时期内允许开展城镇开发和集中建设的地域空间。

城镇弹性发展区
为应对城镇发展的不确定性，在城镇集中建设区外划定的，在满足特定条件下方可进行城镇开发和集中建设的地域空间。

特别用途区
为完善城镇功能，提升人居环境品质，保持城镇开发边界的完整性，根据规划管理需要划入开发边界内的重点地区，主要包括与城镇关联密切的生态涵养、休闲游憩、防护隔离、自然和历史文化保护等地域空间。

图 1-2　城镇开发边界空间关系示意图

（资料来源：《城镇开发边界划定指南（试行，征求意见稿）》，文后附彩图）

从空间范围理解，城镇开发边界是城市、建制镇、各类型开发区用地的地域边界；

从现实意义理解，城镇开发边界是为了约束城市无序蔓延、促进城市存量更新、提高土地利用效率、保护耕地和生态环境而划定的城镇空间最大允许范围；

从划定方式理解，城镇开发边界不仅仅是一条边界线或一张范围图，还包含城镇集中建设区边界、城镇弹性发展区边界和特殊用途区边界三种类型。其中城镇弹性发展区边界是根据城镇化的终极远景规模，在保障生态安全、基本农田的基础上，划定的城镇开发建设最大允许范围；城镇集中建设区边界是以城市近期发展规划为依据，引导城镇空间增长的方向和结构而划定的增长边界；特殊用途区边界是为了保持城镇开发边界完整性而纳入的具有生态涵养、休闲游憩等功能的地域空间边界。

2. **水生态保护红线**

“水生态保护红线”是“生态保护红线”中的一部分，指的是以保护水生态敏感区域为目的而划定的保护边界，一般具有法律强制性，是一切开发建设活动不可逾越的底线。在国土空间规划体系中，“生态保护红线”主要指“在生态空间范围内具有特殊重要生态功能，必须强制性严格保护的陆域、水域、海域等区域”[1]。也有学者提出生态保护红线的拓展概念，认为生态保护红线不应该只是生态保护的空间界域“线”，应是包含空间、资源及环境质量三方面的一个综合的红线体系（姚佳 等，2015）。“水生态保护红线”作为生态保护红线体系中的一个精细化分支，同样应形成空间、资源与环境质量三方面的管控体系。俞孔坚等（2019）提出了水生态空间红线概念和划定方法，认为应从水资源保护、水文调节、水生命支持、水文化保护四个方面分析和制定水生态保护的空间红线。尚文绣等（2016）提出从水量红线、空间红线、水质红线三个方面构建水生态保护的红线体系，来对应生态保护红线体系的资源、空间、环境质量三个方面内容。

从优化国土空间规划编制方法的视角出发，侧重于针对城市的水资源、水环境和水生态问题，探讨水生态保护红线的划定方式与管理策略。虽然空间红线是规划中边界管控体系的主要内容，但考虑到水资源、水环境质量问题均与城镇发展和水

---

[1] “生态保护红线”这一术语的解释来源于《省级国土空间规划编制指南（试行）》，（由自然资源部于 2020 年 1 月发布）。

生态保护息息相关，故“水生态保护红线”是以空间界域为主，兼顾考虑资源与环境质量控制目标的水生态保护红线体系。

“边界管控体系”可以概括为三方面内容：其一，以“城镇开发边界”约束城镇空间增长规模与布局；其二，以“水生态保护红线”的空间边界保护重要的水生态空间；其三，提出水资源开发利用、水环境质量控制以及城镇社会经济发展的控制性或引导性指标。

1.3.4 水资源承载力

水资源承载力是资源环境承载力的一个重要组成部分，依据城市生态学中的环境承载原理，环境承载能力指的是生态系统在不发生对人类生存发展有害变化的前提下，所能承受的人类社会活动的最大规模、强度和速度。联合国教科文组织（UNESCO）定义资源承载力的概念为，一个国家或地区，在可以预见到的期间内，利用本地能源及其自然资源和智力、技术等条件，在保证符合其社会文化准则的物质生活水平条件下，该国或地区能持续供养的人口数量。施雅风（1995）针对西北干旱区治理首次提出水资源承载力概念，此后不少学者围绕我国的干旱区、特大城市等水资源供需矛盾突出的地区展开了水资源承载力的相关研究。水资源承载力的概念表述如表 1-3 所示。龙腾锐等（2005）总结我国学者对水资源承载力有四种定义方式，分别从抽象的能力角度、用水能力角度、人口和（或）社会经济发展规模角度、外部作用角度来定义，其中以人口和（或）社会经济发展规模角度表述水资源承载力的定义方式应用较为广泛。李云玲等（2017）总结我国学者对水资源承载力内涵解读方式有从主体出发（由可供水量、最大排污量等表示）、从客体出发（由人口或经济总量等指标表示）、从主客体关系（社会经济发展与水资源保护的同步性）出发三类。

表 1-3　水资源承载力的概念表述

出处或表述者	对水资源承载力的概念表述
中国资源科学百科全书（2000）	一个流域、一个地区或一个国家，在不同阶段的社会经济和技术条件下，在水资源合理开发利用的前提下，当地天然水资源能够维系和支撑的人口、经济和环境规模总量
惠泱河（2001）	水资源承载力可理解为某一区域的水资源条件在自然与人工二元模式影响下，以可预见的技术、经济、社会发展水平及水资源的动态变化为依据，以可持续发展为原则，以维护生态良性循环发展为条件，经过合理优化配置，对该地区社会经济发展所能提供的最大支撑能力
夏军和朱一中（2002）	在一定的水资源开发利用阶段，满足生态需水的可利用水量能够维系该地区人口、资源与环境有限发展目标的最大的社会经济规模
龙腾锐等（2005）	在一定的时期和技术水平下，当水管理和社会经济达到最优化时，一定区域的水生态系统自身所能承载的最大可持续人均综合效用水平（或最大可持续发展水平）
封志明和刘登伟（2006）	一定时期、一定经济技术条件和生活水平下，一个区域的水资源所能持续支持的最大人口数量或社会经济发展规模
段春青等（2010）	在一定经济社会和科术发展水平条件下，以生态、环境健康发展和社会经济可持续发展协调为前提，区域水资源系统能够支撑社会经济可持续发展的合理规模
李云玲等（2017）	在可预见的时期内，在满足合理的河道内生态用水和保护生态环境的前提下，综合考虑来水情况、开发利用条件、用水需求等因素，水资源承载经济社会的最大负荷。水资源承载能力主要包含水量、水质、水生态 3 个要素

资料来源：作者整理。

总结上述概念，水资源承载力具有客观性和主观性两方面的特征。其客观性的一面体现为，在特定的环境状态下，水生态系统能够提供的水资源以及与水资源相关的能量来源（食物）是一定的，所能够容纳的污染物排放和自净能力也是一定的，因而在一定时期和空间范围内水资源承载力具有可客观量化特征。主观性特征指的是水资源承载力能够随人类社会的发展和技术手段的提升而改变，例如当城市所依托的自然水系和地下水存量无法满足城市的用水需求时，城市可通过建设远距离输水设施、水利设施、节水净水设施等项目提升供水能力，从而提高水资源承载能力。虽然水资源承载力能够随着新科技、新技术措施的应用而提升，但提升水平也是有限度的，人类的主观能动作用难以无穷尽地提升水资源承载力。因此，一个地区水资源水平对人类活动的承载能力具有局限性，具有最大承载的限度。

本书主要探讨耦合水资源承载力与城镇空间规模的关系，故采用以城镇人口和用地规模表述水资源承载力的定义方式，认为水资源承载力指的是在规划期内，以可预见的技术、经济、社会发展水平及水资源的动态变化为依据，在保障生态系统健康、稳定的前提下，城市所在区域的水资源所能持续支持的最大城镇人口数量和城镇建设用地规模。

1.3.5 水生态敏感区域

生态敏感区域的概念最早是英美等较早进入快速城市化进程的国家为了减少或消除城市发展对环境造成的负面效应而提出的，生态敏感区域也称为环境敏感区域。生态敏感区域指的是生态环境系统中抗外界干扰能力较低、自我恢复能力较弱，并且对生态系统具有重要作用和生态意义，需要在城市开发建设过程中加以控制和保护的区域（汪军英 等，2007）。依据生态敏感区域的概念，本研究中提到的水生态敏感区域指的是在水生态系统中具有重要功能和结构意义，或抗外界干扰能力较低、自我恢复能力较弱的河流、湖泊、湿地等地表水环境空间。

对水生态敏感区域的识别需要从自身禀赋和外部关系两方面出发（沈清基 等，2011）。自身禀赋方面是识别对于维护水生态系统健康起到关键作用的点、线、面空间，例如水源保护地、重要水生动植物的栖息地和产卵地、地下水补偿区、大面积的湖泊或湿地、河流等。外部关系方面还应叠加考虑“敏感”问题的产生原因，也就是容易受到各类开发建设活动对水生态系统外部影响的区域，例如临近公路、铁路、机场等交通基础设施的区域，城镇建设用地周边区域，采矿区周边区域等。通过有效地识别水生态敏感区域，在城镇开发建设过程中切实避让和保护水生态敏感区域，有助于协调城镇与水生态系统的空间关系，促进城水协同发展。

国内外相关研究综述

本章围绕水资源环境保护和城镇增长管理的相关内容，系统回顾国内外相关研究理论与实践成果。首先，对城镇增长管理中边界管控理论的提出与发展历程进行梳理和归纳，总结增长管控边界划定方法中尚存的不足之处；其次，总结归纳与城市水资源环境保护的相关理论与方法，具体包含水资源承载力评估、水生态空间识别和水环境状态评价三个方面；最后，通过对当前城水关系理论的梳理总结，揭示当前对城水关系认知和研究的不足之处，展望城水关系研究的发展方向。

2.1 城镇增长管理理论与实践

2.1.1 城镇增长管理的缘起

划定边界管理城市增长的思想来自于1944年的大伦敦规划，其核心是通过在城市建成区外围划定绿带的方式，限制城市摊大饼式的无休止扩张，被认为是边界管控思想的起源。自20世纪60年代以来，美国等西方国家的学者和政府部门研究和制定了大量控制城市蔓延、促进精明增长的公共政策，这些公共政策通常有三种类型：以公共财政购买持有的方式管理土地用途，以法规条令的方式管理土地开发，以奖励性政策的方式引导土地开发。其中城市增长边界就是以法规条令的方式管控城市土地开发的一种政策工具。

俄勒冈州是美国最早应用城市增长边界管控城市增长、保护乡村土地的州，也被认为是应用城市增长边界的代表案例。1973年美国的俄勒冈州的100号参议院法案（Senate Bill 100）通过了新版《土地管理条例》，其中要求每个城市需要编制城市增长边界并通过土地保护和开发委员会（Land Conservation and Development Commission, LCDC）审议。划定城市增长边界旨在保护耕地、开放空间以及森林等生态空间，发展高品质、宜居、紧凑的城市。1977年第一版涵盖波特兰地区3个县、24个城市以及60余个特殊建设区的城市增长边界划定与发布。1979年波特兰区域政府成立，该政府的职能之一就是管理波特兰大都市区的城市增长边界，政府需要每五年调整一次城市增长边界，从而保障满足未来20年城市发展所需的土地供应。

1980 年 LCDC 正式通过波特兰都市区的城市增长边界并纳入俄勒冈州的规划目标之中。波特兰的城市增长边界自初次划定以来，随着城市发展的需要，经历过 36 次调整，面积增加 28000 英亩（约 1.13 万公顷）[1]。为了防止城市增长边界的调整和扩张对生态空间造成威胁，2007 年 1011 号参议院法案再次通过一项划定边界管理城市增长的方案，该方案在波特兰原有的城市增长边界之外，划定了更加长期的约束边界（40~50 年）[2]，区分了城市与乡村保留区。这也就逐步形成刚性边界与弹性边界结合的城市增长边界体系。

随着美国的精明增长、增长管理等理论的传播，城市增长边界成为约束城市蔓延一种重要政策手段，并在世界各地得到广泛推广。截至 2020 年 5 月，以英文概念词 urban growth boundary（UGB）在 Web of Science 核心合集数据库中，以检索式 A（标题包含“urban growth boundary”）进行检索，共检索到 54 条记录，而以检索式 B（主题包含“urban growth boundary”）进行检索，共获得 1179 条记录。图 2-1 显示出 UGB 英文相关文献历年发表数量变化，从中可以看出自 2000 年以来，UGB 的相关研究数量持续增长，2019 年当年与城市增长边界相关的研究论文有 150 余篇。很多学者围绕美国城市增长边界政策和相关增长管理政策介绍实践经验、开展实施后评估、分析政策影响等；也有部分研究探讨欧洲城市的增长管理实践、亚洲城市的绿带政策等。

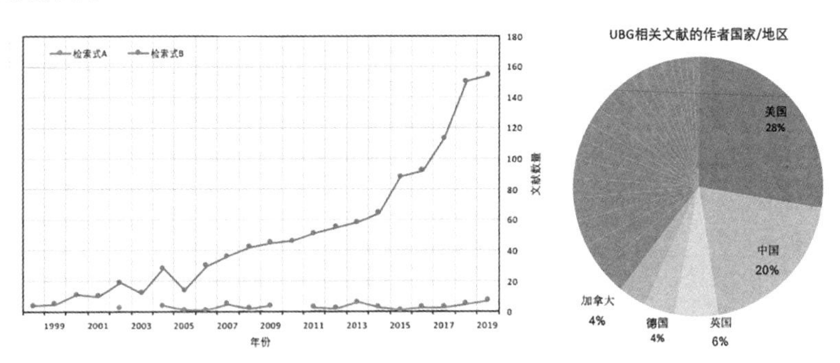

图 2-1 UGB 英文相关文献历年发表数量变化

（资料来源：作者自绘）

---

[1] 林坚，骆逸玲，楚建群 . 城镇开发边界实施管理思考——来自美国波特兰城市增长边界的启示 [J]. 北京规划建设，2018（2）：58-62.

[2] OATES D. Urban growth boundary [EB/OL]. https://oregonencyclopedia.org/articles/urban_growth_boundary/#.XsiKohMzZ0t.2020/05/10.

在 CNKI 检索平台的中国学术期刊网络出版总库、中国高等教育期刊文献总库、中国博士学位论文全文数据库、中国优秀硕士学位论文全文数据库、中国重要会议论文全文数据库、国际会议论文全文数据库、中国学术辑刊全文数据库、国际会议论文全文数据库等数据库中，截至 2020 年 5 月，以检索式 A“SU=‘城镇开发边界’”共检索到 43 篇文献；以检索式 B “SU=‘城市增长边界’”共检索到 120 篇文献；以检索式 C“SU=‘城市开发边界’”共检索到 122 篇文献。我国最早的城市增长边界研究为 2005 年刘海龙发表在《城市问题》期刊上的“从无序蔓延到精明增长——美国‘城市增长边界’概念述评”，而后与城市增长边界相关的文献数量持续增长（图 2-2），特别是 2010 年以来我国学者对应用边界划定方式管控城市增长的研究热度不断提高。

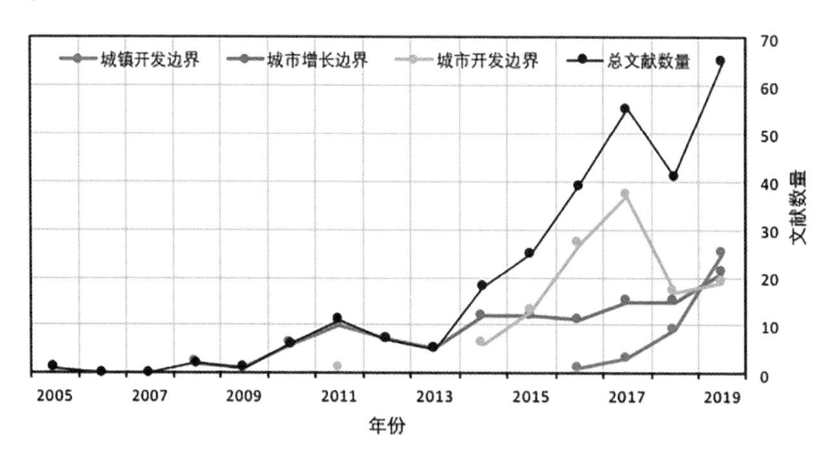

图 2-2 在 CNKI 中城市增长边界相关文献历年发表数量

（资料来源：作者自绘，文后附彩图）

梳理城镇开发边界相关会议与法规文件（表 2-1）可以看出，在我国与 UGB 相关的三个概念词的使用时间由早至晚分别为城市增长边界、城市开发边界、城镇开发边界，概念词的使用与各类相关政策文件的发布时间密切相关。2005 年建设部发布、2006 年 4 月施行的《城市规划编制办法》首次提出“研究中心城区空间增长边界，提出建设用地规模和建设用地范围”，主要是借鉴 UGB 概念划定“土地是否可以转变为城市建设用地”的边界；2013 年中央城镇化工作会议提出划定“城市开发边界”的指导要求，而后全国 14 个大城市率先开展了试点工作；在 2017 年党的十九大明确提出划定“三线”的任务要求后，“城镇开发边界”逐步成为代表“以边界约束方式管控城市增长这种政策管理工具"的概念词。随着国土空间规划体系的逐步确立，城镇开发边界的概念内涵、划定方法、与其他两线的协调关系等内容也日益清晰。应用城镇开发边界约束城市无序扩张，保护农业生产与生态空间，是我国国土空间规划的核心任务之一。如何科学合理地划定城镇开发边界，实施有效管理，是当前各地政府、规划师以及学者们关注的热点问题。

表 2-1　城镇开发边界相关会议与法规文件

时间	会议与法规文件	与城镇开发边界相关的内容
2006 年	《城市规划编制办法》	研究中心城区空间增长边界，提出建设用地规模和建设用地范围
2008 年	《全国土地利用总体规划纲要（2006—2020 年）》	实施城乡建设用地扩展边界控制
2013 年	中央城镇化工作会议	尽快把每个城市特别是特大城市开发边界划定
2014 年	划定城市开发边界试点工作启动会	全国 14 个大城市开展了划定城市开发边界试点工作
2014 年	《国家新型城镇化规划（2014—2020 年）》	城市规划要由扩张性规划逐步转向限定城市边界、优化空间结构的规划，科学确立城市功能定位和形态，加强城市空间开发利用管制，合理划定城市"三区四线"，合理确定城市规模、开发边界、开发强度和保护性空间，加强道路红线和建筑红线对建设项目的定位控制
2015 年	《关于加快推进生态文明建设的意见》	要大力推进绿色城镇化，划定城镇开发边界，从严供给城市建设用地，推动城镇化发展由外延扩张式向内涵提升式转变
2017 年	党的十九大	完成生态保护红线、永久基本农田、城镇开发边界三条控制线划定工作
2017 年	《自然生态空间用途管制办法（试行）》	市县级及以上地方人民政府在系统开展资源环境承载能力和国土空间开发适宜性评价的基础上，确定城镇、农业、生态空间，划定生态保护红线、永久基本农田、城镇开发边界，科学合理编制空间规划，作为生态空间用途管制的依据
2019 年	《关于建立国土空间规划体系并监督实施的若干意见》	坚持节约优先、保护优先、自然恢复为主的方针，在资源环境承载能力和国土空间开发适宜性评价的基础上，科学有序统筹布局生态、农业、城镇等功能空间，划定生态保护红线、永久基本农田、城镇开发边界等空间管控边界以及各类海域保护线，强化底线约束，为可持续发展预留空间
2019 年	《城镇开发边界划定指南（试行，征求意见稿）》	详细阐述了城镇开发边界的概念、划定原则、工作组织、划定技术流程、管理要求等内容

资料来源：作者整理。

2.1.2　国外城镇增长管理实践

基于增长管控边界的城镇增长管理在世界各地均有实践，但具体的边界设定方式、管理机构、配套管理政策有着较大的区别，如何设定和管理增长边界仍是一个世界各地持续探索和调整优化的城市管理议题。

1. 美国的城市增长边界

在美国，不同州政府对城市增长边界的设定与管理方式有所差异。通常而言，城市增长边界（UGB）划定了满足未来 20 年或更长时间内城市人口、就业发展需求的用地规模和空间，并且要在未来 20 年预期发展规模的前提下预留 15% ～ 20% 的“市场因素”富余。城市增长边界以内的区域允许在农田、林地、草地等非城市建设用地上新建住宅、市政配套设施、公共服务设施等开发项目，而 UGB 以外的区域原则上不能进行城市功能的开发建设活动。在城市增长边界以内还会根据未来 5~10 年的发展规划划定城市服务区（urban service area），用作新建或改建市政、公共配套设施的用地，促进城市紧凑化发展和城市核心区的形成。城市增长边界内还可能划定中期增长边界（intermediate growth boundary），用于引导近中期阶段的城市发展。此外，在城市增长边界以外，还划定城市发展备用地边界（urban reserve boundary），作为城市增长边界需要拓展时的可选择区域。因此，如图 2-3 所示，美国的城市增长边界设定并非划定单一的城市开发建设限制边界，而是划定一系列圈层式的、针对不同发展时期的限制性或引导性开发边界。

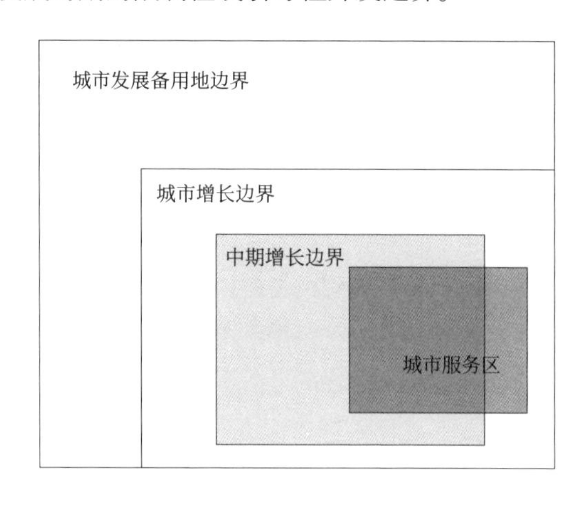

图 2-3　美国的城市增长边界设定示意图

（资料来源：作者自绘）

城市增长边界政策是为了控制城市空间的区位和形态而设定的政策，它并不是限制发展，而是根据更为宏观的、长期的目标引导城市发展。但不同的州对于是否设定城市增长边界，以及其开发限制政策强度和配套的激励政策有所不同，例如马里兰州、缅因州、新泽西州、俄勒冈州、田纳西州、华盛顿州和亚利桑那州等地州政府要求各城市划定城市增长边界，而加利福尼亚州、马萨诸塞州等地则是地方自主决定是否采用城市增长边界政策。地方政府或城市增长管理机构对城市增长边界以外土地开发的限制性政策措施有：禁止土地开发审批；购买、转移或通过捐赠获得土地开发权；强制性组合开发（指小面积的土地开发，并且与一定面积的开放空间或环境保护区组合购买土地开发权）；制定非常低开发强度的区划条例（通常住宅密度低于每户 40 英亩（约 16.19 公顷））[1]。

虽然，美国城市的精明增长策略和 UGB 政策已经提出并实施多年，但对于增长边界以及相关的开发限制性政策的作用效果莫衷一是。Dierwechter（2008）在著作《城市增长管理及其缺憾》（*Urban Growth Management and Its Discontents*）中分析了波特兰、西雅图、巴尔的摩、麦迪逊等地的增长管理政策以及从政治地理学角度的反思。Bengston et al.（2004）总结了美国城市增长管理政策的五点经验与教训：缺乏政策实施后评估、政策的管理实施比制定政策本身更重要、多种政策工具需联合使用、需关注政策的上下传导与同级城市间的协同、增长管理政策制定与实施过程需要多方利益相关者的参与。

2. 英国伦敦的绿带式增长管理

通过规划环绕城市的绿地开发空间或生态保护空间来限制城市摊大饼式的扩张，伦敦的绿带式增长管理也是一种应用边界管理城镇空间增长的方式。受到霍华德田园城市思想的影响，20 世纪 30 年代伦敦开始实行了世界上第一个绿带政策，其后欧洲的莫斯科、巴塞罗那、柏林、维也纳和布达佩斯，北美的博尔德、渥太华和多伦多，以及亚洲的东京、首尔、曼谷、香港、北京、天津等城市也都实施过绿带政策（韩昊英 等， 2009； Siedentop et al., 2016）。

---

[1] https://conservationtools-production.s3.amazonaws.com/library_item_files/1686/1893/520pdf.

在英国的规划体系中，绿带指的是环绕城镇建成区之间的乡村开敞地带，包含农田、林地、乡村、国家公园、公墓等空间。绿带的划定，与美国的 UGB 政策类似，也要求应确保在城市与绿带之间预留有满足城市长远发展需要的“保障土地”，并且要求“保障土地”不能用于当前的开发活动。伦敦绿带规划图如图 2-4 所示。英国的绿带政策是《国家规划政策框架》中明确提出的强制性规划内容，并且明确规定了绿带政策调整的依据和论证内容、绿带内禁止的开发建设活动类型、绿带内可以通过审批开展的开发建设活动以及各地政府规划部门职能和责任[1]。

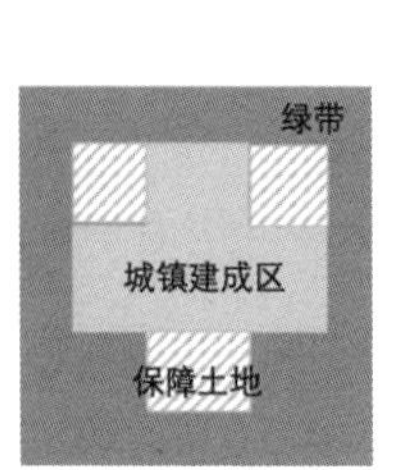

图 2-4　伦敦绿带规划图

（资料来源：https://londongreenbeltcouncil.org.uk/maps/，文后附彩图）

3. 韩国首尔的绿带式增长边界

首尔于 20 世纪 70 年代开始实施绿带政策，被认为是绿带控制政策实施得较为严格的城市。首尔的绿带又被称为限制发展区，其划定的目的包含保障军事和国家安全、拆除郊外棚户区、控制城市蔓延、控制首都圈人口和工业的过度集中、保障耕地和粮食安全、保护自然资源与环境等（Bae and Jun，2003）。如图 2-5 所示，首尔都市区范围内，13.3% 的土地被划定为绿带[2]。在设立之初，首尔绿带的管理政

[1] https://www.gov.uk/guidance/national-planning-policy-framework/13-protecting-green-belt-land，2020/07/20.

[2] https://thinksustainabilityblog.com/2018/02/28/sustainable-cities-seoul-south-korea/，2020/07/22.

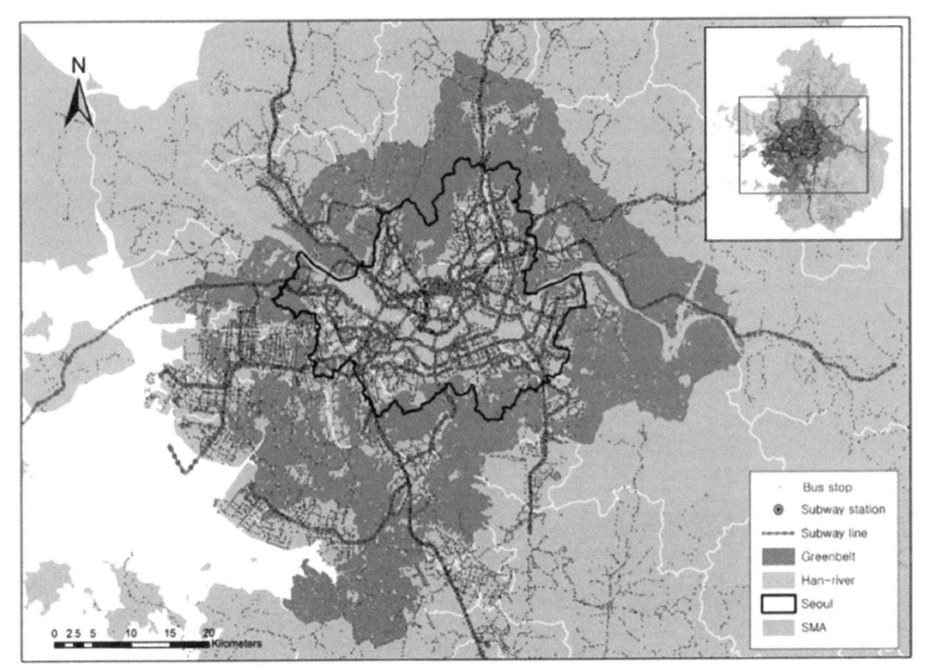

图 2-5 首尔的绿带规划图

（资料来源：https://thinksustainabilityblog.com/2018/02/28/sustainable-cities-seoul-south-korea/，文后附彩图）

策规定禁止所有绿带内的任何土地用途改变，除重建或改造现有建筑以外，没有政府部门的批准禁止一切工程建设活动。但由于这种严格限制建设活动的绿带政策导致了绿带内村庄被剥夺了开发权，也造成土地价格上涨、住房短缺等问题，1999 年首尔实施了绿带改革方案。在改革方案中，一方面绿带内的土地可以由政府购买或支付由于土地开发权限制而造成的经济损失；另一方面绿带内一些村庄可以获得特别开发许可，建设绿带内的健康社区。由此，缓解了绿带政策造成的社会经济发展的矛盾问题。在西方土地市场背景下，多地政府采用以公共财政购买土地，建设公共绿地、公园、自然保护区的方式，实现约束城市扩张、保护自然环境的目的。

绿带政策是一种对开发建设活动限制程度较高的城市增长管理方式，其将增长约束与营造城市边缘区绿色生态空间目标相结合。但绿带政策直接将大量位于城市边缘区的村庄划入，造成这些村庄的开发建设活动受到严格限制，因而近年来英国、韩国等国家也开始探索实施对绿带内土地的差异化开发限制政策。事实上，绿带政策是底线倒逼方式的城镇增长管理方式，美国的 UGB 政策则更侧重于用地增长的正向引导管理方式。

2.1.3 我国城镇增长管理探索

20 世纪 80 年代以来，我国各地政府和学者们对我国城市的增长管理已作了一些尝试。

从空间形式上，受到霍华德的田园城市思想和大伦敦绿带规划的启发，20 世纪末我国兴起划定环城绿带、建设环城郊野公园的方式，控制城市单中心式的扩张，调整城市空间结构。例如北京、天津、成都等城市的城市总体规划中，就采用了设计“环城绿带”限制城市扩张的管理方式；上海市以建设一系列“郊野公园环”为依托，引导城镇发展方向，调整城市空间格局。国内城市的绿带政策分析见表 2-2。

表 2-2　国内城市的绿带政策分析

城市	绿带政策的设定过程	尺度与规模	政策强度
北京市	1993 年版北京市总体规划首次明确绿化隔离地区的范围，而后历版总体规划、生态环境专项规划等规划对绿化隔离地区范围不断扩展。2003 年发布《北京第二道绿化隔离地区规划》，形成两道绿隔的空间结构	第一道绿带面积约为 110 km^2，第二道绿带宽 1000 m，面积约为 443.7 km^2	逐步减少绿化隔离地区内农村建设用地。限制绿化隔离地区内的规划建设用地占比和增量
天津市	1986 年版天津市总体规划首次提出围绕外环公路建设环城绿带的规划思想；1996 年版总体规划正式明确绿带的范围；2006 年版总体规划明确环城绿带作为总体生态格局的一部分	宽 500~1000 m，面积约为 40 km^2	绿带内土地均规划为公园绿地、防护绿地、林地、农田、水域等用地类型，禁止城市开发建设活动
成都市	2003 年成都市总体规划提出五个圈层式的绿地空间结构	与城市环路结合，形成 5 个宽度不一的圈层式绿带，面积约为 110 km^2	绿带内土地均规划为公园绿地、防护绿地等用地类型，禁止城市开发建设活动
上海市	1994 年《上海城市环城绿带规划》明确了绿带的范围和规划控制要求	沿外环线建立宽 500 m 的环城绿带，串联多个主题公园	绿带内土地规划为林地、农田、苗圃、公园、赛马场、高尔夫球场等

资料来源：作者整理。

环城绿带、郊野公园的规划通常局限于中心城市地区，用于协调城市边缘区范围的用地开发行为，而对于市域内其他县、镇的城镇建设用地增长缺乏约束和管理。并且，其规划更侧重于美化城市的郊野环境，但由于其主要位于中心城市周边地区，对于形成区域层面的生态网络体系和保护区域范围内重要的生态空间仍有一定的作用。随着以构建生态安全格局、绿色基础设施为生态本底的反规划思想逐步兴起，也有部分城市通过划定“生态控制线”的方式界定城市可建设空间范围，例如深圳、武汉、广州等城市。

2013 年中央城镇化工作会议提出划定城市开发边界的指导要求以来，14 个先行试点城市开始探索城市开发边界的设定与管理方式，例如：在开发边界管控对象上，苏州、杭州、沈阳、郑州和西安主要划定中心城区及组团的开发边界，也就是城市空间的边界；北京、上海等城市划定的是城镇开发边界，包含了中心城市、市镇以及独立建设用地的边界；广州等城市划定了城市、市镇与乡村的建设用地边界，即城乡开发边界。在开发边界管控的内容上也有所差别，分为单线型、双线型、三线型等；在规划期限上，有的划定永久性开发边界，有的划定永久性、弹性开发边界、远期开发边界等；在与基本农田、生态红线的关系上各个城市的处理方式也有所差异。这些不同的城市增长边界管控探索为形成我国的城市增长边界管理体系提供了富有价值的实践经验。总体上，应用边界管控思想协调城镇空间、生态空间与农业空间的关系，推动人与自然的和谐发展将是今后空间规划优化完善的重要方向。

2.2 水资源环境保护的理论与实践

2.2.1 城市水资源承载力评估

1995 年，Arrow 等学者在《科学》期刊上发表了文章《经济增长、承载力和环境》，引发了对于当代社会环境承载力研究的热潮。水生态系统是自然环境中重要的一部分，也是约束环境承载力的主要因素。国内外研究中除使用“水资源承载力”之外，还使用“水资源承载能力”“水环境承载能力”“可持续水资源利用”等概念来表述类似含义，总之核心思想是以可持续发展为原则，在维护自然生态系统的健康循环的基础上，依据特定的社会经济发展水平和科学技术水平支撑条件，测算水资源条件能够承载的最大人口和产业活动规模。通常水资源承载力评估需要考虑水资源供给能力和水环境纳污能力两部分内容。水资源供给能力是指在维持水平衡、维持健康水循环的条件下，水生态系统能够供给人类活动的最大水资源量；水环境纳污能力是在一定时期的一定水域内，在满足水体用水功能的前提下，所能够容纳的各类污染物阈值。在城市所在的流域内气候条件、植被覆盖特征、水文特征、地下水储量、人工水利设施等自然环境因素以及城镇化率、产业规模、产业结构、科技水平等社会经济因素都是城市水资源承载力的约束条件。国内外评估水资源承载力的研究多采用经验公式法、多目标决策法（模型）、系统分析法或系统动力学方法、指标评价法等研究方法。水资源承载力的研究方法与约束条件见表 2-3。

表 2-3　水资源承载力的研究方法与约束条件

文献	研究方法		约束条件	实证对象
阮本青等（1998）	经验公式法	以合理经济发展规模和人口载量表示水资源承载力	区域的人口、资源、环境条件	黄河下游沿黄河地区
薛小杰等（2000）	多目标决策法（模型）	以国内生产总值、人口、粮食产量、污染负荷量为目标表示水资源对经济、环境的承载能力	宏观经济条件；社会、人口及生活标准条件；水量平衡约束；水环境约束（污染物排放）	西安市
惠泱河等（2001）	系统动力学方法	以供水量、可承载工业产值、可承载农业产值、可承载人口作为状态变量	供水系统、工业用水子系统、农业用水子系统、人口子系统和水资源子系统	陕西关中地区
段春青等（2010）	多目标决策法（模型）、遗传算法	以分产业供水量、（城镇 / 乡村）供水量、分产业生产总值、（城镇 / 乡村）人口数量表示承载能力	从水资源质量、社会经济发展质量、生态环境质量的角度综合评价可持续发展水平	辽河区
王友贞等（2005）	指标评价法	包含经济规模、人口规模、承载力指数、协调指数指标	—	安徽省淮北地区
封志明和刘登伟（2006）	指标评价法	水资源负载指数、水资源承载人口数	计算比较不同福利水平及不同水平年的承载力水平	京津冀地区
李新、石建屏和曹洪（2011）	多目标优化模型	人口、灌溉面积、GDP（国内生产总值）、COD（化学需氧量）、TN（总氮）、TP（总磷）作为水资源和水质量承载力指标	—	洱海流域
童玉芬（2010）	系统动力学方法	以总水量和生活供水两方面计算水资源人口承载能力	考虑外调水、再生水利用、用水结构等情况	北京市
薛冰等（2011）	系统动力学方法	应用水资源供需比、人均 GDP、人均水资源可利用量、万元 GDP 的 COD 排放量的倒数、水污染比的倒数、万元 GDP 耗水量的倒数综合评价水资源承载力	考虑人口、经济与供水、需水、污水、水环境系统的相互作用关系	天津市
姜大川等（2016）	指标评价法	单位 GDP 综合用水量评判法、河流一维水质模型、湖库均匀混合模型	考虑社会经济相关指标变化情况	武汉都市圈
郭倩等（2017）	指标评价法	应用 DPSIRM 框架	综合考虑影响水资源系统的资源、生态、环境、经济、社会等因素	云南省
段新光和栾芳芳（2014）	模糊综合评判法	选取水资源开发率、水资源利用率、人均水资源量、人均供水量、供水模数、需水模数、生活需水定额及生态用水率共 8 个主要影响区域水资源承载力的因素作为评价因子	—	新疆维吾尔自治区

资料来源：作者整理。

经验公式法是根据城市所处地域的经验数值测算水资源量与承载人口和产业规模之间的关系。例如阮本青等（1998）建立的区域水资源适度承载能力计算模型，通过设置一系列约束条件函数，根据区域的人口、资源、环境条件计算水资源支持下的合理经济发展规模以及合理的人口载量。经验公式法具有操作简便、可推广度高的优势，也是在城市总体规划、土地利用规划编制过程中非水利和水资源管理专业人员测算水资源承载力的常用方式。

多目标决策法是在多个相互矛盾的目标中求出最优解的方法。通过考虑社会经济发展、生态环境保护、水资源开发利用等发展需求，建立水生态容量的多目标评价体系，并运用综合决策方法，筛选出平衡和协调各项目标的最优解，进而求得最优用水配置方案。多目标决策中目标的设定至关重要，考虑对水生态容量的测算主要用于约束城市发展，可从经济效益目标、社会效益目标、环境效益目标方面选取可量化的指标进行分析。例如选取国内生产总值（GDP）作为经济效益目标，人口增长率作为社会效益目标，污水排放量、污染物排放量作为环境效益目标等（薛小杰 等，2000；李新 等，2011；张志军 等，2011）。此外，还需考虑设定水源水流量、供水能力、输水能力等相关约束条件。多目标决策法具有综合多维度目标进行决策的优势，同时可结合不同地区实际灵活设置条件。

城市发展与水生态环境之间存在多样的互动关系，是一个复杂系统。系统分析法是利用系统动力学方法，通过构建多组微分方程仿真模拟城市发展与水生态环境相互作用的复杂系统，从而预测在一定发展期内随着城市社会经济水平、水利设施条件、水资源管理能力等要素的变化，水生态容量的阈值。系统动力学的模型结构一般包含人口子系统、经济子系统、水资源供应子系统、土地资源子系统、水环境质量子系统、水资源需求子系统等（惠泱河 等，2001；童玉芬，2010；杨朝阳，2019）。系统分析法能够有效估量不同要素之间的复杂作用关系，提升对水生态容量的预测能力；并且系统动力学模型能够模拟各种决策方案的长期效果，进行多情景比较，这比得出唯一解方案的研究方法更具有现实意义。但该方法的模型结构复杂，数据基础要求较高，当模型结构设置不合理、历史数据不足时，容易出现误导性结果。

还有部分研究应用指标评价法，构建综合评估区域或城市的资源、生态、环境、经济、社会等条件的水资源承载力指标体系。评价指标体系的逻辑框架多采用“压力—状态—响应”（PSR）或延伸生成DPSIR、DPSIRM等生态环境评价框架，结合主成分分析法、层次分析法、熵权法等主客观赋权方法，进行各目标层的指标赋权（曹琦 等，2012；马慧敏，2015；郭倩 等，2017；李红薇，2017）。也有部分研究采取代表性指标，例如测算GDP与水资源关系的指数、测算人口与水资源关系的指数等（封志明 等，2006；姜大川 等，2016）。指标评价法能够便于直观地对比不同年份、不同地区的水资源承载力差异，但是难以反映水资源承载力“极限”值的内涵。

由于水生态系统的开放性、多变性、动态性，系统受到复杂的影响因素作用，具有高维、多峰、非线性、不连续、带噪声等复杂特征。近年来，快速发展的人工智能算法为解决复杂性问题提供了新的途径。部分学者开始探讨应用人工神经网络（ANN）、遗传算法（GAs）、模糊集理论（FST）、Pareto蚁群算法等人工智能算法评估水资源承载力。

经验公式法、多目标决策法、系统分析法或系统动力学方法和指标评价法已有较为成熟的技术流程，在水资源管理、水环境保护的实践中有较为广泛的应用，但不同方法均具有一定的局限性，应用人工智能算法优化水资源承载力的评估能力是未来研究的热点方向。在与水资源承载力相关的空间规划研究与编制过程中，需要根据数据资料条件、测算区域规模、技术水平、测算精度要求等因素选取恰当的方法。

虽然我国学者围绕如何评估水资源承载力，以及如何依据水资源承载力约束城市增长规模进行了大量探讨，但是研究尚存在以下不足之处。

第一，对水资源承载力的评估多应用经验公式法、多目标决策法、指标评价法等静态评估方法，通过多城市、地区间的横向比较，或者时间轴线的纵向比较，评估水资源承载力的变化情况，但是无法定量化体现水资源承载力中“最大承载”的实际含义。

第二，当前研究多为资源管理、水利工程等领域学者针对区域水资源可持续利用目标开展的研究，因而对于如何应用水资源承载力约束城镇空间增长，将水资源承载力的相关研究成果与城镇空间规划实践衔接还需要进一步研究。

2.2.2 水生态空间识别与保护

城市与水生态环境的问题是一个跨尺度、跨地域的系统性问题，对于城市水生态环境的保护应不仅仅包含水体自身，还应扩展到整个生态系统，通过生态的途径对水生态系统的供给服务、调节服务、生命承载服务和文化精神服务等多种功能进行调整（俞孔坚 等，2015）。在此背景下，国内外学者应用生态安全格局方法探讨如何识别水生态系统中的敏感空间和建立保护水生态系统的空间格局。

在水生态要素的识别和保护方式方面，研究多综合水资源保护、水生物生境保护、雨洪灾害规避、水污染防治、海绵城市、绿色基础设施等多方面要素，利用景观生态学、资源管理、环境科学、灾害学等多学科理论，在流域、区域、市域等多空间尺度下识别和构建水生态安全格局。

水生态安全格局识别与构建一般依据确定源地、识别阻力面、提取生态廊道的三步式方法开展。在确定源地的方法上，常采用直接识别法和综合评价法两种方式。直接识别法，指的是依据水生态空间的面积、类型、生物种群特征，以及是否为自然保护区等数据信息，将达到一定标准要求的区域提取作为水生态源地。例如2005年马里兰州编制的绿色基础设施评价体系（GIA）划定“面积在100公顷以上的自然湿地系统；重要的水生生物栖息地，包括河流、小溪、湖泊等”作为GIA系统的源地[1]。综合评价法指的是通过建立多维度的评价指标体系综合评价水生态空间的重要性、敏感性，进而提取生态源地的方法。例如应用数字高程模型分析洪涝灾害风险、利用“源-汇”理论和生态因子叠置法分析点源污染的格局等（李博 等，2019）。麦克哈格的著作《设计结合自然》中，通过对河流水系等自然生态因子的叠置分析，划定生态保护的范围，开创了水生态安全格局的生态因子叠置分析方法。王森（2018）以徐州市为研究对象，应用地理信息系统（GIS）与遥感（RS）技术与方法，从雨洪安全、水土保持安全、水源涵养安全、水质安全四个单要素方面构建市域水生态安全格局，并划分高、中、低三种水平下的保护区域范围。黎秋杉 等（2019）探讨

[1] WEBER T, SLOAN A, WOLF J J L, et al. Maryland's green infrastructure assessment: development of a comprehensive approach to land conservation [J]. Landscape and Urban Planning, 2006, 77（1-2）: 94-110.

了基于水基底识别方式的水生态安全格局构建方法，从水源涵养安全格局、雨洪调蓄安全格局、水生环境安全格局以及综合水生态安全格局角度，对都江堰市的水安全格局进行识别分析。通常综合评价指标测度的特征维度包含水资源供给、水化学质量、地质水文条件、水生物生境以及水文化等方面（彭建 等，2016；黎秋杉 等，2019；俞孔坚 等，2019）。

在识别阻力面的过程中，常采用多因子叠置分析的综合评价法，不同类型的地表覆被、土地利用方式、土地利用强度对生物运动的阻力也不同，部分研究通过经验数值方式设定道路景观、河流水域、建设用地、耕地、林地等不同地表景观的阻力值，确定生态阻力面（许文雯，2012）；也有学者通过建立评价指标体系，综合地形地貌、生境质量、生态价值、地表覆盖类型、生态密度、建设密度等因素的设置阻力面（黎秋杉 等，2019；李博 等，2019）。确定阻力面后，以生态源地作为“源”，阻力面作为“源”穿越景观时受到的空间阻力，即可得到从源地向外拓展不同距离时会积累的阻力值，依据阻力值，源地之间阻力最小的路径即可作为生态廊道。水生态安全格局的构建不同于以保护生物多样性为目标的安全格局，水生生物和水体的循环流动都需要依托于地表的河流湖泊等地表水系。因而在识别生态廊道的过程中，应基于地表的河网水系测算最小阻力路径作为生态廊道。

依据阻力面，设定水生态安全格局重要性等级。源地和生态廊道应作为保护等级最高的范围，即最低安全等级区域。根据生态阻力的累积数值，将源地向外的辐射范围分由低至高的不同安全等级区域，并根据不同安全等级设定相应的城市开发建设条件。其中最低安全等级区域是保护水生态环境的底线和最小范围，也就是城市开发建设不可侵占的空间，其余安全等级的区域还需要结合城市发展需求和布局特征进行综合判断。

近年来，随着对生态环境，特别是水生态环境关注度的提高，对水生态安全格局的概念和构建方法的研究日益丰富完善，但对于如何应用水生态安全格局管控城市开发建设，基于水生态安全格局划定城市增长边界，将水生态安全格局融入空间规划体系，还有待进一步研究。

2.2.3 水环境健康状态评价

当前国内外研究和实践中，与城市水环境相关的评价标准体系和方法基本围绕四个方面的内容：一是对水环境质量的评价，该方面的评价标准多为水利和环境管理专业制定，用于准确地评估水生态环境状况和水质分布情况；二是河流和湖泊整体健康程度的评价系统，围绕河流和湖泊的自然资源功能、生态功能和社会功能进行系统的评价；三是城市水环境相关设施的评价和管理体系，包含城市污水处理能力、节水标准、雨洪管理能力等；四是包含于宜居、生态城市建设评价指标体系中的水环境评价内容，针对水环境的生态价值、景观价值等特征进行评估。

1. 水环境质量评价

国内外水环境质量评价标准的评价内容基本相似，均包含水温、pH 值、悬浮物、微生物、有机物、微量元素等指标内容，根据用水功能的不同设定相应的水质标准。例如美国环保署（EPA）于 1983 年颁布的《水质标准手册》（*Water Quality Standards Handbook*）[1]，用于指导不同的州建立其相应的水质标准体系。我国最常用的水质评价标准为《地表水环境质量标准》（GB 3838—2002），依据地表水水域环境功能和保护目标，按功能高低将水质分为五类。此外，对于不同的用水环境、水体类型还有相应的水质评价标准，例如《城市污水再生利用景观环境用水水质》（GB/T 18921—2019）、《生活饮用水卫生标准》（GB 5749—2022）、《海水水质标准》（GB 3097—19917）、《渔业水域水质标准》（GB 11607—1989）等。

2. 河流和湖泊健康评价

对河流和湖泊的生态健康问题的关注最早始于 20 世纪 50 年代的西方国家，欧美地区学者对河流和湖泊健康程度开展大量的调查和评估研究。表 2-4 给出了国内外具有代表性的河流健康评价标准或方法。评价围绕河流或湖泊的水文特征、生物环境、物理化学指标等内容展开，重点关注水生态系统的完整性和生态系统服务价值，并在评估河流和湖泊生态健康程度的同时，开展大规模的河流生态系统保护工作。我国对于河流和湖泊健康的关注起步较晚，但随着近年来对生态环境保护的日益重

[1] 访问链接 https://www.epa.gov/wqs-tech/water-quality-standards-handbook.

视，对我国主要河流和湖泊等淡水资源的健康调查和评估也成为学术界和环境管理部门的热门问题。当前针对长江、黄河、珠江等主要河流已提出相应的健康评价体系，在关注河流的水文和生物特征的同时，增加了对水安全、水韧性以及水资源管理方面的评估，例如防洪工程措施、受到污染后自我修复能力等内容。

表 2-4　国内外具有代表性的河流健康评价标准或方法

评价标准或方法	国家或地区	评价内容
澳大利亚河流评价系统（AusRivAS）	澳大利亚	水文地貌、物理化学参数、生物种群、水质、生态毒理学
溪流状态指数（ISC）	澳大利亚	河流水文学、形态特征、河岸带状况、水质及水生生物
河流状态调查（SRS）	澳大利亚	水文、河道栖息地、横断面、景观休闲和保护价值等内容
河流保护评价系统（SERCON）	英国	自然多样性、天然性、代表性、稀有性、物种丰富度以及特殊特征等，评价河流的生物和栖息地属性及其自然保护价值
河流生态环境调查（RHS）	英国	调查河流的河道数据、沉积物特征、植被类型、河岸侵蚀、河岸带特征及土地利用
快速生物评价协议（RBPs）	美国	评估河流的藻类、大型无脊椎动物和鱼类的物种和栖息地条件
生物完整性指数（IBI）	美国	评估水文情势、水化学情势、栖息地条件、水的连续性以及生物组成和生态循环情况
湖泊营养状态分区评级系统	美国	根据地理、气候和生态系统划定湖泊分区，针对不同分区特征使用相应的基准进行湖泊营养状态评估
健康长江评价指标系统	中国	评估流域层次的河道和河流生态健康，还包含了社会用水、防洪工程以及非工程措施等内容的评估
健康黄河评价指标系统	中国	指标内容包含对河川径流、通畅安全的水沙通道、良好的水质、良性运行的河流生态和一定的供水能力的评估
健康珠江评价指标系统	中国	在评价河流水文、生态、社会用水、防洪工程等内容的基础上，还增加水利管理水平和公众意识两项指标，将河流的管理和保护意识也纳入了评价范围
丹江口水库生态系统健康评价体系	中国	评估湖泊系统的物理完整性（水文完整性和物理结构完整性）、化学完整性、生物完整性和服务功能完整性及其相互协调性

3. 城市水基础设施建设和管理评价

城市水基础设施建设和管理评价与城市社会经济发展水平密切相关，也是评价内容细分最多的一部分。国内外普遍制定了对城市节水能力、污水处理能力、雨洪管理能力等相关内容的评价体系。在城市节水标准方面，美国、日本、澳大利亚等国家均制定了完善的立法管理体系，对居民生活、工业生产、农业生产各类型用水情景均规定了具体的节水指标。我国 2006 年发布的《节水型城市考核标准》、2015 年发布的《城市节水评价标准》（GB/T 51083—2015）均用以加强建设节水型城市，保护水环境，促进水资源的可持续开发和利用。评价标准中除包含对于各类型用水情况、再生水使用情况的考核之外，还将节水管理制度、节水理念宣传等内容作为基本条件和基本管理指标，表明完善的节水制度和管理措施是各城市参评节水型城市的重要基础。此外，我国现行城市建设的相关标准中还包含《民用建筑节水设计标准》（GB 50555—2010）和《节水灌溉工程技术标准》（GB/T 50363—2018）等。

在污水处理能力方面，大部分西方国家制定了包含法律依据和制度基础的市政污水处理排放标准。以美国为例，1972 年美国国会通过了水污染控制法修正案，开启了美国现代水污染控制之路。美国的污水管理应用的是许可证制度，所有正在或者将要向水体排放污染物的点源都必须申请获取国家污染物排放消除系统（NPDES）许可证，其中严格确定了排放限值。我国现行与城镇污水排放有关的技术标准有《城镇污水处理厂污染物排放标准》（GB 18918—2002）、《污水综合排放标准》（GB 8978—1996）、《城市污水再生利用 城市杂用水水质》（GB/T 18920—2020）、《城市污水再生利用 景观环境用水水质》（GB 18921—2019）以及一系列水污染物排放标准等。这些技术标准主要对污水处理后的水化学特质和排放量进行限制，例如 pH 值、悬浮物、COD、重金属的排放浓度等。

在雨洪管理能力方面，传统的技术标准如《室外排水设计规范》（GB 50014—2006）和《防洪标准》（GB 50201—2014）等是雨洪管理水设施建设的基本要求，其主要关注的是与雨洪相关的安全问题，对于雨水管理采用传统的“末端治理”理念。近年来，随着海绵城市建设理念的推广，对于城市雨洪相关水设施的评价体系日益丰富。2018 年发布《海绵城市建设评价标准》，对雨水从“源头减排、过程控制、系统治理”多维度进行管理，评价内容包含雨水年径流总量及其径流体积（海绵体）控制、路面积水控制与内涝防治、城市水体环境质量、项目实施有效性、自然生态格局管控与城市水体生态岸线保护、地下水埋深变化趋势和城市热岛效应缓解七个方面。总体上，我国对于城市水基础设施建设和管理的评价向着促进可持续发展、维护水生态系统健康的方向发展。

4. 宜居、生态城市建设评价中的水环境评估

城市的水资源利用和水生态环境是建设宜居、生态、可持续的城市的重要内容之一，因而在国内外相关的宜居和生态城市建设指标体系中，水环境的评估也是其中的重要指标内容。美国的能源与环境设计先导评价标准（LEED）中包含有景观用水效率、创新性废水技术、节水技术、减少雨水径流量、雨水收集利用等多项水资源利用相关的指标。2007 年发布的《宜居城市科学评价标准》的六个评价维度中，环境优美度和资源承载度两个维度均考虑了与水环境相关的评价指标，例如市区内有水质良好的大海、大江、大河、湖泊、湿地等是环境优美度的加分项，人均可用淡水资源总量、工业用水重复利用率两项指标是资源承载度的计分项。在这六个维度的评分评价之外，还有四项综合评价否定条件，当评分低于 85 分时，若存在一项即不能认定为宜居城市，其中，区域淡水资源严重缺乏或生态环境严重恶化均为综合评价否定条件。2008 年天津中新生态城规划中提出的生态指标体系的 22 项指标中包含有五项与水环境相关的指标，分别为区内水生态环境质量、水喉水达标率、自然湿地净损失率、日人均生活耗水量、非传统水源利用率，这些指标用以监测生态城市建设中的节约用水、水资源再利用、水生态系统保护方面的情况。在宜居、生态城市的建设指标中多采用便于统计和观测的水环境指标，并且测度内容不仅包含水环境质量，还包含对水设施、水生态、水安全等多方面的综合考量。

虽然当前在城乡规划领域已有大部分研究关注城市水环境导向下的规划技术和方法，但当前研究多为根据实际工程经验的探索性研究，从国内外相关的建设项目中总结规划技术和方法，对于如何协调城市水环境保护与城市发展的关系仍需要进一步的理论和实证研究。

2.3 城水关系研究进展

城市“因水而生，因水而兴”，城市的发展和兴盛与水环境息息相关。水资源、水生态、水气候、水灾害、水文化等水环境要素对城市的选址、空间形态、功能布局、建筑风貌等诸多方面带来突出的影响。在城市建设史、城市历史地理等领域，已有大量关于城市与水环境关系的经典论述。莫里斯在《城市形态史：工业革命以前》一书中，总结城市的诞生与河流的关系。Stéphane Castonguay 和 Matthew Evenden 在论著《城市河流：重塑欧洲和北美的河流、城市和空间》（*Urban Rivers: Remaking Rivers, Cities, and Space in Europe and North America*）中以历史地理学的方式回顾了城市的政策、经济、技术发展以及社会文化如何影响河流的发育，而河流又是如何影响了城市的空间形态、基础设施、安全防护等要素的建设。董鉴泓在《中国城市建设史》一书中，总结了我国自秦汉以来城市选址与河流的关系，并列举了不同地形和河道条件下的城市空间形态特征。吴庆洲（1995）在《中国古代城市防洪研究》一书中解读了城市水系对于城市和防洪的意义，总结了中国古代城市水系规划建设管理的学说及历史经验。

在城市空间规划实践中，如何组织城市的空间形态、功能布局、道路系统、开放空间、基础设施等要素，实现与城市水生态环境特征的协调和适应，也是近年来规划学者和各地政府普遍关注的问题。白羽（2010）分析了河流沿岸的城市空间肌理生成机制，并探讨了空间规划与空间肌理协调的策略方法。陈浩（2013）研究了丘陵地区中小城市如何促进道路网与水系和谐共生的规划策略。贵体进（2016）探讨了水环境与城市土地利用的关联性，并以重庆两江新区为例，研究水环境约束下的土地利用生态化规划方法。

近年来，随着 RS 和 GIS 技术的发展，对于城市与水环境相互作用关系的研究呈现从经验性分析向定量化、数据化研究的发展趋势，国内外学者通过结合城市增长模型、水文模型、生态学模型等多种计算机模拟模型，更系统完整地分析城市发展与水环境之间的相互作用关系。例如，Maeve McBride 和 Derek B. Booth（2005）通过对城市区域内水系物理环境特征与流域内城市建设的回归模型，分析了城市建设对水系影响作用的尺度敏感性和城市用地形态的影响作用。Bach（2013）模拟了地块尺度的水敏性基础设施建设与城市空间形态的相互作用关系。Bhaskar （2016）应用模拟城镇空间增长的 SLEUTH 模型和模拟水循环系统的 ParFlow 模型研究了美国巴尔的摩地区随着城镇空间的增长地表植被和水循环系统的变化特征，研究发现城市的扩张将会导致地表水的减少，并且不同地段的水环境敏感度不同，部分敏感地区的地表水将会更显著地受到城镇空间增长的影响。徐康等（2013）应用元胞自动机（CA）模型与区域水文模型（SCS 模型），模拟不同城市增长速率下，城市淹水面积的比例及风险，进而指导划定城市增长边界。宁雄（2015）运用分布式元胞自动机模型和 BP 神经网络模型，构建城市土地利用变化及水质响应模拟模型，模拟区域城市土地利用变化，预测城市区域污染排放与上下游水质的响应关系，定量分析城市空间扩张与水环境质量变化之间的特征规律。

虽然对于城水关系的规律和相互作用方式已有较为丰富的研究论述，但当前研究成果多侧重于从城市建设史、地理学、水文学等研究视角探究城水关系的规律和特征问题，而从空间规划的角度协调城水关系的实践指导性研究较少。今后还需关注如何将城水耦合的城市发展理念应用于城市发展和建设实践中，探讨协调城水关系的城镇空间规划方法和管理策略。

基于城水耦合理念的城镇增长管理理论

本章构建城水耦合理念的理论框架，明确城水耦合理念的概念内涵、参与主体、逻辑脉络以及量化城水关系的评价指标体系。城水耦合理念是基于城市化与生态环境的耦合理论提出的一种空间规划理念，作为研究和制定城镇空间规划决策的价值判断标准，丰富和拓展了生态城市规划理论体系。

本章首先回顾梳理城市与水环境之间相互作用关系及其演化过程，从发展论的角度提出城水协调是城水关系的发展演化目标，并通过对城水耦合关系中“城”与“水”所指代的主体内容辨析，进一步明确和界定在国土空间规划编制体系下，城水耦合理念所指代的具体内容。而后，本章应用 DPSIR 概念框架和耦合模型，解析城市与水环境之间形成耦合作用的逻辑脉络，并构建可用于量化评估城水关系所处状态的评价指标体系，作为将城水耦合理念与空间规划实践相结合的纽带。

3.1 耦合理论的起源与发展

应用耦合关系解读城市化与生态环境的相互作用关系是近年来生态学领域的一种新兴理论。1988 年，生态学家王如松基于生态协调原理中的正负反馈和限制因子定律，提出城市生长与生态环境之间存在着反馈和限制性机理，因此城市发展具有 S 型规律。在城市发展初期，城市开始需要扩展规模，获取更多的土地、水、食物等资源，但初期城市的规模较小、人口较少，因而增长较为缓慢；在城市达到一定的规模后，开始呈现快速增长和扩张的趋势，城市从自然环境中汲取大量能源和资源支撑其运转；然而在城市规模达到生态环境承载的限度后，由于能源和资源的限制，城市发展进入瓶颈期，增长速率再次放缓，达到一种饱和状态。若城市通过优化节能措施、优化产业结构等方式提升对资源的利用效率，降低城市发展对生态环境的影响和生态环境对城市发展的限制，容量加大，城市又会呈现 S 型增长的方式，直至达到新的饱和状态。因而，城市与生态环境在这种正反馈和负反馈的交替过程中不断发展，两者之间存在着动态平衡的关系，即交互耦合关系。

对于城市化与生态环境的耦合关系的演化规律，黄金川（2003）通过对描述生态环境与经济发展间关系的“环境库兹涅茨倒 U 形曲线”和描述城市化与经济发展间的“对数曲线”进行逻辑复合，推导出城市化与生态环境交互耦合规律曲线函数，如图 3-1 所示。第一象限为“对数曲线”，第三象限为“环境库兹涅茨倒 U 形曲线”，将这两条曲线向第二象限投射，生成一条城市化与生态环境耦合的关系曲线。从这条曲线可以看出，在到达中间拐点之前，生态环境的恶化程度随着城市化水平的提升而增高；到达拐点之后，生态环境的恶化程度则随着城市化的发展而降低。但这种城市化与生态环境之间的一般性规律是在大尺度、长时期的条件下表现出来的，而对于特定的区域或时段，两者之间的关系还存在着“灾”变或“善”变的可能，比如城市生态环境恶化超出了安全阈值，或突发地震、海啸等灾难性事件，城市会由此产生“灾”变，城市出现衰退，如图 3-2 中城市化曲线上的分叉所示；另一方面，城市化与生态环境也可能在越过拐点后进入协调耦合发展阶段，而非此消彼长的相对模式，也就是出现“善”变，生态环境的发展曲线正如图 3-2 中生态环境曲线上的分叉所示。从时间发展序列上，城市化与生态环境之间的交互作用经历了低水平协调阶段、拮抗阶段、磨合阶段和高水平协调阶段四个时期。

在城市化与生态环境的交互耦合关系中，交互作用的“拐点”，也就是生态环境承载的安全阈值至关重要。明确阈值的范围能够有助于控制城市化进程中人口、

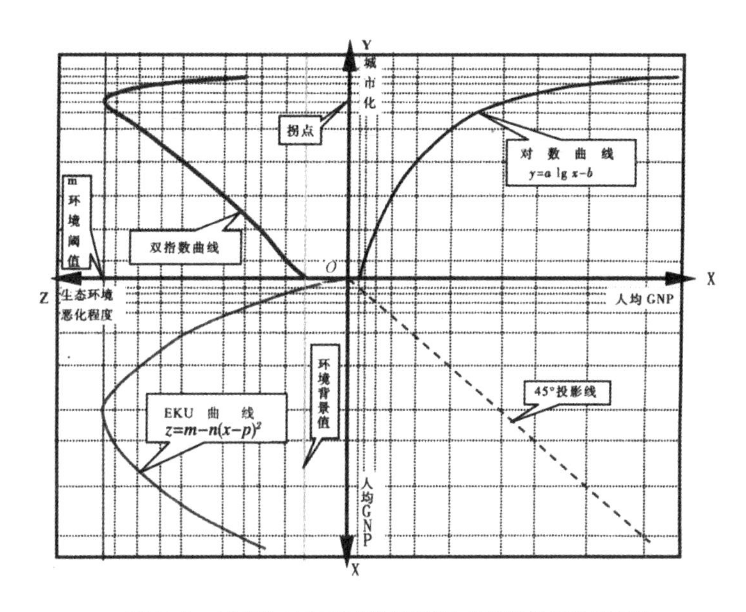

图 3-1　城市化与生态环境交互耦合规律曲线函数示意图

（资料来源：黄金川的《城市化与生态环境交互耦合机制与规律性分析》）

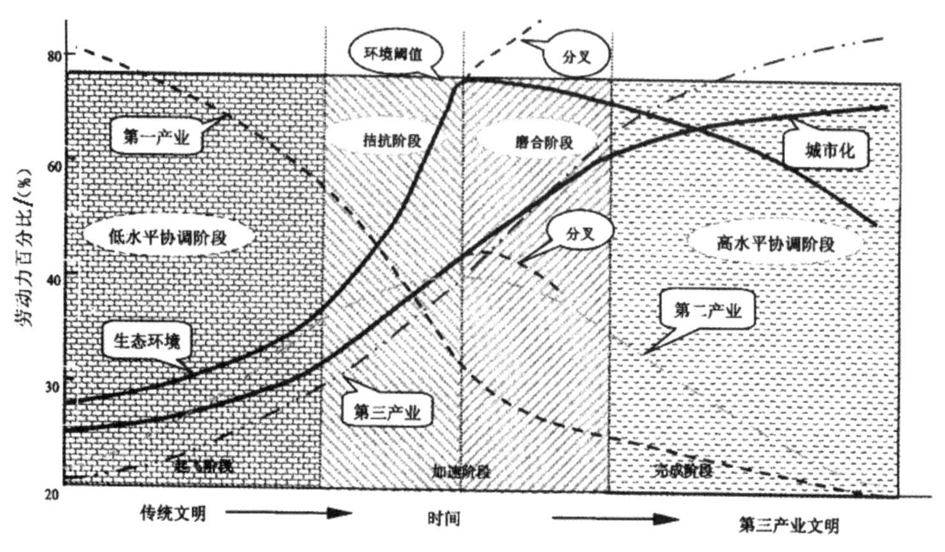

图 3-2　城市化与生态环境交互耦合的时序规律性图解

（资料来源：黄金川的《城市化与生态环境交互耦合机制与规律性分析》）

产业、空间发展的水平和尺度，进而维护生态环境安全，降低触发“灾”变的可能性。同时，明确阈值的范围也能够有助于探索如何提升阈值，促进城市化与生态环境的共同提升和发展，引导二者产生“善”变，达到协调耦合发展的目标。

在上述耦合关系中，城市化包含城市的人口增长、经济发展、空间扩张、生活提高四个主要方面，而生态环境包含水、能源、空气、土地和生物五类要素。水环境是生态环境的一项要素，而城镇用地的规模与布局是城市化过程中人口增长、经济发展、空间扩展的一种具体体现方式。因此，本研究认为城镇用地与水环境之间也存在着相似的交互耦合关系。

近年来，部分学者从理论与实证的层面检验了城市化与生态环境的耦合关系与内在机制（黄金川 等，2003；刘耀彬 等，2005；王少剑 等，2015；崔学刚 等，2019；刘海猛 等，2019）。也有一些研究从城市化与水资源、水环境的角度分析了二者之间的耦合关系（方创琳 等，2005；黄宾，2015；崔子豪，2016；巴合提江 等，2018），通过耦合度和耦合协调度两个指数能够反映出城水相互作用关系所处的阶段，进而判断是否达到了城水协调发展的目标，并提供相应的政策响应依据。这些研究为解读城市与水环境系统的耦合作用关系奠定了基础。

3.2 城水耦合的概念内涵

3.2.1 城水关系的概念界定

水是生命之源，是城市发展的最基本要素，世界上最早的城市基本诞生于黄河流域、尼罗河流域、两河流域等河流水系丰富的地区。城市是在乡村聚落的基础上逐渐发展起来的，在农耕时代，农业、渔牧、水利生产都与河流有着密切的关系，因而城市大多靠近河流。河流为城市提供了生活和生产用水的水源，也提供了货物运输的水上通道。现代社会中，滨水地区依然吸引着人们在水岸定居和生活。在城水关系中，河流、湖泊、海洋等自然水系为城市提供供水、灌溉、发电、航运、景观、游乐等服务功能，但同时由于有限的水资源、洪涝灾害、生态敏感性等问题对城市发展产生反馈和约束作用。

城市的发展对水环境也会产生多方面的影响。首先，城市为了满足日益增长的用水需求，会在城市周边兴建人工水体设施或改变原有水系的布局，例如水库、蓄水池、灌溉渠等；同时，城市也会产生大量的污水和废水，排放至河流、湖泊等自然水体中，或者排放至低洼地带，形成一些黑臭水体，造成水环境污染、水生态破坏等问题。其次，为了保障城市的防洪安全，城市会兴建沿河的堤坝、沿海的防波堤等防洪设施，这些堤坝的兴建会改变原有的水岸的动植物生境，削弱自然水体的水净化能力。此外，城市的发展会侵占部分自然水体，如滨海地区填海造陆或城市发展中填埋部分小型的沟渠、池塘等。随着城市建设水平的提升、水利工程设施的提升及市政设施的提高完善，城市也会愈加关注对水环境的保护和修复，例如在节水措施、再生水利用、污水治理、水生态修复等方面的投入。因而，城市发展与水环境存在着复杂的、多样的相互作用关系，既有促进关系，也有约束和胁迫的关系（图 3-3）。

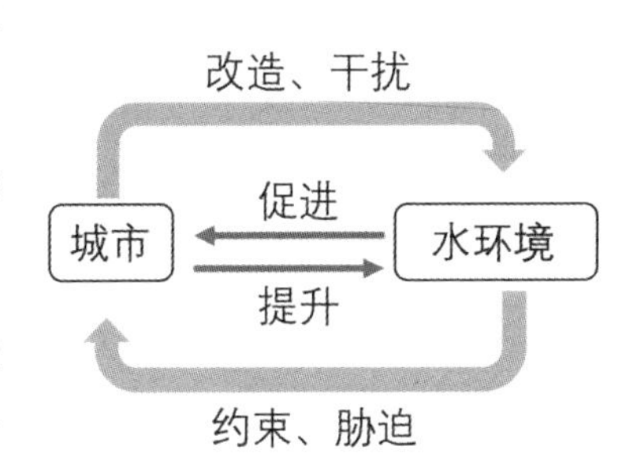

图 3-3　城水关系的概念示意图
（资料来源：作者自绘）

本研究所关注的城水关系即为在城市发展过程中，城市的社会经济发展和空间扩张与城市周边的各类型水环境（江、河、湖、海、沟、渠、塘等）之间的交互作用关系。

3.2.2 城水关系的发展演化

在不同的城市发展阶段、发展理念和建设条件下，城水关系中的主导作用因素也有所不同，或是城市对水环境的改造和干扰作用占主导，或是水环境对城市发展的约束和胁迫作用占主导，因而城水关系的表现形式具有多样化、动态性的特征。

回顾人类社会的发展历程，从古至今人与自然的管理经历了从顺应自然到征服自然、改造自然，再到尊重自然、保护自然、人与自然和谐共处的演化历程。城市与水环境的关系变化是人与自然关系的一种具体表现方式。陈英燕在论文《城市不同发展阶段地表水系及地貌形态的变化》中总结了在城市不同发展时期水文地貌的变化。①在城市发育期，人口逐渐向交通便利、水源充足、自然条件优越的地方聚集，由于这一时期城市规模较小，城市周边的自然水体（如江、河、湖、塘、井等）尚可以满足城市的生活用水需求，但随着人口的增多，一些城市周边开始出现人工水体，例如水库、蓄水池等。同时，由城市的生产和生活而产生的废水慢慢超出土壤的自然下渗量，在地表形成一些污水沟、黑臭水体等。②在城市快速发展期，城镇空间不断扩张，人口快速增长，城市的市政工程也开始大量兴建。这一时期，城市的生活用水多使用自来水，因而城市周边为供水而建的水库数量增长，废水污水的排放也由地上转入地下，但多为雨污合流制排水系统。此外，大江大河的沿岸开始兴建大量建筑物，如桥梁、码头、滨水商业区等，岸线类型多样化，部分自然岸线逐渐转变为人工岸线。城市内部的水塘、小河沟等则逐步被填埋，导致城市整体的水面面积减少，水质污染日趋严重。③当城市达到一定规模，城市周边的水资源已经不能够满足城市大量的工业和生活用水需求时，城市开始过度抽取地下水，兴建远距离输水、调水工程。这一时期城市土地的用地需求不断增长，土地价值上涨，催生出填海造地、填湖造地等工程，不断侵蚀自然水体面积。城市内部的水体面积大量减少，而城市周边的人工水体面积有所增长，相应地降低了城市应对雨洪灾害的能力。④当城市水环境不能承载高速发展的城市时，大量环境和城市安全问题开始显现，例如大面积的不透水表面导致城市的自然雨洪滞蓄作用减弱；河道的沉积作用加强，河流成为地上悬河；排水系统常发生污水倒灌事件；过度开采地下水导致地面沉降等问题。城市建设开始注重对水环境的保护和修复，例如恢复部分自然岸线、增加水体面积，提升排水和污水系统处理能力，增强地表渗透能力等，水环境将会逐渐得到恢复和提升。

参考既有研究中对城水关系的演化历程分析，本研究将城水关系的演化过程总结为四个阶段。

1. 水环境主导的城市形成阶段

这一阶段城市初步形成和发展，人们主要依赖自然水源供给和河道系统进行生活和生产活动。城市人口、产业与城镇用地的增长速率较为缓慢，虽然城市对水资源的开发利用程度、污染物排放量不断增高，但总体上由于城市规模较小，对水环境的影响也相对较低，不足以造成水文地貌和水生态系统的显著性改变。

2. 城市主导的快速发展阶段

随着城市人口和产业的集聚，依靠天然水源的供给模式已经不能满足城市的用水需求，人们开始在城市周边兴建各类水利设施，以满足城市生产生活用水需求为主导，改造水文地貌特征。同时，城市的污染物和污水排放量不断增多，造成水体水质恶化，影响水生物和生态系统平衡。这一时期城市与水环境两个系统均产生剧烈的变化，其中城市系统呈现人口、产业、用地等因素的快速和粗放式增长特征，而水环境系统出现水资源承载压力不断增大、水生态环境不断恶化的特征。

3. 城水磨合发展阶段

随着城市人口增长、产业发展、用地扩张等活动对水环境施加的压力不断增大，水资源短缺、水环境污染、水生态破坏等问题日益突出，逐渐成为制约城市持续发展的瓶颈。这一阶段，城市规模接近水资源承载上限，水环境对城市的反馈影响愈加明显，城市与水环境两个系统开始逐渐磨合，城市人口、产业或用地增长的速率放缓，标志着水环境的反馈约束作用开始显现，城水关系进入磨合阶段。

4. 城水协调发展阶段

在水环境的反馈约束作用下，城市为谋求更大的发展空间，将会注重对保护和修复水环境的政策支持与资金投入。通过提升水资源集约利用能力、污水治理能力、再生水等非常规水源的开发利用能力以及水生态系统修复能力等，提升水资源承载力，营造良好的水生态环境，进而通过改善水环境品质的方式，提升城市的综合发展水平，城水关系进入协调发展、相互促进的阶段。从城水关系的演化阶段来看，达到城水协调发展阶段，实现城市与水环境的和谐共生，是未来城市规划与建设的发展目标。

3.2.3 城水耦合的内涵解析

“耦合”一词源自物理学概念，指两个（或多个）系统通过受自身和外界的相互作用而彼此影响的现象，其核心含义是描述系统之间具有的相互作用关系。在人与自然的生物圈系统中，诸多要素之间均存在着相互影响的作用关系。“城水耦合”一词则指的是城市系统与水环境系统之间存在的相互的约束与胁迫、促进与激励等影响作用现象，其内涵是一种人工环境与自然环境之间互动反馈的作用关系。

本研究提出的城水耦合理念，指的是以尊重和顺应城市系统与水环境系统之间的相互作用关系为原则，以促进城水协调发展为目标的城镇空间规划编制和管理的理念。基于城水耦合理念制定的城镇空间规划中，一方面以水环境的生态保护和资源可持续利用为目标，协调水资源开发利用、水污染治理和水生态保护与城市社会经济发展的关系，另一方面以提升城市建成环境的品质为目标，合理利用水环境的景观美化、环境净化等生态系统服务功能，建设人、城、水和谐共生的城市环境。

城水耦合理念本质上是一种研究和制定城镇空间规划决策的价值判断标准，是在人与自然和谐共处宏观目标下一种具体化的生态价值观。

正如第一章概念界定部分所述，本研究旨在基于城水耦合理念探讨对城镇空间增长的边界管控体系的优化策略，因而在本书中，城水耦合理念的核心价值观可以具体解读为两个要点：第一，耦合水资源承载力与城镇空间规模的关系；第二，耦合水生态敏感区域与城镇空间布局的关系。

3.3 城水耦合的参与主体

在城市与水环境系统的相互作用关系中，参与主体是指具有适应能力的，可以主动变化的系统要素。在城水耦合现象中，参与主体的变化是促进城水关系发展和进化的基本动因，也正是由于各个参与主体具有适应性变化的特征，两个系统之间才能够产生交互耦合作用。围绕城镇空间增长的规划管控问题，城水耦合现象中，城市系统的参与主体主要为与城镇空间的规模与布局特征相关的要素，水环境系统的参与主体主要为与水资源承载力和水生态空间保护相关的要素。这些要素之间多样的交互作用关系，形成城水之间的耦合现象。

3.3.1 城市系统的参与主体

城市系统的参与主体可以划分为物质主体和非物质主体两大类。物质主体指的是城市中进行各种活动所必需的空间场所，比如城市所占用的土地、城市内部的道路、建筑物、公园绿地等；非物质主体指的是城市物质环境中容纳的各类生产生活活动，比如城市的功能布局、工业生产活动、城市居民的日常生活等。城市系统的物质主体和非物质主体是相辅相成的，一方面城市空间的物质要素的特征将影响城市中人通勤、交往模式和活动方式，进而影响其非物质主体；另一方面城市的物质空间又是城市中社会、经济、文化等各种活动综合影响下的结果。城市系统的物质主体与非物质主体的形成和发展既受到水环境的影响，也对水环境施加影响。

根据城水耦合概念内涵，围绕城镇增长管理议题，城市系统的参与主体主要为城镇空间规模和城镇空间布局两类要素。

1. 城镇空间规模

城镇空间规模涵盖了城镇人口、产业与建设用地规模等物质与非物质主体要素。其中，城镇的人口、产业规模对水环境系统可能施加的影响如下。第一，城市人口与产业规模的增长将增加城市的生产生活用水需求量，但随着城市用水需求的不断增长，城市所处流域内的水资源承载负荷也不断增长，当超出一定承载量后，会造成河流干涸、湖泊水库水位下降、地下水超采等一系列水环境问题。第二，随着城市人口与产业规模的扩大，为满足日益增长的用水需求，也会兴建远距离输水设施、水库等水利设施项目，例如南水北调工程、引黄济津工程等。这些工程项目形成新的人工水体，在一定程度上缓解水资源承载压力，对城市周边的水环境进行补偿和修复。第三，城市人口越多与产业规模越大的城市，通常城市的地方财政能力和政府治理能力更强，对水环境保护的重视程度越高、资金投入及政策支持也越多。此外，随着城市人口和产业规模的增长，为了保障城市的防洪安全，人口高密度地段的河流将会按照更高等级的防洪要求进行建设，沿河修筑人工堤岸，改变了原有的自然河岸带环境。

2. 城镇空间布局

在城镇增长管理中，城镇空间布局特征主要指城镇建设用地的选址、空间范围以及形态。

其一，城镇空间布局与地表水系会影响地表水系的微循环系统和水生动植物生境。城市为获得更为完整的可建设用地，会填埋部分小型沟渠、池塘、湿地等，例如，最初城市道路沿一些小型的河流沟渠或河流修建，但随着交通流量的增长，当道路需要扩宽时，部分河流沟渠会被填埋成为城市道路，而原有的排水功能也会被城市道路下面的排水管网所取代，由此造成水生态系统的微循环结构被破坏。还有部分小型溪流的跨河道路为了节约成本，采用堤坝式的道路跨河方式，仅留有几个狭窄的孔洞通水，限制了鱼类等生物的活动。城市内为了满足河道蓄水后较好的景观效果和亲水环境，会在河流上下游修筑水闸、堤坝等水利设施，这些河道建筑物、构筑物会阻碍洄游鱼类的生活周期，改变水流和河道基底沉积物，还会改变水体的热力状态。有些地区为了获取更好的水景观效果，扩宽河道或者扩大水面面积，而在低流量季节因水深会变浅，导致水体含氧量降低、水温升高，影响水生动植物的生境。部分城市河道堤岸渠化管理、亲水平台等景观设施的建设会导致水岸缺少鱼类、两栖类动物的庇护所，影响水生生物的多样性。

其二，城镇空间的增长和扩张还会影响地下水回补能力和地表水体质量。流域内不透水地表的面积增加，将使雨水自然下渗的能力降低，城市对河流的渠化管理，会阻断地表水与地下水交换，造成地下水回补能力下降。城市道路、仓储、工业用地的地面径流携带大量的重金属、烃类化合物、农药、泥沙等污染物，导致地表径流污染加重，影响了地表水体的水质。从城市微气候的角度而言，城市建成区更易产生热岛效应，而受热岛效应影响的地段内水体温度升高，促进水中微生物、藻类的生长，更容易暴发蓝藻水华、水体富营养化等问题，干扰了水生态环境的物质代谢和能量循环过程。

3.3.2 水环境系统的参与主体

水环境指的是自然或人工形成的淡水水体，以及与其相关的动植物群落交错区。城镇的生产生活活动对水环境产生影响的同时，水资源、水生态、水灾害、水景观、水文化等诸多特征也是支撑或约束城市发展的因素。根据城水耦合概念内涵，对于北方缺水地区城市，水环境系统的水资源和水生态特征是影响城镇空间增长的主要因素。

1. 水资源

水资源因素包含了水环境系统中地表和地下水的存量和流量状态、外调水或非常规水源的供给情况，以及各类淡水水体的水化学质量状态。水体的化学质量影响了人类生产生活可利用水资源的总量，只有达到一定水化学标准的水源才可用于饮用、灌溉等用途。因此，水资源问题实质上涵盖了水量和水质两方面的内容。

地表水系的水资源富集程度对河流的水深、流速、洪水重现期等要素均有影响，进而影响河流可以承担的城市生产生活功能。例如，水流量丰富且稳定的河流可以作为水上交通运输的通道，为生产生活用水提供稳定的水资源供给，因而城市更加趋向于在这些河流周边进行开发建设活动。另一方面，洪水、河道侵蚀等问题也会增加滨水开发地区的灾害风险，对城镇建设提出更高的要求。

水质良好是保障水生态系统健康的基础，当水温较高，氮、磷等营养物质富集时，容易爆发水华，既会影响城市的水体景观效果，又会影响城市的取水用水过程。当水体中重金属、有机物、病原微生物含量超标时，水体水质下降，甚至形成黑臭水体严重影响城市居民和各类生物的健康。

水资源是人类生存和发展所必需的资源环境要素，既是保障城市社会经济发展的基础，也是制约城市发展规模和速率的环境因素。概括而言，水环境的资源富集和环境质量对城镇空间的规模与布局既有积极的促进作用，也有消极的约束作用。

2. 水生态

水生态因素包含了水生态系统的动植物生物体以及生物群落的生存环境。水生态系统是一个动态的系统，各类地表水体的水流量、化学水质、能量来源，以及生境的面积、类型和边界等因素均会影响水生态系统的状态。而水生态系统是整个自然生态系统重要的组成部分，为人类提供了供给服务、调节服务、文化服务以及支持服务等生态系统服务。其中，水生态系统的供给服务能够提供清洁的水源、可以作为食物来源的水生动植物产品；调节服务能够净化水和空气、调蓄水量，从而减轻干旱和洪涝灾害、降解废物的毒性、维持稳定的气候；文化服务能够为城市居民提供丰富多彩的水岸开放空间和水文化；支持服务指的是维持生物圈的能量循环。水生态系统的健康是保障城市发展的基础，同时受到干扰和劣化的水生态系统也会影响城市未来发展的潜力。

河流湖泊等水体以及与水相关的动植物群落交错区，也就是水生物的生境，是维护水生态系统健康的主要空间环境因素，生境的自然结构对于水生动植物的构成和演替十分重要。例如，水体基底的沉积物类型与水生植物的类型密切相关，研究表明在沙质底质中，底栖动物的物种丰度和密度最低，而在有附生水草生长的卵石底质中，底栖动物的密度和多样性最大。河流的堤岸和河漫滩是水生态与陆地生态的过渡地带，沿河岸的植物、岩石以及干枯的枝干等均能够为鱼类和两栖类动物提供生存空间，使其能够躲避捕食者，获得生殖和繁衍的条件。这些空间环境的空间范围和网络格局完整性将会影响水生态系统对城市的各项服务功能，影响城市的社会经济发展和城市建设。

3.4 城水耦合的内在逻辑

城市系统的城镇空间规模、城镇空间布局特征与水环境系统的水资源、水生态特征之间具有复杂的联系，形成了两个系统相互激励、反馈、约束的作用关系。通过借鉴“驱动力—压力—状态—影响—响应”（DPSIR）框架和耦合模型框架，可以梳理城水相互作用关系的内在逻辑。

3.4.1 梳理逻辑脉络的基础架构

1. DPSIR 概念框架

“驱动力—压力—状态—影响—响应”框架是一种用于衡量环境系统可持续发展水平的评价指标体系概念模型，它从系统过程的角度，按照因果逻辑将人与环境系统的相互作用归纳为驱动力、压力、状态、影响、响应五个过程。DPSIR 概念框架是 PSR 框架和 DSR 框架的延伸和发展。EEA（European Enviroment Agency）组织于 1998 年首次提出 DPSIR 概念框架[1]，作为一个衡量环境及可持续发展评价体系框架，并广泛应用于 EEA 的国家环境报告中。在 DPSIR 概念框架中，人类的社会经济发展作为驱动力作用于生态环境，造成生态环境承受的压力的变化，并由此引发生态环境系统物理、化学和生物状态的改变，由于生态环境状态的改变对人类的生存和发展造成负面影响，引起人类社会在政策制定、技术革新等方面作出直接或间接的响应措施。这些响应措施将反馈于驱动力、压力、状态、影响的过程，进而形成稳定与平衡的人与生态环境相互作用系统。DPSIR 概念框架中五个过程的逻辑关系如图 3-4 所示。

DPSIR 概念框架可以应用于不同的人与生态环境作用情景，例如图 3-5 为 EEA 在水生态环境评估报告中对 DPSIR 概念框架的解读方式。近年来，我国也有部分研究探讨应用 DPSIR 概念框架构建评价水资源安全、水资源承载能力、水资源脆弱性、

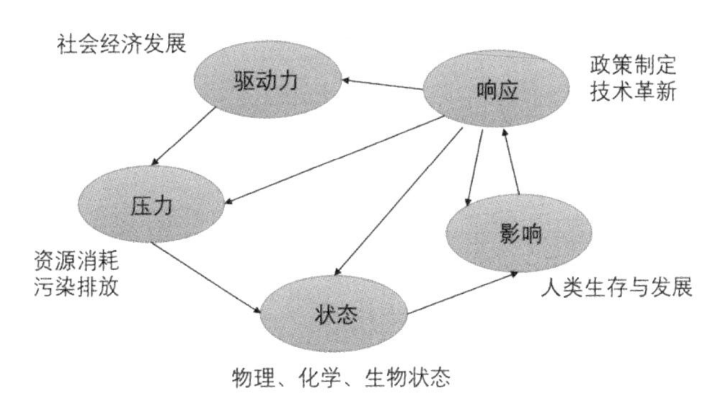

图 3-4 DPSIR 概念框架中五个过程的逻辑关系

（资料来源：作者自绘）

[1] EEA 1998: Guidelines for Data Collection and Processing - EU State of the Environment Report. Annex 3.

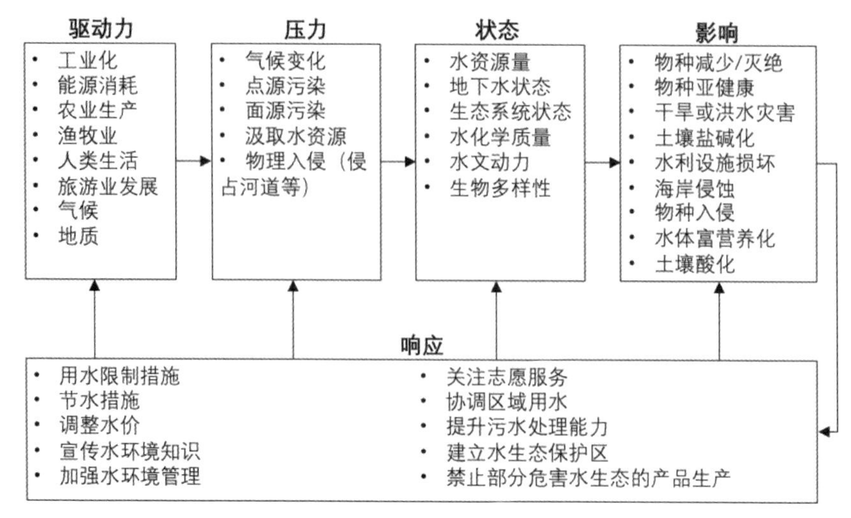

图 3-5　EEA 在水生态环境评估报告中对 DPSIR 概念框架的解读方式

（资料来源：作者自绘）

水生态安全等。总之，DPSIR 概念框架可以作为了解城市与水环境之间相互作用关系的一种逻辑解释方式。

2. 耦合模型框架

两个（或多个）系统在相互影响、相互作用的过程中，耦合作用及其协调程度决定了在达到临界区域时将发展成为何种结构——是由无序走向有序的趋势，还是依然保持无序的状态。较高的耦合度测度结果能够反映出系统是由无序走向有序的发展趋势。耦合模型已经被广泛地应用于城市化与生态环境相互作用关系的研究中，也是提出城镇空间与水资源、水生态要素之间存在耦合关系的重要理论基础。

耦合模型能够有效体现两个（或多个）系统之间是否存在相互作用关系以及相互作用关系的类型。对已有的 n 维系统相互作用耦合度函数为：

$$C=\{m_1m_2\cdots m_n/[\prod_{1\leqslant i,j\leqslant n,i\neq j}(m_i+m_j)]\}^{1/n} \tag{3.1}$$

式中：m_n代表在耦合关系中的第n个系统；C是耦合度，取值范围从0到1，它反映了子系统之间的作用关系类型。当C值接近于0时，耦合度最低，说明n个子系统之间基本没有关联性，系统将向无序发展；当C值接近于1时，n个子系统之间的耦合度最高，说明这些子系统具有相关性，达到了良性的共振耦合，系统将趋向新的有序结构。

部分学者探讨了应用耦合模型评估城市化与水资源或水环境之间的耦合关系。喻笑勇等（2018）从经济实力、产业结构、社会发展三方面测度社会经济水平，从水资源状况、用水比例、水资源开发利用三个角度测度水资源综合水平，用于分析湖北省 17 个地级市的水资源与社会经济耦合协调发展程度。冯文文等（2019）从人口城市化、经济城市化、空间城市化、社会城市化四个角度选取相应指标综合量化城市化水平，从水资源水平、水资源压力、水资源保护三个角度测度水资源环境水平，分析年度耦合度和耦合协调度指数的变化趋势，判断城市化与水资源环境的耦合关系。

3. 基础架构总结

DPSIR 概念框架为梳理城水相互作用的因果关系过程提供了完整的逻辑依据，但也存在部分局限性。既有研究多应用 DPSIR 对水资源或水生态等单一系统的安全性、承载能力、脆弱性等特征进行分析和评价，而对城水耦合逻辑关系的梳理需综合考虑城市与水环境两个系统之间的双向作用关系。例如，在驱动力因素中，除了社会经济等要素以外，水环境的自身特质也是驱动城水关系变化的重要因素。再者，对于 DPSIR 框架状态要素不仅仅是水环境的物理、化学、生物状态，城镇空间环境特征以及城水关系也应是城水耦合过程中的状态因素。

耦合模型能够解释多个子系统之间相互作用的密切联系程度，但也存在静态局限性的问题。耦合模型无法解释多个子系统的要素相互之间的影响作用方式和过程，仅能体现子系统之间是否存在相互作用关系，以及这种相互作用关系的密切程度。但对于解读城水耦合逻辑脉络的目标而言，耦合模型能够通过定量化地体现城市系统与水环境系统相互作用关系的类型，弥补 DPSIR 概念框架无法量化城水双向作用关系的不足。因而，本章将结合 DPSIR 概念框架与耦合模型，梳理城水耦合关系的内在逻辑，并形成可量化评价城水关系的耦合度评价指标体系。

3.4.2 城水关系的耦合逻辑

综上，借鉴 DPSIR 概念框架，对城水关系的逻辑脉络进行梳理。不同于传统 DPSIR 框架中以驱动力、压力等五个过程归纳单一系统特征的方式，以城市系统与水环境系统的相互作用为研究对象，梳理其驱动力、压力、影响、响应的过程（图 3-6）。

而城水关系的状态作为DPSIR框架中的状态要素，其既受到驱动力、压力、影响、响应过程的影响而改变，又对这四个过程产生作用，因而城市与水环境之间的相互作用不仅仅是一种单一的因果关系链条，以城水关系状态为媒介形成了复杂的作用网络（图3-6）。

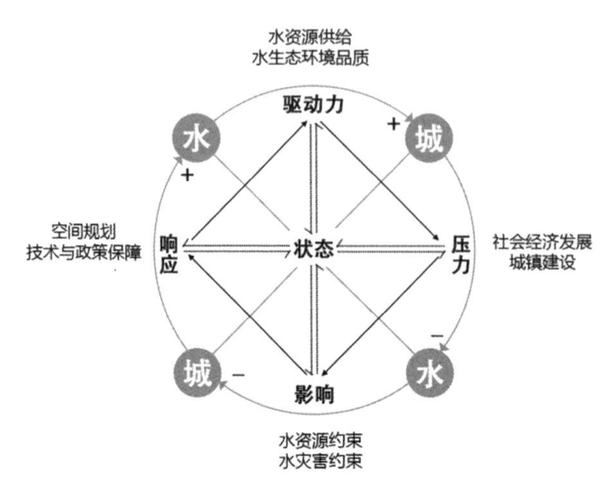

图 3-6 城水关系的耦合逻辑脉络

（资料来源：作者自绘）

第一，水环境对城市发展具有驱动作用，具体表现为水资源供给是城市建立和发展的基础资源保障，人类长期以来发展过程中形成的亲水而居的文化理念和滨水地区由于良好的景观和区位条件将驱动城市滨水发展。因而，丰沛的水资源和良好的水环境能够促进城市的发展。

第二，城市发展对水环境造成更高的压力，具体表现为：城市建设改变了地表水文条件、河流河道形态，人类活动破坏了原有的水生态系统和水生动植物生境；城市生产生活的用水需求增加了水资源供给的压力；城市排放的污染物和废水以及城市的地表径流污染对水生态系统净化能力造成更大的压力。因而，城市的发展将对水环境施加压力。

第三，劣化的水环境将会影响城市的发展，约束城市的人口、产业和空间规模，具体表现为：水资源供给能力和纳污能力是有限的，水资源承载力将约束城市规模，约束城市人口的增长和产业经济的发展；水文调节作用改变后，城市所面临的水灾害风险增加，例如城市内涝、洪水、泥石流以及更严重的水土流失问题，这些都将制约城市的进一步发展和扩张。

第四，城市为了谋求未来可持续的发展能力，将会采用响应措施改善和修复水环境。具体表现为：建设用地增长将更加理性和精明化，注重保护水生态敏感地区；提升水资源的开发利用效率，提升再生水利用、海水淡化、雨水收集利用等非常规水源的利用比例；在城市内部将提升环境空间的适水条件，应用低影响开发、海绵城市技术、黑臭水体治理等措施管理地表径流；还将通过一系列政策制定、技术提升等方式提升城市的节水减排能力，降低城市对水环境施加的压力。

以 DPSIR 框架解读城水关系时，状态（*S*）即为城水关系的状态，上述的四种作用关系中驱动力（*D*）和影响（*I*）体现了水环境对城市的正向作用和负向作用，而压力（*P*）和响应（*R*）体现了城市对水环境的正向和负向作用（见图 3-6）。

以耦合模型解读城水关系时，强调关注城镇空间系统与水生态环境系统之间的协调性，也就是当上述的正向作用与负向作用能够达到动态平衡的状态时，城水关系处于耦合协调发展状态。城水耦合协调的发展状态也将进一步激发水环境对城市发展的驱动力，缓解城市对水环境施加的压力，减少水环境对城市未来发展的不良影响，同时耦合协调的城水关系也能够鼓励各类保护水环境的响应措施继续实施和推广。

因此，以 DPSIR 概念框架与耦合模型相结合的方式，梳理城水相互作用中的逻辑关系，也进一步阐述了城水耦合理念的内涵：城水耦合指的是城市系统与水环境系统相互之间通过正向与负向的作用达到城水平衡和协调状态的现象。

3.5 城水关系的评价体系

构建量化表述城水关系的评价指标体系，有助于将“城水耦合”空间规划理念由一种无形的理念转变为空间规划编制和决策的指导依据。本节将以城水耦合的逻辑脉络作为指标体系结构框架，结合国内外相关的城市化与生态环境耦合研究、水生态安全评价、水资源承载力评价等研究成果，筛选能够体现城水相互作用关系的评价指标，定义“城水耦合度”作为评价体系输出结果，反映城水关系中相互作用关系的平衡和协调程度。

3.5.1 评价体系的构建原则

当前研究中对于城市生态与可持续发展等方面的评价指标种类繁多，本节结合现有的数据资料和研究目的，将依据以下原则，选择能够代表城市和水环境特征的测度指标。

1. 系统性原则

对指标的选取要求能够全面和系统地反映城市与水环境系统的特征。对于城市系统的测度指标更侧重于与城市社会经济发展和城镇空间增长相关的特征维度；对于水环境系统的评估将充分考虑水资源承载力、水环境质量、水生态系统等与城市发展密切相关的水环境特征。

2. 代表性原则

基于对城市和水环境系统的量化维度，借鉴城市形态学、景观生态学、水资源管理等相关基础理论选取本研究可应用的测度指标，并筛选最具有代表性、测度内容不重复的指标进行比较和分析。

3. 可比性原则

当前无论对于城市系统还是水环境系统的特征均有丰富多样的量化评价方法和指标，本研究在考虑数据可获取的基础上，选择资料来源能够进行多年份比较，并能够结合预测模型进行评估预警的指标，构建评价体系。

4. 多源性原则

测度指标将充分考虑空间遥感、地面监测、社会经济统计等多源数据，综合并发挥不同数据的特点和优势，更加全面具体地测度城市和水环境的变化特征。

5. 规划指导性原则

选取与国土空间规划编制和管理具有相关性的指标，该指标体系不仅可用于对城水关系的演化过程和现状情况进行分析，还能够应对国土空间规划中的现状评估、发展目标与实施效果的预估，进而优化国土空间规划的编制内容。

3.5.2 评价体系的内容框架

基于城水耦合现象的内在逻辑，从“水环境对城市发展”的驱动力、“城市发展对水环境”的压力、“水环境对城市发展”的影响以及“城市发展对水环境”的响应四个方面，研究构建城水关系评价指标体系（图 3-7）。

驱动力的测度指标需要能够反映水环境对于城市发展和扩张的驱动作用，正如上文总结的，水资源供给和滨水发展吸引力是驱动城市发展的主要动力，因此驱动力测度指标应能够客观表征水环境的水资源供给能力和滨水发展吸引力。

压力的测度指标需要能够反映城市发展和用地扩张对水环境所施加压力的水平。通常在 PSR 或 DPSIR 框架下的生态环境压力测度主要从施加压力的客体角度评估生态环境的承载压力，例如城市人口规模、产业规模、产业结构以及城市开发建设强度等因素，这些施加压力的客体规模越大、强度越高，生态环境所承受的压力也越高。在本研究中，将城市人口增长、产业增长造成的水环境压力归纳为社会经济发展压力，将城市建设活动对地表水文的改变归纳为城镇建设压力。

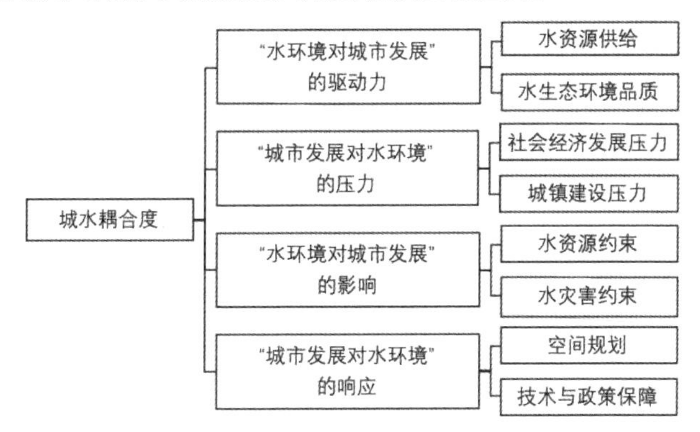

图 3-7 城水关系评价指标体系的内容框架

（资料来源：作者自绘）

影响的测度指标需要能够反映水环境对城市发展的约束作用和水环境劣化后对城市的负向影响。上文对城水关系的逻辑脉络梳理中总结水环境由于水资源供给能力约束和水灾害约束两个方面特征，对城镇的人口、产业、用地规模和空间布局产生约束作用。水生态系统的承载能力是具有局限性的，当城市中的人口和产业用水和污水排放量达到承载能力的上限后，水资源将会成为制约城市人口增长和产业经济发展的重要因素。水灾害包含雨洪灾害、城市内涝、地面沉降、水土流失等与土壤和水文特征相关的灾害类型。水灾害的发生，会对人们的生命和财产安全造成巨大影响，因而规避水灾害高风险地区是城镇空间选址的最基本条件，水灾害发生的空间和频率特征也成为约束城镇空间增长的作用要素。综上所述，对影响的测度应包含水资源约束和水灾害约束两方面的测度指标。

响应的测度指标需要能够反映城市为保护水环境而进行的积极响应措施。这些响应措施一方面能够缓解城市发展对水环境施加的负面影响，缓解生态环境承载的压力；另一方面能够增强对水环境的适应性，在有效的资源环境利用条件下，提升城市社会经济运行效率。其中，应用空间规划策略调整城镇空间布局方式是适应水环境的一项重要响应措施，例如城镇开发建设用地应避让生态敏感地区，通过构建生态安全格局的方式明确应保护的水生态空间。此外，积极提供节水、污水处理、生态修复等技术与政策保障，也是对保护水环境的积极响应方式。因此，本研究将从空间规划和技术与政策保障两个方面选取恰当的评价指标，测度城水关系中的响应水平。

综上，从驱动力、压力、影响、响应四个方面搭建起评价指标体系的内容框架，用于综合评估城水关系的特征。

3.5.3 评价体系的指标筛选

根据对驱动力、压力、影响、响应四个目标层评价内容的界定，进一步从城市可持续发展和水环境评价的相关指标体系中，筛选适宜性指标。对于同一项评价内容往往有多种量化方式，评价指标的选择具有一定的主观性因素和特定性，本书选取构建的评价指标体系主要针对天津市的城水关系研究和支持天津市国土空间规划编制的分析和决策，但该指标体系也可为今后其他地域的城水关系研究提供参考借鉴。具体参考的文献及指标体系如下。

1.“水环境对城市发展”的驱动力评价指标

对于水资源供给能力的评价，部分研究采用本地水资源量、年降水量、产水系数、人均水资源拥有量等指标度量当地水资源的富集程度。其中，年降水量、产水系数等指标在不同的丰水年与枯水年之间具有一定的波动性，且较难以预测变化趋势。本地水资源量或人均水资源拥有量已能够体现城市所在地域的水资源供给能力，具有直接、清晰、数据可获取的优点。水资源供给能力对城市发展的驱动作用与城市人口规模密切相关，例如我国虽然本地水资源量较为丰富，但由于人口众多，人均水资源拥有量则远低于国际平均水平。因此，选取人均水资源拥有量作为水资源供给能力的量化指标。

水生态环境品质的评价必须能够概括性体现城市所拥有的水生态景观资源和城市滨水发展的吸引力条件。水体的类型、岸线类型、水体的水质等因素虽然对滨水景观效果具有直接影响，但是从整体的城市地域而言，较难度量，不同的河流和区段之间这些水生态环境因素也可能存在较大差异。从城市整体地域而言，水体与湿地等水生态空间的面积大小也能够体现城市的滨水发展吸引力，即水面率指标。水面率体现了城市拥有水生态景观资源的多少，水面率的变化也体现滨水发展吸引力的提升或降低，并且水面率可被纳入国土空间规划的土地利用管理范畴。因此，采用水面率作为城市水生态景观资源的量化指标。良好的滨水景观和微气候条件是吸引城市滨水发展的重要因素，滨水区可建设用地存量的多少与滨水区的吸引力密切相关，可开发建设用地较多的河流、湖泊周边更容易吸引土地开发，成为新的城镇空间。因此，设定滨水区可建设用地占比作为度量水环境驱动力的另一项指标，其侧重于评估水环境对城镇用地扩张的吸引力。

2.“城市发展对水环境”的压力评价指标

对于城市社会经济发展对水环境造成的压力，既有研究采用了多种评价地区人口、产业规模、产业结构等方面的量化指标。对于人口压力的度量，部分研究采用人口城镇化率、人口自然增长率、人口密度等指标直接量化人口规模，认为人口规模较大的区域水环境的承载压力也较高；或者采用家庭用水量、人均日生活用水量、生活区单位面积生活废水排放量、城镇生活污水排放率等指标度量生活用水和污水排放造成的水环境压力。同理，对于产业规模、产业结构等方面，可采用 GDP、人均 GDP、GDP 年增长率、工业化水平指数、万元 GDP 耗水量、万元 GDP 废水排放量等评价指标。根据代表性原则，本研究采用一种综合人口与经济发展水平的压力测度指标——水资源负载指数指标来度量社会经济发展对水环境所施加压力的变化情况。

城镇建设对水环境造成的压力主要体现于对原有水文地貌特征的改变和地表径

流污染物的增长。正如前文所述，城镇建设过程中存在填埋小型水体、河道，改变水系的连通结构问题，造成水流状态、水生动植物生境的改变。借鉴景观生态学的景观格局指数方法，本研究采用水域湿地的景观破碎度指数度量城市建设对水文地貌特征的改变大小。对于城镇建设造成地表径流污染问题，污染主要来源于城镇不透水地表表面的径流污染，因此采用不透水地表表面比例作为评价指标，该指标可通过遥感影像提取计算，获取数据，并且与可与国土空间规划的管理性指标相衔接。

3.“水环境对城市发展”的影响评价指标

水环境通过水资源约束和水灾害约束因素对城市发展产生反馈影响。其中水资源约束作用体现于能否满足城市生产生活用水需求和水体水质是否有害健康两个方面，水资源供需比指标可以反映本地水资源供给总量与需求总量之间的平衡，当需求超出供给能力时，水资源短缺将成为约束城市发展的重要因素。水体水质可以通过 COD、TP、NH_4^+-N 等化学物排放量、超三类水质水体占比等指标度量，鉴于可比性原则，本研究选取可以从水资源公报中获得的超三类水河长占比指标度量水体水质特征。

水灾害发生风险较高的地区应避免进行城市开发建设，因而水灾害因素主要对城市建设用地的选址和布局产生影响，蓄滞洪区、地质灾害高发区等地是城市建设应避让的区域。因此，采用蓄滞洪区、地质灾害风险区面积占比评估水灾害约束作用的变化情况。

4.“城市发展对水环境”的响应评价指标

城市发展对水环境的响应体现于空间规划和技术与政策保障两个方面。空间规划响应侧重于从城镇空间布局方面，保护重要的水生态空间，因此选取水生态保护区面积占比指标体现应用土地开发管理手段保护水环境的空间规划强度，选取人均城镇建设用地面积指标度量城市土地集约利用程度，城市用地的紧凑和集约能够降低城市对生态环境的不利影响。在技术与政策保障方面，借鉴既有研究，选取城市生活污水处理率、其他水源供水量占比、万元 GDP 耗水量、城镇人均生活用水量指标测度技术与政策保障力度。这些测度指标的选取考虑了与国土空间规划编制和管理的衔接，可作为未来城镇空间规划和水环境管理的相关控制指标。

综上所述，评价指标体系拟构建为三个层次，分别为目标层、准则层和指标层，共计 15 个指标，如表 3-1 所示。

表 3-1 城水关系的评价指标体系

目标层	准则层	指标层
“水环境对城市发展”的驱动力	水资源供给	人均水资源拥有量（m^3/ 人）
	滨水发展吸引力	水面率（%）
		滨水区可建设用地占比（%）
“城市发展对水环境”的压力	社会经济发展压力	水资源负载指数
	城镇建设压力	不透水地表表面比例（%）
		水域湿地的景观破碎度（个 /km^2）
“水环境对城市发展”的影响	水资源约束	水资源供需比
		水污染压力指数
	水灾害约束	蓄滞洪区、地质灾害风险区面积占比（%）
“城市发展对水环境”的响应	空间规划	水生态保护区面积占比（%）
		人均城镇建设用地面积（m^2/ 人）
	技术与政策保障	城市生活污水处理率（%）
		其他水源供水量占比（%）
		万元 GDP 耗水量（m^3）
		城镇人均生活用水量（L/（人 · d））

资料来源：作者整理。

3.5.4 指标提取与评价标准

应用空间计量分析、数理统计分析、景观生态指数计算等多种方法从现状数据资料中提取各项评价指标，并参照历史数据或相关规范、标准设定各项指标的评价标准，各指标的计算方法和评价标准解释如下。

1. 人均水资源拥有量（m^3/ 人）

人均水资源拥有量指在研究城市所在区域内，平均每个人占有的水资源量，包含地上和地下水资源、外调水、海水淡化水等各类可供生产生活使用的水资源。水资源总量资料来源于城市所在区域的水资源公报，地区总人口资料来源于城市统计年鉴中的地区总人口，包含城镇人口和乡村人口。

$$人均水资源拥有量=\frac{水资源总量（m^3）}{地区总人口（人）}$$

参考世界资源研究所根据缺水地区中等发达国家的人均需水量确定的人均水资源拥有量标准值 1700 m^3/ 人，笔者提炼出人均水资源拥有量的评价标准，如表 3-2 所示。

表 3-2　人均水资源拥有量评价标准

人均水资源拥有量 / (m^3/ 人)	<500	500 ～ 1000	1000 ～ 1500	1500 ～ 1700	>1700
评价标准	低	较低	中	较高	高
赋值	1	2	3	4	5

资料来源：作者整理。

2. 水面率（%）

水面率指的是在研究区域内河流、湖泊、湿地等地表水资源形成水体的总面积占整体研究区域面积的比例。资料来源为土地利用的遥感监测信息。

$$水面率=\frac{水体湿地面积}{研究区域面积}$$

水面率评价标准参考研究区域的历史数据设定，以评价期初的水面率为标准值，上下浮动 10% 作为评价标准（表 3-3）。

表 3-3　水面率评价标准

水面率 / (%)	< 标准值 ×0.9	标准值 ×（0.9 ～ 1）	标准值	标准值 ×（1 ～ 1.1）	> 标准值 ×1.1
评价标准	低	较低	中	较高	高
赋值	1	2	3	4	5

资料来源：作者整理。

3. 滨水区可建设用地占比（%）

滨水区可建设用地占比为滨水区内尚未进行城市开发建设的土地的面积占比。滨水区定义为主要河流、湖泊、湿地等地表水环境周边 2 km 范围的缓冲区，其他池塘、水渠等小型水体周边 1 km 范围的缓冲区。指标计算依据现状（或模拟）的城市水系和土地利用矢量地图，在 ArcGIS 平台下运用“buffer”工具建立缓冲区获得滨水区总面积，应用“split raster”和“summary statistic”工具计算滨水区内非城市建设用地面积。

滨水区可建设用地占比评价标准参考研究区域的历史数据设定，以评价期初的滨水区可建设用地占比为标准值，上下浮动 10% 作为评价标准（表 3-4）。

表 3-4　滨水区可建设用地占比评价标准

滨水区可建设用地占比 / (%)	< 标准值 ×0.9	标准值 ×(0.9 ～ 1)	标准值	标准值 ×(1 ～ 1.1)	> 标准值 ×1.1
评价标准	低	较低	中	较高	高
赋值	1	2	3	4	5

资料来源：作者整理。

4. 水资源负载指数

水资源负载指数反映一个地区内降水、人口、经济之间的关系，体现了水资源的利用程度和今后进行水资源开发的难易程度。根据封志明等（2006）对京津冀地区水资源承载力的评价研究中对水资源负载指数的定义方式，其计算公式为：

$$C=K\sqrt{P\times G}/W \tag{3.2}$$

式中：C为水资源负载指数；P为地区总人口，万人；G为国内生产总值，亿元；W为水资源总量，万吨；K为与降水有关的系数。

由于本研究中均针对同一城市（天津市）进行城水耦合关系的评价，设定K=1，保持不变。C的数值越高，表明水资源负载程度越高，未来进行进一步开发利用的潜力也相应越小。

水资源负载指数评价标准如表 3-5 所示。

表 3-5　水资源负载指数评价标准

水资源负载指数	<1	1~2	2~5	5~10	>10
评价标准	水资源负载压力低	水资源负载压力较低	水资源负载压力中等	水资源负载压力高	水资源负载压力很高
赋值	1	2	3	4	5

资料来源：根据封志明、刘登伟的《京津冀地区水资源供需平衡及其水资源承载力》整理。

5. 不透水地表表面比例（%）

不透水地表表面比例指的是用于城镇建设、道路基础设施、工矿企业等的硬质化地表表面占比，该比例越高，对地表的雨水下渗影响越大，造成水环境系统面临更高的径流污染和雨洪排水压力。该指标数据的计算需依据遥感监测获取的地表覆盖信息数据，在 ArcGIS 软件中计算不透水地表表面的面积占比。

不透水地表表面比例评价标准参考研究区域的历史数据设定，以评价期初的不透水地表表面比例为标准值，以 50% 的变化量为一个区间进行赋值（表 3-6）。

表 3-6　不透水地表表面比例评价标准

不透水地表表面比例 /（%）	<标准值 ×（1 ～ 1.5）	标准值 ×（1.5 ～ 2）	标准值 ×（2 ～ 2.5）	标准值 ×（2.5 ～ 3）	>标准值 ×3
评价标准	城市建设压力低	城市建设压力较低	城市建设压力适中	城市建设压力较高	城市建设压力高
赋值	1	2	3	4	5

资料来源：作者整理。

6. 水域湿地的景观破碎度（个 /km²）

水域湿地的景观破碎度应用景观格局指标中的斑块密度衡量，斑块是景观格局的基本组成单元，指不同于周边背景的、特征相似的非线性区域。水域湿地的斑块密度越高，空间破碎程度越高，说明水体之间的连通度越低，阻断了自然水循环系统和依赖于水循环的水生生物活动。景观破碎度的计算公式为：

$$水域湿地的景观破碎度=\frac{水域湿地的斑块数量（个）}{水域湿地的面积（km^2）}$$

该数值越小，说明水域湿地的完整性和系统性越高，城市发展对水环境施加的压力越小。该计算应用 R 语言下 SDMTools 包完成。水域湿地的空间资料来源于遥感监测数据解析获取的土地利用图。

水域湿地的景观破碎度评价标准参考研究区域的历史数据设定，以评价期初的水域湿地的景观破碎度为标准值，以 10% 的变化量为一个区间进行赋值（表 3-7）。

表 3-7　水域湿地的景观破碎度评价标准

水域湿地的景观破碎度 /（个 /km²）	<标准值 ×0.9	标准值 ×（0.9 ～ 1）	标准值	标准值 ×（1 ～ 1.1）	>标准值 ×1.1
评价标准	城市建设压力低	城市建设压力较低	城市建设压力适中	城市建设压力较高	城市建设压力高
赋值	1	2	3	4	5

资料来源：作者整理。

7. 水资源供需比

水资源供需比反映城市区域内可更新的水资源量与实际用水量之间的比例。计算方法为城市总体的水供应量与水需求量的比值。其中：水供应量包含降水形成的地表、地下产水总量，以及外调水和再生水、海水淡化水、雨水收集利用等非常规水源供水方式，但不包含地下储水层中的静态水量；水需求量包含农业用水量、工业取用的新水量、城市生活用水量、生态用水量以及输水过程中的损失水量。资料来源于城市所在流域的水资源公报和城市统计年鉴。

$$\text{水资源供需比}=\frac{\text{年供水总量}}{\text{年需水总量}}$$

水资源供需比的评价标准以供需平衡作为标准值，即水资源供需比 =1。具体赋值参见表 3-8。

表 3-8　水资源供需比的评价标准

水资源供需比	> 1.1	1 ～ 1.1	1	0.9 ～ 1	< 0.9
评价标准	水资源约束弱	水资源约束较弱	水资源约束适中	水资源约束较强	水资源约束强
赋值	1	2	3	4	5

资料来源：作者整理。

8. 水污染压力指数

水污染压力指数反映城市所在区域（流域）内污水排放量与河流径流量之间的关系。考虑到以城市为研究对象时，研究区域内可能存在多个流域，难以测算每条河流的径流量与污水排放量的比例，因此本研究采用污水年排放总量、本地水资源总量、地表径流污染压力三方面数据测算水污染压力指数，计算方法为：

$$\text{水污染压力指数}=\frac{\text{地区年污水排放量总量}}{\text{本地水资源总量}}\times 0.5+\frac{\text{不透水地表表面面积}}{\text{研究区域总面积}}\times 0.5$$

地区年污水排放量总量根据农业废水排放量、工业废水排放量和城市生活污水排放量三项加和计算，资料来源于地方水资源公报。

水污染压力指数评价标准参考研究区域的历史数据设定，以评价期初的水污染压力指数为标准值，上下浮动 10% 作为评价标准（表 3-9）。

表 3-9　水污染压力指数评价标准

水污染压力指数	< 标准值 ×0.9	标准值 ×（0.9 ～ 1）	标准值	标准值 ×（1 ～ 1.1）	> 标准值 ×1.1
评价标准	水资源约束弱	水资源约束较弱	水资源约束适中	水资源约束较强	水资源约束强
赋值	1	2	3	4	5

资料来源：作者整理。

9. 蓄滞洪区、地质灾害风险区面积占比（%）

该指标度量的是被划定为蓄滞洪区和地质灾害风险区的区域面积占研究区域面积的比例。蓄滞洪区、地质灾害风险区的范围根据城市总体规划、土地适宜性评价等资料确定。

蓄滞洪区、地质灾害风险区面积占比评价标准参考研究区域的历史数据设定，以评价期初的数值为标准值，上下浮动10%作为评价标准（表3-10）。

表3-10　蓄滞洪区、地质灾害风险区面积占比评价标准

蓄滞洪区、地质灾害风险区面积占比/（%）	<标准值×0.9	标准值×（0.9～1）	标准值	标准值×（1～1.1）	>标准值×1.1
评价标准	水灾害约束弱	水灾害约束较弱	水灾害约束适中	水灾害约束较强	水灾害约束强
赋值	1	2	3	4	5

资料来源：作者整理。

10. 水生态保护区面积占比（%）

水生态保护区面积占比可用于衡量水生态空间的修复和保护的政策力度，指的是在水生态保护红线范围内限制城市开发建设区域的面积。该数值越高反映出对水生态保护的重视程度和保护程度越高。资料来源为城市总体规划和相关专项规划。

水生态保护区面积占比评价标准参考研究区域的历史数据设定，以评价期初的数值为标准值，上下浮动10%作为评价标准（表3-11）。

表3-11　水生态保护区面积占比评价标准

水生态保护区面积占比/（%）	<标准值×0.9	标准值×（0.9～1）	标准值	标准值×（1～1.1）	>标准值×1.1
评价标准	空间规划响应弱	空间规划响应较弱	空间规划响应适中	空间规划响应较强	空间规划响应强
赋值	1	2	3	4	5

资料来源：作者整理。

11. 人均城镇建设用地面积（m^2/人）

根据《城市用地分类与规划建设用地标准》（GB 50137—2011），城市建设用地指的是城市（县）、镇（乡）人民政府驻地的建设用地，包含居住用地、公共管理与公共服务用地、商业服务业设施用地、工业用地、物流仓储用地、交通设施用地、

公用设施用地、绿地。人均城市建设用地面积指城市和县人民政府所在地镇内的城市建设用地面积除以中心城区（镇区）内的常住人口数量，单位为 m^2/ 人。本研究中采用人均城镇建设用地面积的概念，其涵盖内容与计算方法与人均城市建设用地面积概念相同。

参考《城市用地分类与规划建设用地标准》（GB 50137—2011），设定该指标的评价标准，详见表 3-12。

表 3-12　人均城镇建设用地面积评价标准

人均城镇建设用地面积 / （m^2/ 人）	>115	110 ～ 115	105 ～ 110	100 ～ 105	<100
评价标准	空间规划响应弱	空间规划响应较弱	空间规划响应适中	空间规划响应较强	空间规划响应强
赋值	1	2	3	4	5

资料来源：作者整理。

12. 城市生活污水处理率（%）

城市生活污水处理率指的是对城市生活产生的废水进行无害化处理，达到排放标准后排放的比例。该资料来源于城市统计年鉴。

参考发达国家的生活污水处理率，设定该指标的评价标准（表 3-13）。

表 3-13　城市生活污水处理率评价标准

城市生活污水处理率 / （%）	<80	80 ～ 90	90 ～ 95	95 ～ 100	=100
评价标准	技术与政策响应弱	技术与政策响应较弱	技术与政策响应适中	技术与政策响应较强	技术与政策响应强
赋值	1	2	3	4	5

资料来源：作者整理。

13. 其他水源供水量占比（%）

其他水源供水量占比指的是在本地水资源供应方式中，除了利用地上和地下本地水资源和外调水两种方式，其他的供水方式的水资源年供应量占比。通常而言，包含再生水利用、海水淡化、雨水收集利用等方式。该资料来源于当地水资源公报公布的统计数据。

其他水源供水量占比评价标准参考研究区域的社会经济发展计划目标设定，以天津市为例，该指标的评价标准如表 3-14 所示。

表 3-14　其他水源供水量占比评价标准

其他水源供水量占比/(%)	≤ 0.1	0.1 ～ 0.2	0.2 ～ 0.3	0.3 ～ 0.4	≥ 0.40
评价标准	技术与政策响应弱	技术与政策响应较弱	技术与政策响应适中	技术与政策响应较强	技术与政策响应强
赋值	1	2	3	4	5

资料来源：作者整理。

14. 万元 GDP 耗水量（m^3）

万元 GDP 耗水量反映水资源消费水平和节水降耗状况，指的是平均每生产一万元地区生产总值所需消耗的水资源量，单位为 m^3。生产用水量资料来源于水资源公报，地区生产总值来源于城市统计年鉴。

$$\text{万元GDP耗水量}=\frac{\text{生产用水量（}m^3\text{）}}{\text{地区生产总值（万元）}}$$

万元 GDP 耗水量评价标准参考研究区域的历史数据设定，以评价期初的数值为标准值，上下浮动 10% 作为评价标准（表 3-15）。

表 3-15　万元 GDP 耗水量评价标准

万元 GDP 耗水量 / m^3	＞标准值 ×1.1	标准值 ×（1 ～ 1.1）	标准值	标准值 ×（0.9 ～ 1）	＜标准值 ×0.9
评价标准	技术与政策响应弱	技术与政策响应较弱	技术与政策响应适中	技术与政策响应较强	技术与政策响应强
赋值	1	2	3	4	5

资料来源：作者整理。

15. 城镇人均生活用水量（L/（人·d））

城镇人均生活用水量指的是城镇居民平均每人每天的生活用水需求总量，用于度量城镇生活中水资源集约利用的技术与政策响应效果。该资料来源于地方水资源管理相关的规定或标准文件。

以《城市居民生活用水量标准》（GB/T 50331—2002）中地域分区城市的日用水量标准作为评价标准。天津市属于该标准中的第二地域分区，日用水量标准为 85 ～ 140 L/（人・d），因此设定城镇人均生活用水量指标的评价标准（表 3-16）。

表 3-16　城镇人均生活用水量评价标准

城镇人均生活用水量 / (L/(人·d))	>140	120~140	100~120	85~100	<85
评价标准	技术与政策响应弱	技术与政策响应较弱	技术与政策响应适中	技术与政策响应较强	技术与政策响应强
赋值	1	2	3	4	5

资料来源：作者整理。

3.5.5　城水耦合度的计算与解读

应用上述评价指标体系对城水系统中驱动力、压力、影响、响应四种因素进行量化评价后，通过耦合模型方法评估四种因素之间的协调性，得到体现城水关系特征的城水耦合度指数。应用耦合模型综合评价指标的具体方法如下。

1. 求和驱动力、压力、影响、响应作用的功效

由于城水关系评价指标体系在构建内容框架和筛选评价指标的过程中，已经遵循系统性和代表性原则，确定了 15 项指标，分别度量城水关系的不同要素和特征，本研究将按照平均赋权的方式对驱动力、压力、影响、响应四个准则层中的指标进行汇总。各项评价指标的权重如表 3-17 所示。

表 3-17　各项评价指标的权重

目标层	准则层	指标层	权重
驱动力（0.25）	水资源供给（0.125）	人均水资源拥有量	0.125
	滨水发展吸引力（0.125）	水面率	0.0625
		滨水区可建设用地占比	0.0625
压力（0.25）	社会经济发展压力（0.125）	水资源负载指数	0.125
	城镇建设压力（0.125）	不透水地表表面比例	0.0625
		水域湿地的景观破碎度	0.0625
影响（0.25）	水资源约束（0.125）	水资源供需比	0.0625
		水污染压力指数	0.0625
	水灾害约束（0.125）	蓄滞洪区、地质灾害风险区面积占比	0.125
响应（0.25）	空间规划（0.125）	水生态保护区面积占比	0.0625
		人均城镇建设用地面积	0.0625
	技术与政策保障（0.125）	城市生活污水处理率	0.03125
		其他水源供水量占比	0.03125
		万元 GDP 耗水量	0.03125
		城镇人均生活用水量	0.03125

资料来源：作者整理。

2. 求和城水相互作用功效

在评估城水关系的指标体系中，驱动力和影响目标层测度了水环境系统对城市发展施加的作用效果，压力与响应目标层测度了城市发展对水环境系统施加的作用效果。因此，加和相应评价指标可以得到城水关系中，城市系统与水环境系统相互作用功效，具体计算方法如下。

城对水的作用（U）= 响应（R）－压力（P）

水对城的作用（W）= 驱动力（D）－影响（I）

当 $|U|>|W|$ 时，城市系统的作用功效高于水环境系统，城水关系处于城市主导的发展阶段；当 $|U|<|W|$ 时，水环境系统的作用功效高于城市系统，城水关系处于水环境主导的发展阶段；当 $|U|=|W|$ 时，两者作用功效相当，城水关系处于城水相互作用平衡状态。

3. 应用耦合度函数测度城水相互作用关系

根据公式(3.1)，在城市与水环境的相互作用关系中，n=4，m_1 为驱动力功效 D，m_2 为对压力功效 P，m_3 为影响功效 I，m_4 为响应功效 R，所以本研究中耦合度函数可表示为：

$$C=\left[\frac{m_1 m_2 m_3 m_4}{\prod_{1\leqslant i,j\leqslant 4,\ i\neq j}(m_i+m_j)}\right]^{1/4} \quad (3.3)$$

式中：C是耦合度，取值范围从0到1，它反映了城市系统与水环境系统之间相互作用的关联关系。C值接近于0时，系统之间的耦合度最低，说明两个系统之间的作用关系基本没有关联性；C值越接近于1，两个系统之间的耦合度越高，说明两个系统之间的相互作用相关性也越高，例如随着水环境对城市发展的影响作用增长，城市对保护水环境的响应作用也将提升。此时，城市与水环境之间的相互作用关系达到了良性的共振耦合，有利于形成稳定、可持续的城市和水环境系统状态。

参考城市化与生态环境耦合关系研究中的耦合度阈值，当 $0<C\leqslant 0.3$ 时，城水关系处于较低水平的耦合阶段，两者之间相互影响作用的关联性较弱。当 $0.3<C\leqslant 0.5$ 时，城水关系处于拮抗阶段，城水系统之间的相互作用关系初步形成，一种作用关系的变化能够带动其他作用关系的调整和改变。当 $0.5<C\leqslant 0.8$ 时，城水关系进入磨合阶段，城水系统之间形成多种互动反馈的作用关系，这些相互影响、约束、胁

迫的作用关系促使城水系统在反复调整和振荡中逐步进入良性的、稳定的城水关系状态。当 $0.8<C<1$ 时，城水关系进入高水平耦合阶段，城市系统与水环境系统之间形成稳定的互动反馈作用关系，促使城市获得可持续的发展空间，水环境也达到稳定、健康的状态，城水系统在发展过程中相互促进，相得益彰。

因此，对驱动力、压力、影响、响应的功效汇总后，城水耦合度（C）得分可以反映城市与水环境系统相互作用关系的关联性强弱，城水相互作用 U 与 W 得分可反映城水关系所处的阶段，如表 3-18 所示。该评价体系对与分析现状城水关系和预警未来城水关系的发展秩序具有一定参考价值。

表 3-18　城水关系评价结果的解读

城水耦合度（C）	城水相互作用	城水关系状态
$0<C\leqslant 0.3$	$\|U\|>\|W\|$	城市主导发展的低水平耦合状态
	$\|U\|<\|W\|$	水环境主导发展的低水平耦合状态
	$\|U\|=\|W\|$	城水相互作用平衡的低水平耦合状态
$0.3<C\leqslant 0.5$	$\|U\|>\|W\|$	城市主导发展的拮抗状态
	$\|U\|<\|W\|$	水环境主导发展的拮抗状态
	$\|U\|=\|W\|$	城水相互作用平衡的拮抗状态
$0.5<C\leqslant 0.8$	$\|U\|>\|W\|$	城市主导发展的磨合状态
	$\|U\|<\|W\|$	水环境主导发展的磨合状态
	$\|U\|=\|W\|$	城水相互作用平衡的磨合状态
$0.8<C<1$	$\|U\|>\|W\|$	城市主导发展的高水平耦合状态
	$\|U\|<\|W\|$	水环境主导发展的高水平耦合状态
	$\|U\|=\|W\|$	城水相互作用平衡的高水平耦合状态

资料来源：作者整理。

4

水资源环境约束下的城镇增长管理方法

本章探讨将城水耦合理念融入城镇增长管理过程的技术方法。城水耦合理念提出应尊重并合理利用城市与水环境之间的互动作用关系，促进城市与水环境系统的协调发展。围绕如何基于城水关系管控城镇空间增长的问题，本章提出了以促进城水协调发展为目标的城镇空间增长应有何种特征，并提出进行增长管理的基本思路。而后，从指导规划实践的角度，提出融合水资源承载力、水生态敏感区域和城镇空间增长特征的边界管控体系的构建方法，城镇空间增长的模拟系统以及对边界管控体系的优化内容。基于城水耦合理念的边界管控体系规划方法旨在将城水耦合理念作为空间规划政策制定和调整的价值判断依据，融入增长管理的规划研究和决策过程，弥补城镇空间规划中对水环境问题考虑的不足之处。

4.1 促进城水协调发展的城镇空间增长特征

促进城水协调发展的城镇空间规划旨在探讨一种能够尊重和适应城镇空间与水环境之间交互作用关系，促进城市与水环境协调发展的城镇物质空间规划方法。其本质是从城市规划理论和方法角度出发，探讨如何化解人工环境与自然生态之间的矛盾关系，为优化和提升城镇空间增长的边界管控体系提供思想基础。基本特征的探讨需要具有概括化和普适性，可作为不同自然环境和社会经济发展条件下研究城镇增长管理策略的理论依据。

4.1.1 城镇空间增长的基本原则

面向城水耦合目标的城镇空间增长需要依据水资源环境特征，适应和调整城镇空间规模和布局方式。综合可持续发展理论、生态适应性理论、城市化与生态环境交互耦合理论中对城市发展原则的论述，以促进城水协调发展为目标的城镇空间增长理想模式应遵循下述三项基本原则。

1. 适度性

适度性指的是城镇空间的规模和布局方式与水资源环境保护需求之间的均衡关系，体现了对水生态保护和城市发展需求的折中和兼顾。首先，适度性体现在城市对水资源开发利用程度的适度，城市应控制人口和产业规模，控制城市的用水需求不突破维持水生态系统健康的底线，以水资源承载力为城镇空间规模的约束条件；其次，城市用地布局既能够保留水生态系统自然循环和发展的基本空间，又能够满足城市获取良好滨水景观、防范洪涝灾害的需要，应适度地开发利用河流湖泊周边的滨水区空间。

2. 紧凑性

紧凑性是对城镇空间形态和功能布局方式的一种描述，欧共体委员会（CEC）于 1990 年发布的《城市环境绿皮书》中界定紧凑城市的特征为“借鉴传统的欧洲城市形态，强调高密度、混合使用，以及注重社会和文化的多样性”。“紧凑”是城市蔓延的对立面，其空间特征为高密度、功能混合、高中心聚集度和单中心城市结构，这样的城镇空间形态有助于节约用地、提升城市中心区活力、促进公共交通出行、降低通勤成本等，因而能够在有限的土地使用条件下，更加高效地推动城市运营，减少对水资源的需求和水生态的干扰。但是“紧凑”不同于“拥挤”，对于高密度的中国城市而言，紧凑并不等同于提升人口密度，过度的高密度并不能提高城市的生活品质，反而会加重交通拥堵、空气污染、住房紧张以及城市安全等问题。因而，紧凑性应与适度性特征兼顾。

3. 协调性

协调性是指城市的形态、功能、基础设施等要素的布局与水资源环境之间协调，避免矛盾和对立的状态。人与自然的协调发展是可持续的基础条件。协调的城镇空间布局方式要求城市的扩张充分考虑水资源的供给能力和雨洪灾害的应灾能力，避让水生态系统的敏感区，同时也能够有效地利用水环境的气候调节作用，利用滨水的良好景观效果，并且通过城市开放空间、绿色基础设施等的建设来改善和修复水环境，提升水环境的生态品质，达到两者协调发展、共同提升的目标。

4.1.2 城镇空间增长的主要特征

耦合城水特征的城镇空间增长方式的要点在于协调城镇空间的规模和布局方式与水资源环境的关系，降低其对水环境系统的负面作用。围绕城镇空间的规模、要素、结构、形态四个维度，结合适度性、协调性、紧凑性的城水耦合发展原则，总结城水耦合理念下的城镇空间增长的主要特征（图 4-1）。

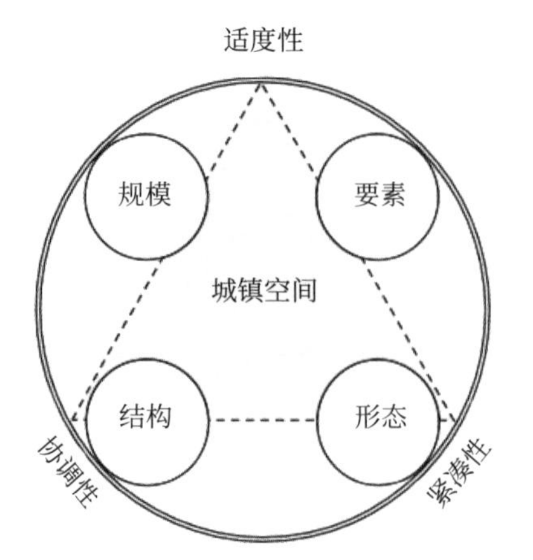

图 4-1　城水耦合理念下的城镇空间增长的主要特征

（资料来源：作者自绘）

1. 城镇空间规模的适度性与协调性

城镇空间规模的变化一般用城镇人口增长率、建设用地增长率、总建筑面积增长率等指标测度。规模的适度性特征指的是城市中人口、用地、建设量等增长规模不能超出水资源承载能力，即在保持水生态系统健康的前提下，城镇空间规模不超过水环境所能够支撑正常生产和生活的最大用水量和容许承纳的最大污染物排放量。

规模的协调性特征指的是城镇空间规模大小应与流域（或小流域）内的水环境特征相协调，对于需要重点保护、生态敏感的流域（或小流域）应严格控制城镇空间规模，甚至逐步收缩建设用地范围，退还生态保护空间；而对于位于交通条件良好、建设用地条件适宜的流域（或小流域），可将其作为城市开发建设的重点区域，但同时也要关注污染治理、生态补偿等措施，尽力将城市建设的不利影响控制在局部范围内。

2. 城镇空间要素的适度性与紧凑性

城镇空间要素反映城市中各类功能性要素的变化，以用地功能划分要素为居住要素、商业要素、公共服务要素、工业要素、交通要素、绿地要素等。要素的适度性指各类型的用地的规模与布局要适应水资源承载能力和水生态敏感区域。例如应考虑小流域内水流量和水体自净能力，控制产生废水废气的工业项目的数量和规模；应考虑河流中是否生存有珍稀的水生动植物以及其对生存生境条件的需求，控制河道渠化管理比例以及各类型桥梁、道路等交通设施建设对水生境造成的影响。

要素的紧凑性指的是各类功能要素的空间布局应紧凑高效，除工业以外的功能要素应适度混合，减少交通通勤的出行需求，进而降低大气污染物排放和地表径流污染对水质的影响。紧凑的功能布局能够提升城市的土地利用效率，减少各个流域内不透水地表的比例，疏解河道的雨洪灾害风险。

3. 城镇空间结构的紧凑性与协调性

城镇空间结构指的是城市各组成要素相互关联、相互作用的形式和方式，可以通过拓扑结构关系分析的方式将城镇空间转变为点、线、面要素描述城镇空间结构的变化。结构的紧凑性指的是城镇空间结构应以高效、集约为原则，对于不同规模、地域条件的城市采用适当的空间结构方式。例如平原地区的中小城市应趋向中心聚集的结构，而过度线性的空间增长和分散化的空间增长会增加对土地的占用，影响流域水文条件，对水环境产生更多的干扰。但对于人口规模较大的大城市，单中心结构反而造成热岛效应、城区雨洪排水压力过大、地表径流污染严重等问题，适当的多中心空间结构有利于将绿色生态空间引入城市，调节城市微气候，改善城市的地表水文条件。

结构的协调性是指城镇空间结构应协调滨水发展的吸引力与水环境保护的需求。河流或湖泊的良好生态景观往往是驱动城市沿河、沿湖发展的重要因素，导致城镇空间结构演化为线形或分散组团式结构，而过长的线形空间或分散化的多组团城市结构会导致出行、基础设施等成本的增加，并且沿河发展的模式也会增大对水生态环境的影响，因而城镇空间结构应寻求二者之间的平衡。

4. 城镇空间形态的紧凑性和协调性

城镇空间形态反映城市物质空间形态的变化，包含城市用地的形态特征和城市内建筑物的三维形态特征等。形态的紧凑性指的是城市用地趋向于中心聚集和整合化，用地增长主要为内填式或边缘式扩张，并且建筑开发强度也呈现由中心的高强度向外围中低强度过渡的规律。

形态的协调性指的是城市用地和建筑物与水环境的协调，例如滨水区周边建筑采用退让式形态，使更多的建筑能够获得良好的景观视线，退让式的布局也有利于形成通风廊道，利用水环境的微气候调节特征缓解城市的热岛效应。在水生态敏感区域，如候鸟迁徙过程中的栖息地周边，控制建筑密度、容积率、高度、体量等形态特征，削弱人工建筑物和构造物的存在感，能够降低对候鸟活动的干扰。

4.2 管理思路与技术框架

4.2.1 管理思路

1. 阈值：依据水资源承载力的城镇空间规模

阈值是系统的特征、要素关系发生巨大改变的临界点。在生态系统研究中，人类对阈值的探索已有悠久的历史，古人的“天地人和”的自然平衡哲学观就是对于生态阈值的阐述。现代研究中，Holling 在 1973 年首次提出生态阈值（ecological threshold）概念，而后国内外学者们对生态系统中阈值的概念、类型、阈值的测算方法等方向展开大量研究，生态阈值的理念在水生态系统保护的研究中也得到广泛应用。

在城市与水环境的耦合作用系统中，随着城市人口、产业以及用地规模的增长，城市对于水资源的需求度和水体污染物的排放量也不断增长，导致水生态系统受到的压力越来越高，当达到水生态系统的阈值后，城市对水生态环境承受的冲击将超越生态系统的承载限度，使系统产生巨大的改变，也就是水生态系统遭受不可逆的破坏，例如河流湖泊干涸、水生生物灭绝等。因而，水生态系统的承载上限，即水资源承载力是制约城镇空间规模的重要阈值。在城水耦合理念下的城镇空间规划模式需要首先以水资源承载力为阈值，限定城镇人口、产业、用地的增长规模和速率。

水资源承载力的测算需要根据区域的水文、气候、地质、土壤等资源条件，确定规划期内本地水资源能够承载的最高城镇人口数量和最大城镇建设用地面积。当前对水资源承载力的评估方法主要有经验公式法、多目标决策法、系统分析法、人工智能算法等。确定城镇空间规模的阈值，首先需要估算区域水资源总量以及水资源承载力的上限，再根据上述方法预测未来城市生产生活用水需求量并根据人均用水量计算出区域水资源可承载的城镇人口规模，或直接通过上述方法预测水资源承载的人口规模；随后以城镇人口规模乘以规划目标的人均城镇建设用地面积，即可确定城镇建设用地规模；此外，还需考虑整个区域的可建设用地面积，取可建设用地面积与水资源承载的最大城镇建设用地规模中的较小值为合理的城镇建设用地规模。

2. 界域：避让水生态敏感区域的城镇空间布局

界域是一个哲学概念，S. A. 萨尔瓦多提出“整个存在的物质与非物质中，有不同的存在方式。这些不同决定了它们不可能与以其他方式存在的物质与非物质发生接触。而这些不同存在方式称作不同的界域”。在规划领域中，界域通常指的是具有特殊用途或规划管理方式的一定空间范围。

从生态环境保护的角度而言，水生态敏感区域指的是在水生态系统中具有重要功能和结构意义，或抗外界干扰能力较低、自我恢复能力较弱的河流、湖泊、湿地等地表水环境界域。水生态敏感区域对于涵养水源，保护水源地，保护重要水生物生境、防治水土流失、雨洪灾害以及保护文化遗产相关的水文化均具有重要作用。根据水生态敏感区域的自身特质和外部关系，水生态敏感区域也具有不同的保护要求和侧重的保护内容，因此应根据水生态敏感区域的特征，调整城镇空间布局，实现城市发展与水环境保护的协调。

对应不同敏感性的水生态空间，应结合城市社会经济发展趋势、区域交通基础设施规划等因素，对城镇空间增长的方向、边界范围进行适应性调整。首先，城镇空间应当避让关键性生态源地和廊道，将对水生态系统健康起到关键作用的区域作为城镇空间增长的刚性边界，也就是水生态保护红线范围。对于红线范围内已经被城市建设侵占和干扰的区域，也应当逐步退让和修复原有的生态功能。其次，协调城市发展与水环境保护的需求，划定适当的城镇空间增长的弹性边界。根据未来城市人口和社会经济发展的不同预期，规划城镇空间的规模和扩展方向，划定限定城镇空间增长的弹性边界。最后，建立对水生态环境的反馈补偿机制，城市建设在占用部分非刚性区域的水生态空间时，应从占补平衡的角度，调整部分闲置用地、低效用地的城镇或乡村空间，或者将耕地、林地、草地等其他土地纳入水生态空间的保护范围内，以保证水生态空间的保护面积和整体结构不变。

3. 协同：综合规模与布局的城镇空间增长预判

协同是指协调两个或者两个以上的不同资源或者个体，共同完成某一目标的过程或能力。对于城镇空间增长而言，增长规模与空间布局是紧密相连、需要协同考虑和分析的内容。在基于城水耦合理念的增长管理中，城镇空间的规模依据水资源承载力确定，城镇空间的布局考虑避让水生态敏感区域，而最终城镇空间增长的位置和形态需要综合规模与布局特征进行预判，为制定边界管控体系提供决策依据。

城镇未来发展的趋势总是充满不确定性的，虽然水资源承载力约束了城镇空间的最大规模，但在此规模范围内，城镇的人口、产业和用地是增量发展、减量发展还是存量更新式发展，需要综合多方面社会经济、政策、区域发展格局等因素进行预判，并且预判的结果并非唯一解，而应该是一系列的可能方案。对于不同的增长规模可能性，城镇空间增长的方向、位置、形态也存在多种关联的可能方案。因此，需要在避让水生态敏感区域的基础上，模拟分析不同增长规模条件下，城镇空间增长的形态特征，识别城镇空间增长的热点位置和区域。结合城镇空间发展战略目标，划定增长管控边界，并通过城镇集中建设区和弹性发展区的区分引导城镇空间适度、紧凑、协调地增长和扩张。

4.2.2 技术框架

城水关系评价可以以定量化的方式分析和对比城市发展过程中城水关系的演变特征以及未来发展趋势，作为一种针对水环境保护的专项研究议题，融入城镇空间规划编制过程。

图 4-2 给出了融合城水关系评价的城镇增长管理技术框架。该技术框架包含“现状分析—特征识别—方案比选—规划编制”四项技术流程以及贯穿其中的“城水关系评价体系”。首先，基于土地利用调查数据、社会经济统计等基础资料，分析城镇发展特征和水环境变化特征，应用城水关系评价体系评估城水关系现状。其次，基于现状分析结果，识别城镇空间增长趋势，确定水资源承载力和水生态敏感区域，并诊断城水关系中的矛盾点和关键要素。在此基础上，以水资源承载力作为规划城镇空间规模的约束条件，以水生态敏感区域作为规划城镇空间布局的约束条件，设计在不同发展情景下，城镇空间规模与布局的规划方案，利用城镇空间增长模拟模型，对不同规划方案进行模拟预测，并应用城水关系评价体系进行方案的评价比选。最后，通过模拟结果的比选和优化，得出有利于城水协调发展的城镇空间规划方案，调整水生态保护红线、城镇开发边界、规划管理指标等内容。将城水耦合理念从一

种较为抽象的价值观和规划理念，变成切实融入空间规划编制和实施过程中、促进规划方案优化提升的判断依据。

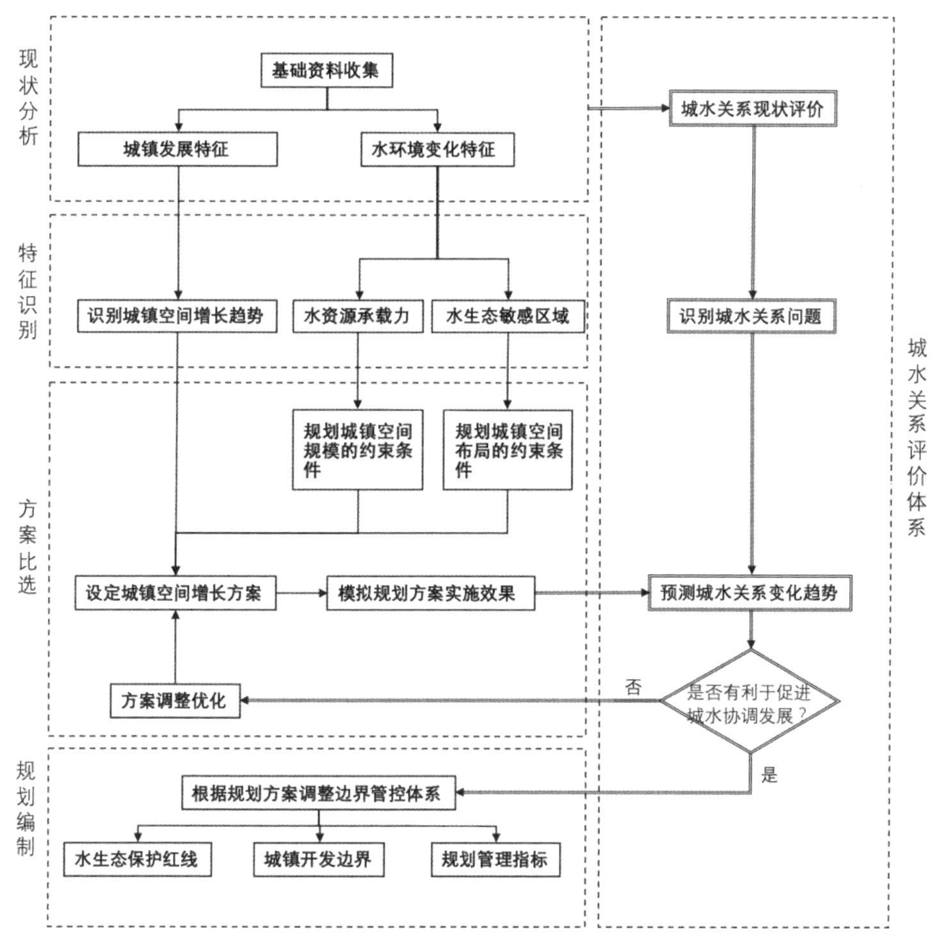

图 4-2　融合城水关系评价的城镇增长管理技术框架

（资料来源：作者自绘）

4.2.3 管理内容

涉及城水关系的城镇增长管理内容主要包含水生态保护红线、城镇开发边界以及规划管理指标三部分。

1. **水生态保护红线优化**

当前空间规划体系中，生态保护红线主要指的是约束空间界域的规划管理边界线。但由于水环境系统兼具资源供给与生态系统服务两者的特征，水生态保护红线应包含水生态容量红线和水生态空间红线两部分内容，其中水生态容量是根据水资源承载力确定的，在维护区域的水生态系统健康稳定的前提下，能够承载的最高城市人口数量和最大建设用地面积。水生态空间红线划定了保护生态系统供给服务、调节服务、生命支持服务、文化服务等功能的核心空间，为在空间地域上协调城市开发建设活动和水生态保护提供依据。水生态保护红线的设定可以明确水环境保护的底线，也是城市开发建设活动不可超越的最大边界，其中水生态容量红线约束了城镇人口和用地规模的上限，水生态空间红线约束了城镇空间的分布范围和形态。

2. **城镇开发边界优化**

城市未来的发展和空间变化受到社会经济政策、区域发展情势等多方面因素的影响，充满复杂性和不确定性，因而城镇开发边界政策的制定既需要提供适度的城市发展空间，又需要避免城市土地的蔓延式发展侵占水生态空间。因此，城镇开发边界的划定需要兼具刚性与弹性，阶段性与永久性的特征。为了推动城水协调发展，首先，城镇开发边界应避免与水生态保护红线的冲突，城镇空间的规模与布局需满足水资源承载力限制和水生态敏感区域限制条件；其次，城镇开发边界对城镇空间结构具有引导作用，应引导城市与水环境之间形成协调共生的耦合关系，利用地表河流水系的结构作为城镇开发边界中的特别用途区，发挥作为绿色开放空间的景观、休闲和生态功能；最后，城镇开发边界应形成一套基于水环境状态的动态监控和调整机制，为政府提供具有弹性和适应性的决策框架，例如根据水资源承载力的变化情况适度调整阶段性城镇开发边界中新增用地的规模，依据水生态空间的敏感性变化情况适度调整城镇用地边界范围等。

3. **规划控制指标调整**

依据城水协调发展的目标，调整或补充规划内容中的管理指标，提出可纳入市级、县级社会经济发展计划或专项规划的控制性和引导性指标。例如根据水资源承载力调整规划期城镇建设用地指标、城市人口规模指标、人均城镇建设用地面积指标等，并根据流域（小流域）内水生态敏感性因素，协调各项指标在规划区内的上下传导方式，对于水生态环境较为敏感的区域，适当减少规划城镇建设用地面积，提升人均城镇建设用地面积规划目标。此外，建议将水面率、自然岸线比例、滨水开放空间用地比例、小流域内工业用地比例、河网水系连通结构等指标作为规划控制性指标，增强从土地利用和城镇空间布局角度对水环境保护的响应能力；将人均水资源拥有量、水资源负载指数、水资源供需比、水污染压力指数、城镇生活污水处理率、万元 GDP 耗水率等水资源和水环境管理性指标纳入城镇空间规划的内容体系中，形成综合城镇空间形态、社会经济活动、水资源管理和水环境保护等多元目标的规划控制指标体系。

4.3 城水关系研判的数据资料基础

数据收集是开展规划研究的基础，根据上述技术框架，所需研究数据包含基础底图以及土地利用类、水资源类、地形地貌类、生态环境类、气候气象类、灾害类、社会经济发展类等数据。基础数据的收集应确保数据的准确性、权威性、时效性及可获取性，并且要注意数据是否满足进行研究区域的精度要求、时间要求。具体所需数据资料如表 4-1 所示。

表 4-1 具体所需数据资料

数据类型	数据名称	精度要求	数据可获取来源
基础底图	CAD 地形图	优于 1 ： 5 万	测绘部门
土地利用类	遥感影像解译土地利用数据	30 m	测绘部门
	航空相片	2 m	测绘部门
	土地利用总体规划中的用地现状图		自然资源部门
	城市总体规划中的用地现状图		
	全国国土调查数据		
水资源类	水资源调查评价成果		水利部门
	水资源公报		
	水资源综合规划		
	水资源流域分区图	四级流域	
	水文资料		
	水功能区划		
地形地貌类	数字高程数据（DEM）	优于 50 m	测绘部门
生态环境类	生态环境公报		生态环境部门
	NDVI 数据集	优于 50 m	
	水源涵养区分布图		
气候气象类	年平均降水量数据		气象部门
	蒸散发		
灾害类	地质灾害易发区数据	不低于 1 ： 5 万	自然资源部门
	洪泛区	不低于 1 ： 5 万	
社会经济发展类	地方年鉴		统计部门
	中国城市统计年鉴		
	各类相关规划		自然资源部门

资料来源：作者整理。

4.4 支持管理决策的综合技术方法

为全面分析城市和水环境特征，识别城水关系，在现状分析、特征识别、方案比选和规划编制的过程中，需综合应用地理学、统计学、生态学等专业的多种定性、定量研究技术方法。表 4-2 列举了在城水关系研究与城镇空间规划制定过程中需要采用的技术方法。

表 4-2　技术方法列表

技术方法	应用场景	目标结果
遥感影像预处理、分类、精度评价	遥感影像处理	获得多年份的土地利用类型数据
空间矫正	地图数据空间化处理	获得具有地理坐标信息的矢量文件
地图配准		获得具有地理坐标信息的栅格文件
合并栅格文件		拼合多个栅格文件，例如 DEM 文件
面插值法	社会经济统计数据空间化处理	将统计数据从源区域向研究所需的目标区域转换
统计模型法		估测目标区域内的人口分布
Autologistic 回归模型	识别空间增长的驱动因素	建立解释城镇空间增长驱动因素的回归模型，获取驱动因子及作用强度大小
系统动力学模型	评估水资源承载力	估测至规划期末本地水资源承载的最大人口规模、城镇建设用地规模
生态安全格局方法	识别水生态敏感区域	识别对水生态系统健康和稳定起到关键作用的区域，对水生态空间的敏感性进行评定和分级
CLUE-S 模型	城镇空间增长模拟	预测不同发展情景下研究区域的城镇空间增长情况

资料来源：作者整理。

4.5 辅助方案比选的情景分析系统

根据前文介绍的增长管理基本思路，制定城镇空间增长管控策略时，需要遵循以水资源承载力约束城镇空间规模，以水生态敏感区域约束城镇空间布局，综合城镇空间的规模与布局特征进行未来城镇发展的空间变化趋势预判的整体思路。因此，一个能够集水资源承载力、水生态敏感区域于一体的城镇空间增长模拟系统，对于辅助城镇空间增长的边界管控体系制定和优化提升具有重要作用。该系统也是实现将非空间的规划管理指标与空间布局特征相衔接的重要媒介工具。

由图 4-3 可知，耦合城水特征的城镇空间增长模拟系统包含三个系统模块，其中，“模块一：基于系统动力学模型的水资源承载力动态评估模块”可以根据城市当地的水资源条件特征以及未来城市社会经济发展目标、水资源管理目标等因素，评估预测规划期内城镇空间的最大规模；“模块二：基于水生态安全格局的水生态敏感区域识别模块”可以识别并确定城镇空间增长需要避让的空间地域；“模块三：基于 CLUE-S 模型的城镇空间增长模拟模块”能够预测在不同的水生态敏感区域保护方式和城镇空间增长规模条件下，城镇用地的空间布局特征，对于划定和调整水生态保护红线、城镇开发边界具有直接参考价值。

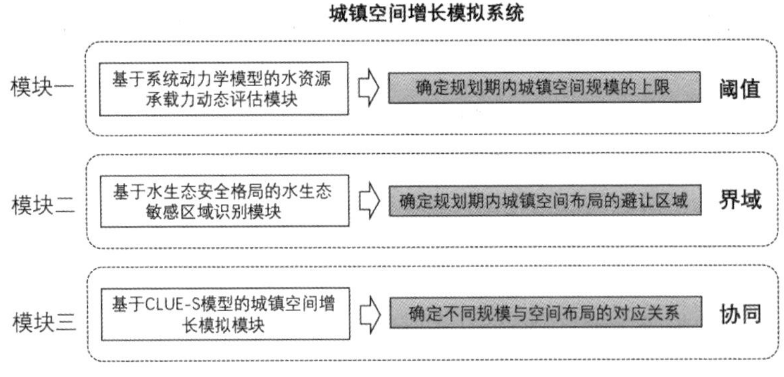

图 4-3　增长管控边界的决策支持模型的设定逻辑

（资料来源：作者自绘）

4.5.1 模块一：基于系统动力学模型的水资源承载力动态评估模块

水资源承载力测算可采用经验公式法、多目标决策法、系统分析法、指标评价法、人工智能算法等方法，其中系统分析法能够在纷繁复杂的关系网络中明晰系统结构、辨清各要素的因果关系和反馈回路，通过仿真模拟求解系统的性能，进而预测不同条件下水资源承载力的变化特征，较适用于对城水关系研究中水资源承载力的动态监测和评估。

1. 系统动力学模型概述

系统动力学模型（SD 模型）能够建立水资源承载力与城市社会经济发展的动态联系，有助于系统分析城水耦合过程中的复杂作用关系。基于 SD 模型的水资源承载力测算方法能够弥补传统静态预测方法对城水关系动态交互作用考虑的不足。

SD 模型是在系统论的基础上发展起来的，以反馈控制理论为基础，以计算机仿真技术为手段，用于复杂社会经济系统的定量研究的方法，已广泛应用于水资源、水污染、水生态的相关研究。城镇发展与水资源利用是一个高度复杂的巨系统，城市的人口规模、城镇化水平、产业发展水平、科技水平、政府治理能力等因素均影响了水资源可承载的最大城镇人口数量，并且水资源供给压力也对城镇发展施加反馈控制，水资源与可承载的最大城镇人口数量之间是一种非线性、动态性、多变量的系统关系。SD 模型可以根据因果反馈回路图系统梳理各影响因素之间的复杂关系，特别是能够量化水资源供给压力对城镇发展的各种反馈关系。

应用 SD 模型测算水资源承载力所能支撑的最大城镇人口数量的技术方法主要分为两部分内容：第一，构建 SD 模型，包含明确建模目的和模型界限、确定系统结构、绘制系统流程图、确定变量等内容，并且通过对 SD 模型的检验和优化运算，得到模拟准确性、敏感度、稳定性较为满意的 SD 模型。第二，应用 SD 模型测算研究区域的水资源承载力，根据预设情景进行模拟分析，最终得到研究区域在预设条件下水资源所能承载的最大城镇人口数量作为模拟结果。SD 模型建模与应用流程如图 4-4 所示。

在建立测算水资源承载力的 SD 模型时，考虑到城镇与水环境系统自身的特点，应遵循以下原则。

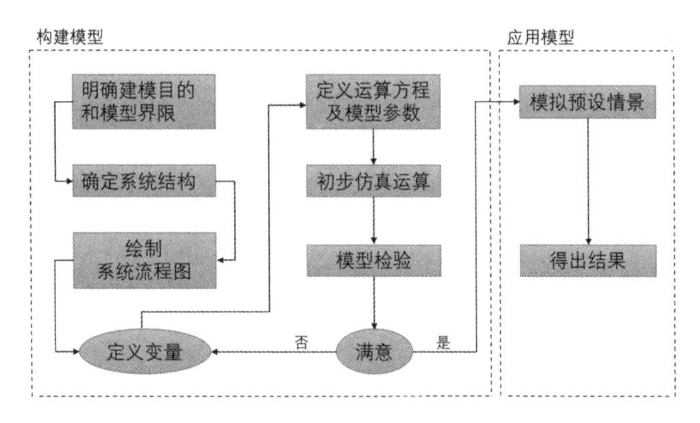

图 4-4　SD 模型建模与应用流程

（资料来源：作者自绘）

第一，抽象模型结构。水资源利用是一个涉及众多因素的复杂系统，本研究在建模时，以实现动态监测水资源承载力变化为目标，抽象和简化模型的结构和要素内容。模型构建并不是对于城镇与水环境的耦合关系的现实重现，而是把握重要因素，对两个系统耦合关系中与水资源可承载最大城镇人口数量密切相关要素和作用关系的概括。

第二，契合现实系统。尽管 SD 模型建立于抽象模型结构之上，但符合现实特征仍然是建模的主要原则。只有构建的 SD 模型能够有效地进行仿真模拟，才能将模型进一步应用于对水资源承载力的动态监测。因此，在建模过程中，从选取的指标、因果关系构建、反馈回路构建，以及关联方程的选择，都需要尽可能地契合现实情况，尽力优化模型的拟合度。

2. SD 模型结构

水资源承载力水平一方面与研究区域的自然环境、水资源富集程度等条件相关，另一方面也与人口、工业、水污染处理水平等因素相关。例如薛冰 等（2011）将水资源与城市社会经济、生态环境的系统关系划分为人口、经济、供水、需水、污水和水环境六个子系统；Yang et al.（2014）基于社会 - 经济 - 水资源复合系统的耦合效应和反馈机制，构建了包含水资源供应、水资源需求、水平衡、人口与经济四个子系统的 SD 模型；姜秋香 等（2015）将 SD 模型结构设计为水资源供应、社会需水、农业需水、工业需水、生态需水和国民经济六个子系统。虽然不同研究对 SD 模型结构的设计方式存在部分差异，但总体上均涵盖了水资源供需特征和人口 - 社会 - 经济发展特征两方面的因素。

考虑到本情景分析系统中的 SD 模型旨在通过对水资源可承载的最大城镇人口数量的动态监测，服务于城镇空间规划决策，故 SD 模型的系统结构和变量设置应能够体现城镇与水环境之间的耦合作用关系。在薛冰 等（2011）提出的天津市水资源承载力模拟模型基础上，本模型增加水环境状态对各类节水措施、水污染治理措施的反馈作用回路，并且增加城镇建设用地变量，考虑城镇建设造成的地表径流污染和耕地面积减少对水资源承载力的影响。设计为水资源供应子系统、水资源需求子系统、水污染反馈子系统、水平衡反馈子系统、城镇发展子系统五个部分，具体各个子系统的因果关系回路如图 4-5 所示。

图 4-5 揭示五个子系统之间包含着复杂的因果关系，其中：水资源供应子系统指的是城市所在区域内各类常规水资源和非常规水资源的开发利用过程；水资源需求子系统概括了城镇和乡村的生活用水、产业生产用水、生态用水等各方面的水资源需求；水平衡反馈子系统指的是当水资源供需失衡时，城市管理者和科研人员为了增加水资源供应能力、提高水资源利用效率的反馈过程；水污染反馈子系统指的是当水污染问题日益严峻时，城市管理者和科研人员为改善环境水质、减少污染物排放的反馈过程；城镇发展子系统概括了城镇人口、产业以及建设用地的增长对水资源供需水平和水污染压力的影响作用。

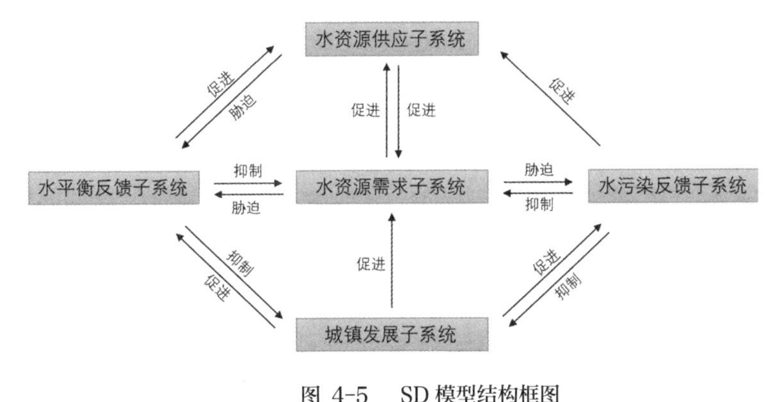

图 4-5　SD 模型结构框图

（资料来源：作者自绘）

3. SD 模型的运行与检验

根据 SD 模型结构，研究人员可以应用 Vensim 软件建立研究城市的系统动力学模型，根据研究城市的水资源、城市社会经济特征选取各个系统的变量，绘制因果关系图和流程图，建立表达各指标关联关系的系统方程。关于系统动力学模型构建方法的详细解读参见王其藩所著《系统动力学》。

完成 SD 模型初步构建后，需对模型的正确性、有效性和信度进行检验，验证构造的 SD 模型能够反映实际系统的特征和变化规律，达到评估和预测城市水资源承载力的建模目的。SD 模型的检验包含模型结构的适合性检验、模型行为的适用性检验、模型结构与实际系统的一致性检验以及模型行为与实际系统的一致性检验四大类型。SD 模型通过反复的参数、方程调整和检验后，达到仿真模拟要求，即完成了 SD 模型构建过程，可用于对水资源承载力的监测和预测分析。

4.5.2　模块二：基于水生态安全格局的水生态敏感区域识别模块

随着城镇化进程的加速，城镇建设用地的大规模扩张，出现了水土资源短缺、环境污染、生态破坏等一系列生态安全问题。如何协调生态保护与城市发展的矛盾冲突，既有效地保护生态环境又规避盲目保护和低效保护的误区，是当前生态环境领域亟待解决的一个现实问题。近年来，基于生态环境特征构建生态安全格局的空间规划方法已成为城市总体规划层面保护生态敏感区域的常用方式。依托于景观生态学的生态安全格局方法被认为是一种有效化解水生态保护与城市发展的矛盾关系，保障水生态安全的有效途径。

1. 水生态安全格局概述

生态安全指的是为了维护生态系统的完整和健康，人类进行自然资源开发利用活动的底线和避让区域。生态安全格局指的是对维护生态安全起着关键作用的局部、点和空间关系构成的空间格局。水生态安全格局属于生态安全格局的范畴，是在各项生态环境要素中以水环境要素为主体而设定的阈值和限定范围。生态基础设施、生态廊道、生境网络等理念均为水生态安全格局提供了有力的理论支持。对水生态安全格局的内涵概括分狭义和广义两种：在狭义上，水生态安全格局是通过对汇水节点、河道、湿地、潜在洪水淹没范围等空间要素的合理规划和布局配置，形成不同层级等级的生态节点、生态廊道和生态网络，从而维护和提升水生态系统的健康和安全水平；在广义上，水生态安全格局不仅包含空间格局的特征，还涵盖维护水生态健康的底线水量、水质等量化控制指标。由于广义概念的水量、水质等内容已经被纳入水资源承载力分析环节，模块二的水生态安全格局方法更侧重于从空间界域的角度，识别和保护具有重要生态价值的节点、廊道和网络格局。

2. 水生态安全格局的构建方法

水生态安全格局的构建方法通常有直接识别法和综合评价法两类。直接识别法，即选取对水生态安全具有重要作用或迫切需要保护的区域，通过在 ArcGIS 中空间叠加分析，提取水生态敏感区域。例如俞孔坚等提出的水生态空间红线的划定方法中，从水资源保护、水文调节、水生命支持、水文化保护四个方面提取红线保护范围。彭建等从水资源安全、水环境安全和水灾害规避三个方面构建区域水安全格局。黎秋杉等从水源涵养、雨洪灾害、水生环境三个方面识别水基底特征，构建水生态安全格局。李博等从地下水质敏感格局、洪灾敏感格局、涝灾敏感格局、水生境敏感格局四个方面识别水生态安全格局的源地。综上，从水资源保护、水文调节、水生命支持、水文化保护四个维度构建的框架体系能够较为全面地涵盖水生态系统服务的重要内容，可作为直接识别法的框架体系（图 4-6）。

综合评价法是依据“源地—阻力面—生态廊道”的生态安全格局范式，通过构建综合评价指标体系，识别水生态环境的重要性和敏感性特征，划定水生态敏感区域的方式。在不同的研究个案中，所选取的指标也不相同，应根据当地水生态环境的特征和存在的主要问题，选取相应的评价指标，构建指标体系。可选取的指标的评价维度有水域空间、地形地貌、地表覆盖类型、灾害风险、生物生境质量、城镇建设等（图 4-7）。指标体系的综合决策可采用多因子叠置分析法、多准则决策法、最小累积阻力模型等综合决策方法。

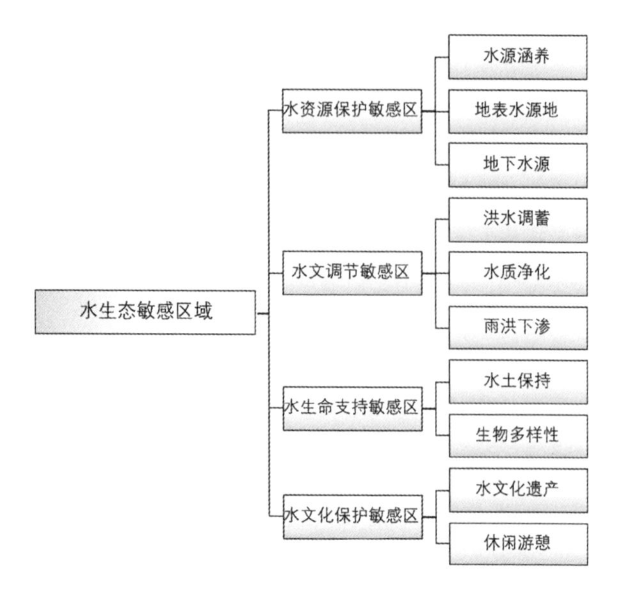

图 4-6　水生态敏感区域直接识别法的框架体系

（资料来源：根据俞孔坚、王春连、李迪华等的《水生态空间红线概念、划定方法及实证研究》绘制）

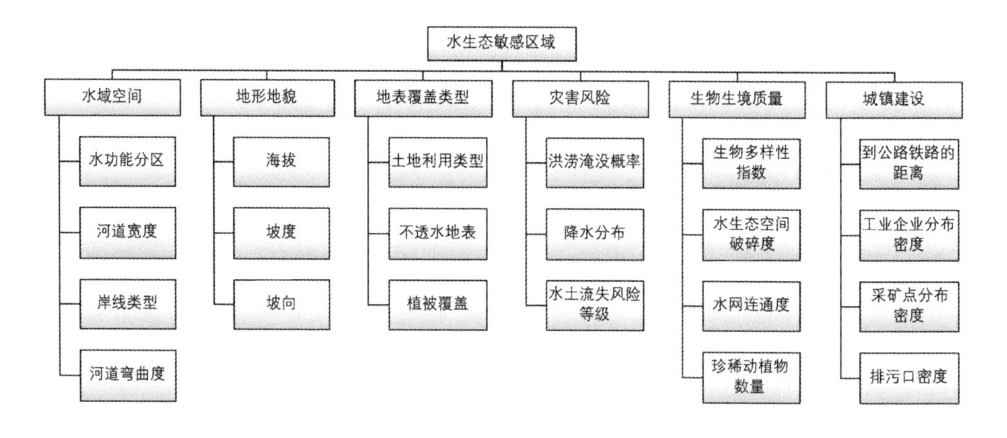

图 4-7　水生态敏感区域综合评价法的框架体系

（资料来源：作者自绘）

3. 水生态敏感区域的识别

水生态安全格局中高安全格局区域与较高安全格局区域是保护水生态环境健康的重要空间地域，即水生态敏感区域。在不同的水环境保护关注度和政策强度条件下，水生态敏感区域的范围也将有所差异。

水生态敏感区域的识别不仅是确定具有较高生态敏感性的水生态空间地域范围，

还应根据水生态敏感区域的规模、结构形态、敏感性强弱制定相应的保护策略。高安全格局区域中，划定为水生态源地和水生态廊道的区域是水生态安全格局的核心结构，应将这些区域划定为水生态保护红线，禁止一切开发建设活动。此外，还有一些水域、湿地、河道等生态空间虽然不属于水生态安全格局的核心部分，但也属于高安全格局或较高安全格局的范围，同样是应该严格管控城镇开发建设活动的规模和类型的区域。可依据水生态安全格局的安全等级划分，设定城镇建设用地适宜性标准，区分为适建区、限建区和禁建区。通过差异性的规划管控条件和奖励条件，引导城市功能布局和空间形态与水生态环境的协调。

4.5.3 模块三：基于 CLUE-S 模型的城镇空间增长模拟模块

1.CLUE-S 模型概述

随着计算机技术的发展，元胞自动机模型等多种土地利用变化模拟模型的开发，极大辅助了城镇开发边界划定和管理工作。当前适用于城市尺度、较高空间分辨率的城镇空间增长模拟模型有 CLUE 模型、CLUE-S 模型、CA 模型、Agent-based 模型、SLEUTH 模型等，各类型模拟模型的特点如表 4-3 所示。CLUE-S 模型（Conversion of Land Use and its Effects Model at Small Region Extent）是在土地利用变化及效应模型（CLUE 模型）的基础上，为适应较小尺度上的土地变化模拟而改进的模型。由荷兰瓦格宁根大学的 Verburg 等学者提出，在我国土地利用变化的研究中已有较为广泛的应用。

表 4-3　城镇空间增长模拟模型特点

模型	思路	空间结构	原理	局限性
CLUE-S 模型、CLUE 模型	经验统计分析	自上而下与自下而上结合	根据经验研究得到的概率分配土地利用需求	参数反应灵敏，数据需求高
CA 模型	邻域关系分析	自下而上	通过转换规则研究栅格与邻域之间的影响关系	参数存在较大不确定性
Agent-based 模型、SLEUTH 模型	变化主体分析	自下而上	界定土地主体的行为规则，表现局部细节与全局的反馈关系	地理空间表达方式需要进一步研究

资料来源：吴健生、冯喆、高阳 等的《CLUE-S 模型应用进展与改进研究》。

本书建议采用 CLUE-S 模型模拟城镇空间增长，具体原因如下：①该模型能够将水资源承载力和水生态敏感区域的约束作用综合纳入模拟过程，实现耦合城水特征的城镇空间增长模拟；②该模型更具有开放性，对于土地利用驱动因子的设定、土地转化系数的设定、土地需求计算的方法均具有开放性，能够较快吸收和应用新方法进行模型优化；③该模型可以同时模拟城镇用地、水域及湿地等多种土地利用方式的变化，有助于进行多种规划方案的综合比选。

2. CLUE-S 模型的设定方法

CLUE-S 模型由四个输入模块和一个空间分配模块组成，其中输入模块分别是土地利用类型转换规则、土地政策与限制区域、土地需求、空间特征，各个模块之间的逻辑关系如图 4-8 所示。

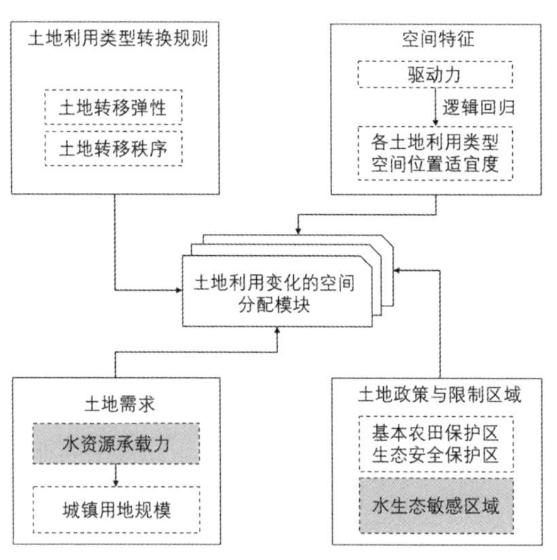

图 4-8　CLUE-S 模型的结构

（资料来源：作者自绘）

（1）土地利用类型转换规则模块

土地利用类型转换规则模块包含土地转移弹性和土地转移秩序两个部分。其中土地转移弹性一般用 0 ～ 1 的数值表示，数值越接近 1 表示土地利用类型向其他类型转移的可能性越小。通常认为，开发利用程度越高的用地类型越难以向其他用地类型转移。该数值通常根据以往土地利用变化的实际情况进行设定，并在模型检验过程中进行调试优化。土地转移秩序通过土地利用类型之间的转移矩阵表示，1 表示可以转变，0 表示不能转变。

（2）空间特征模块

空间特征模块是基于土地利用的空间位置分布与驱动因素之间存在某种定量关系的理论基础，通过计算出影响各类型土地利用在空间上分布概率的驱动因素，预测不同土地利用类型的空间位置适宜度，也就是各个土地利用类型在空间上的分布概率。该模块最终通过每个栅格单元可能出现各个土地利用类型的概率表示。

（3）土地需求模块

土地需求模块用于限定土地变化的规模，一般通过外部模型计算，或者根据情景设定进行模拟。土地需求模块最终表达方式为逐年各类型用地的变化量，该数值可以是正值，也可以为负值，最终所有地类变化的总和为零。

（4）土地政策与限制区域模块

该模块能够将土地政策与空间限制区域纳入土地利用变化的模拟中，对于城镇建设用地而言，其变化的限制性因素主要有两类：第一类为空间限制因素，例如划定为基本农田保护区、生态红线保护区的范围，将排除在城镇建设用地的空间分配模块之外，在本研究中还补充水生态敏感区域作为城镇建设用地的空间限制因素；第二类为政策性限制条件，例如在水环境保护的政策规定下，水域不得转变为城市建设用地，该政策可以通过用地转换规则表示。

（5）空间分配模块

空间分配模块是 CLUE-S 模型中，在考虑前述四个输入模块的条件下，根据总概率大小，通过多次迭代实现对土地利用需求进行空间分配的过程。具体运行过程如下（图 4-9）。

第一步：排除不能够参加空间分配的栅格单元，包含土地政策与限制区域模块中的保护性区域、转移弹性系数为 1 的用地类型栅格、转移矩阵中设置为 0 的栅格。这些栅格以外的区域将作为进行空间分配的栅格单元。

第二步：计算每个栅格单元上各土地利用类型的总概率，计算公式为：

$$\mathrm{TP}_{i,u}=P_{i,u}+\mathrm{ES}_u+\mathrm{IR}_u \tag{4.1}$$

式中：$\mathrm{TP}_{i,u}$为栅格单元i上土地利用类型u的总概率；$P_{i,u}$为通过空间特征模块求得的栅格单元i上土地利用类型u的分布概率；ES_u为土地利用类型u的转移弹性；IR_u为土地利用类型u的迭代变量。

第三步：先对各土地利用类型赋予相同的迭代变量值，并根据每一栅格上各土地利用类型的总概率，对各栅格的土地利用变化进行初次分配。

第四步：对土地需求面积和各土地利用类型的初次分配总面积进行比较，若初次分配面积低于土地需求面积则返回第二步，增大迭代变量，而若高于土地需求面积则返回第二步，减小迭代变量，然后进行调整后的二次分配。

第五步：经过第二步至第四步的反复迭代，直到各土地利用类型的分配面积等于土地需求面积，运行中止；输出土地利用变化的模拟图。

应用 CLUE-S 模型的假设条件包含：某地区的土地利用需求驱动了土地利用变化，并且该地区的土地利用分布格局能够与该地区的自然环境、社会经济及土地需求保持动态平衡状态。但在实践应用中，有学者提出土地利用变化与社会经济发展并不能完全同步，可能存在时间滞后、政策制定者影响、自然和社会因素影响的门槛效应等问题，因而对模型结果的解读还应考虑多方制约因素，根据实际情况进行模型优化调整。

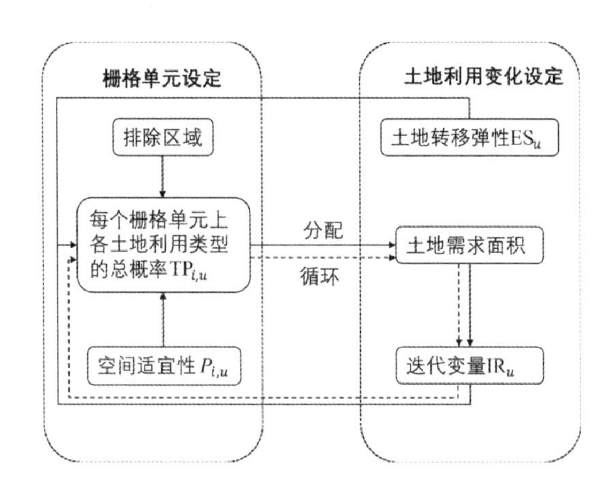

图 4-9　CLUE-S 模型空间分配模块运行过程

（资料来源：根据 *Modeling the spatial dynamics of regional land use: the CLUE-S model* by Peter H Verburg, W Soepboer, Antonie Veldkamp 绘制）

3. CLUE-S 模型的运行与检验

CLUE-S 模拟模型的构建可以采用 R 语言的 lulcc 包完成，该语言包的详细参数以及程序语言详见附录 A。

CLUE-S 模型模拟准确性通常采用 Kappa 系数和用地分类准确率的检验方法。Kappa 系数是通过将模拟图与参考地图叠加比较的方式，量化模拟图与参考地图之间的差异程度的检验方法。Kappa 系数的计算方法为：

$$\kappa = \frac{P_o - P_c}{1 - P_c} \tag{4.2}$$

式中：P_o为模拟图与参考地图一致，模拟正确的像元比例；P_c为随机情况下模拟正确的像元比例。当κ>0.80时，认为模型总体拟合度良好；当0.40<κ<0.80时，认为模型总体拟合度一般，模拟图与参考地图之间差异明显；当κ<0.40时，认为模型总体拟合度较差，模拟图与参考地图存在较大偏差。

用地分类准确率是将模拟结果与真实结果进行空间叠置，计算模拟图中用地类型与真实图一致的栅格单元占比。一般认为当准确率均高于 80% 时，模型预测能力良好。若模拟图与现状图差距较大，模型拟合度较差，则还须通过调整土地弹性系数、限制性区域、设置用地增长优先区等方法，提升模型拟合度，直至能够达到较理想的模拟能力。

下篇

基于水资源环境约束的城镇增长管理天津案例

5

天津市水资源环境问题

在快速城镇化时期，我国北方缺水地区城市普遍面临着水资源短缺、水污染加剧、水生态恶化等一系列的水环境问题，城市发展与水环境保护的矛盾日益突出。本章以天津市作为北方缺水地区城市的代表，追溯 2000—2018 年城市系统与水环境系统的变化特征，并应用城水关系评价指标体系量化分析天津市的城水关系状态，识别城水关系中存在的矛盾与问题。

5.1 研究区域与数据

5.1.1 天津城市概况

天津市地处太平洋西岸环渤海湾边的华北平原东北部，位于北纬 38° 34′至 40° 15′，东经 116° 43′至 118° 04′，东临渤海，北依燕山，西靠北京，交通便捷，是我国重要的港口城市、工业基地。

从依赖河运发展商贸，到兴建港口发展海运，天津的城市兴盛与水息息相关。天津市河流水系丰富，位于海河流域的下游，素有“九河下梢”“河海要冲”之称。流经天津的一级河道有 19 条，长度达 1095.1 km；二级河道 79 条，长度总计 1363.4 km；另有子牙新河、独流减河、潮白新河等多条人工河道，以及引滦入津、南水北调等远距离输水工程。全市共有大中型水库 14 座，其中大型水库 3 座，还有七里海古潟湖湿地、北大港湿地、团泊湖湿地、东丽湖和官港湿地等众多湿地资源。天津市地处我国候鸟南北迁徙路线东线的中段偏北，河流、湖泊、湿地及沿海滩涂是候鸟迁徙途中重要的栖息地，途经天津地区的候鸟达 103 种之多，其中包括许多珍稀濒危物种[1]。

自 20 世纪末以来，天津经历了快速的城镇化进程和大规模的城市扩张，城市由围绕三岔河口的单中心结构向多中心格局发展，城市的人口和产业规模均显著增长。但与此同时，城市也面临着严峻的水资源短缺、水环境污染、水生态破坏等问题。

---

[1] 天津市水环境的相关资料来源于《天津市水系规划（2008—2020）》。

作为资源型缺水城市，天津市面临着供水紧张、河流断流、湖泊湿地干涸的情况，严重依赖于远距离输水工程以满足本地生产生活的用水需求；河流水体水污染严重，《天津市水资源公报 2015》数据显示，全市全年评价河长 1668.5 km 中，劣 V 类水河长占比达到 79%；城市周边的毛细水网和湿地面积大幅度减少，滨海发展的填海造地工程严重威胁沿海滩涂的水生物生境。

5.1.2 研究区域与资料来源

本研究以天津市为研究区域，共包含 16 个下辖行政区，市域总面积 11917 km^2。天津市地图如图 5-1 所示。市辖区分为中心城区、环城区、滨海新区和远郊区。其中中心城区（和平区、河西区、南开区、河北区、红桥区、河东区）、

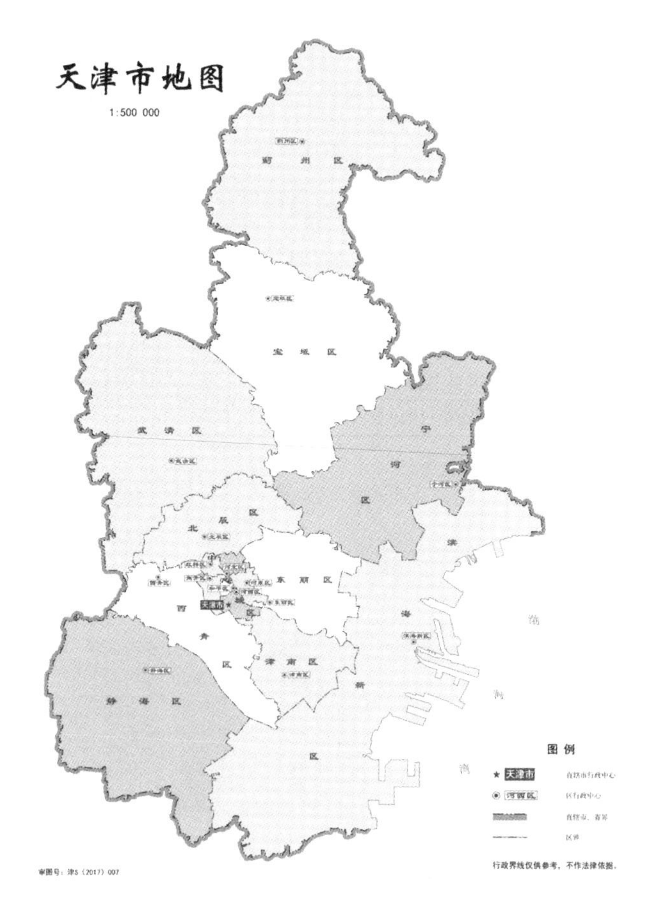

图 5-1 天津市地图

（资料来源：天津市规划和自然资源局，http://ghhzrzy.tj.gov.cn/bsfw_143/bzdt/）

环城四区（北辰区、西青区、津南区、东丽区）和滨海新区为《天津市城市总体规划（2005—2020）》中的中心城市规划区范围，面积约 7400 km^2，是天津市主要的城镇发展区域。

研究所需数据包含基础底图以及土地利用类、水资源类、地形地貌类、生态环境类、气候气象类、灾害类、城市社会经济发展类等数据。其中基础底图主要包含街道层级的行政区划边界、城市主干路路网、铁路线网、轨道交通线路、河流水系地图等，以 2018 年为数据获取时间。土地利用类资料来源于遥感影像解译的地表覆盖信息，包括研究区范围内 300 m 分辨率的 2000—2018 年逐年土地利用图，和 2000、2010、2018 三个年份的 30 m 分辨率土地利用图，用地类型包含耕地、园地、林地、城镇建设用地、水域、湿地、未利用地等。水资源类数据包含《天津市水系规划（2008—2020）》《天津市水资源公报》《海河流域天津市水功能区划》等。地形地貌类数据应用美国国家航空航天局（NASA）生产的 ASTER GDEM 数据产品，分辨率为 30 m。生态环境类数据主要为相关规划文件和相关生态环境研究成果，从中获取水源涵养区、生态敏感区等信息。气候气象类数据包含中国 1980 年以来逐年年降水量空间插值数据集、海河流域水文年鉴，从中获取降水量、气温、蒸发量等数据。灾害类数据主要来源于《天津市城市总体规划（2005—2020）》中的防灾专项规划，从中获取洪泛区、地质灾害易发区等信息。社会经济发展类数据包含历版城市总体规划、土地利用规划、《中国城市统计年鉴》、《中国城市建设统计年鉴》和《天津年鉴》等。详细数据见表 5-1。

表 5-1　研究数据

数据名称	年份	类型	说明
基础底图			
行政区划边界	2015	矢量	来源：中科院数据信息云平台
城市主干路路网	2018	矢量	来源：OpenStreetMap 开源数据
铁路线网	2018	矢量	
轨道交通线路	2018	矢量	
河流水系地图	2018	矢量	来源：天津水系规划现状图
土地利用类			
全球 30 m 地表覆盖数据	2000、2010	栅格文件	30 m 分辨率，资料来源于 GlobalLand30 数据库，访问链接 : http://www.globallandcover.com/GLC30Download
遥感影像解译的土地利用图	2018	栅格文件	30 m 分辨率，商业数据

（续表）

数据名称	年份	类型	说明
全球 300 m 地表覆盖数据	2000—2018	栅格文件	300 m 分辨率，资料来源欧空局 Land Cover CCI Climate Research Data Package，访问链接 :http://maps.elie.ucl.ac.be/CCI/viewer/download.php
水资源类			
天津市水系规划（2008—2020）		文本和图件	天津市规划和自然资源局提供
天津市水资源公报	2000—2018	文本	天津市水务局官网，访问链接：http://swj.tj.gov.cn/gztb_17212/
海河流域天津市水功能区划		文本	天津市水务局官网，访问链接：http://swj.tj.gov.cn/
海河流域水资源评价相关研究成果		文本	图书馆查阅
地形地貌类			
DEM 数据	2018	栅格文件	美国 NASA 发布的 Aster GDEM 数据，访问链接：https://ssl.jspacesystems.or.jp/ersdac/GDEM/E/
生态环境类			
天津市水系规划中的水源涵养区分布图		矢量	天津市规划和自然资源局提供
天津市城市总体规划中的生态网络规划		文本和图件	天津市规划和自然资源局提供
气候气象类			
中国 1980 年以来逐年年降水量空间插值数据集	2000—2015	栅格文件	中科院数据云平台，访问链接：http://www.resdc.cn/data.aspx?DATAID=229
海河流域水文年鉴		文本	图书馆查阅
灾害类			
天津市城市总体规划中的防灾规划图		文本和图件	天津市规划和自然资源局提供
城市社会经济发展类			
天津市土地利用总体规划（2006—2020）		文本和图件	天津市规划和自然资源局提供
天津市城市总体规划（2005—2020）		文本和图件	天津市规划和自然资源局提供
中国城市统计年鉴	2000—2018	表格	中国经济社会大数据研究平台，访问链接：http://data.cnki.net/
中国城市建设统计年鉴	2000—2018	表格	
天津年鉴	2000—2018	表格	

资料来源：作者整理。

5.1.3 时空尺度

研究时段为2000年至2018年，其中，城镇空间和水环境的变化特征为2000—2018年的逐年分析，但由于缺少部分2018年度的统计数据，少数统计指标分析时间至2017年；对城镇空间增长的驱动因素分析和城水关系评价以2000、2010、2018年三个时间点进行研究。对城镇空间增长和水环境变化特征进行逐年分析，社会经济、水资源利用、生态环境等相关指标采用天津市辖区范围的统计数据，计算土地利用类相关测度指标的空间分辨率为300 m×300 m，资料来源于欧空局发布的全球逐年地表覆盖数据。在城镇空间增长的驱动因素Autologistic回归模型和城水耦合关系评价分析中，采用空间粒度为100 m×100 m的土地利用数据。

5.2 水资源环境变化特征

对2000年至2018年天津的水资源利用、水污染情况、水生态空间三个方面进行回顾，探究水环境的变化特征。

5.2.1 水资源利用

在水资源利用方面，如图5-2所示，2000—2011年城市生活用水量与人均日生活用水量保持平稳波动，而2011年后，城市生活用水量持续增长，但人均日生活用水量减少，虽然随着城市人口的增长，生活用水量也不断增长，但是城市生活用水的水资源利用效率也有所提高。城市生产用水量平稳波动，但万元GDP耗水量显著下降，由2000年的16 m^3减少至1.5 m^3左右，说明生产用水的水资源利用效率显著提升（图5-3）。

由供水总量与水资源总量比值测算的水供应压力指数显示（图5-4），水资源供应压力得到缓解。2000年，天津市的水供应压力指数为6.03，表明天津市辖区内生产、生活用水量是本地水资源供给能力的6倍，水供应压力极大。为缓解水供应压力，满足城市的用水需求，减轻本地水生态环境的承载压力，天津市通过引滦供水系统、引黄应急供水系统、南水北调中线供水工程等外调水工程建立多水源补偿运用的供

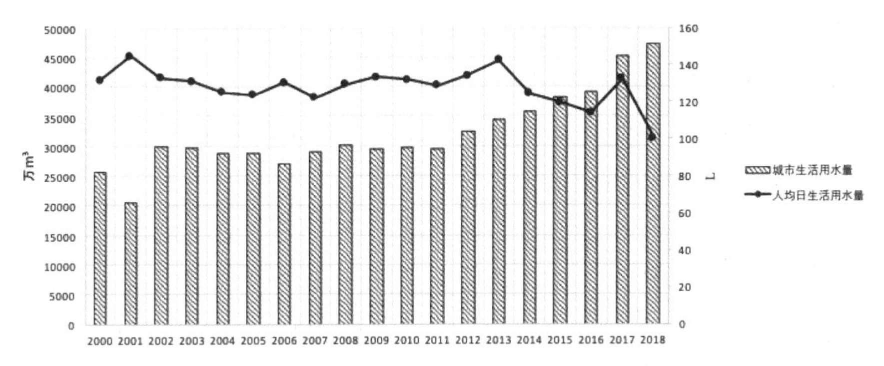

图 5-2　城市生活用水量与人均日生活用水量变化情况

（资料来源：《中国统计年鉴》）

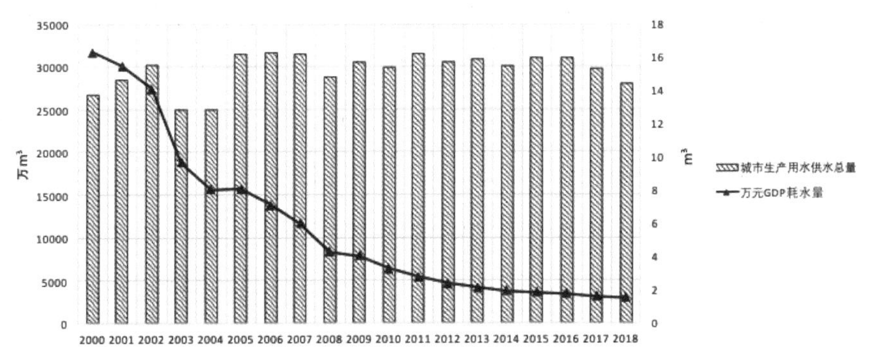

图 5-3　城市生产用水供水总量与万元 GDP 耗水量变化情况

（资料来源：《中国统计年鉴》）

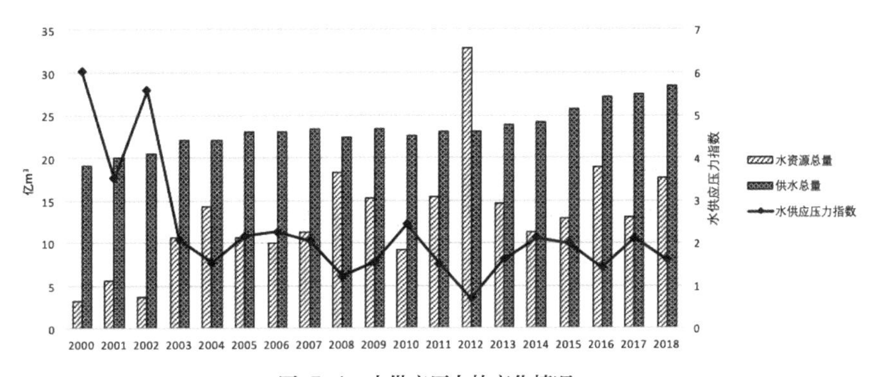

图 5-4　水供应压力的变化情况

（资料来源：《中国统计年鉴》）

水系统。至 2018 年，水供应压力指数减少至 1.61，水供应压力得到有效缓解。

总体上, 虽然随着人口和产业规模增长, 2000—2018 年城市的用水需求有所提升, 但水资源利用效率也不断提高，水供应压力减小，可以反映出城市社会经济发展对促进水资源高效合理利用的积极作用。

5.2.2 水污染情况

水污染情况关系着水生生物的健康，也与城市的用水安全息息相关，统计数据显示，天津市的水环境污染问题十分严峻。2000—2017 年城市污水年排放量呈上涨趋势（图 5-5），2000 年城市污水年排放量为 60023 万吨，2017 年增至 99719 万吨，增长了约 0.7 倍, 不断增长的污水排放量对各类水体的水质和生态系统造成严重威胁。同时，河流的水环境质量不断降低，《天津市水资源公报》公布的数据显示，1995 年河流水质监测点中水质在Ⅲ类以上河道占比为 42%, 至 2012 年该比例下降至 3.8%, 而后几年水质虽然略有改善，但Ⅲ类以上河道占比依然保持在 5%~15% 水平。虽然近年来对黑臭水体治理、水污染防治的关注度日益提高，劣Ⅴ、Ⅴ类等水质极差的河道占比明显下降，但水质在Ⅲ类以上，可作为饮用水源、游泳、适合鱼类生存的河道占比却依然较低。

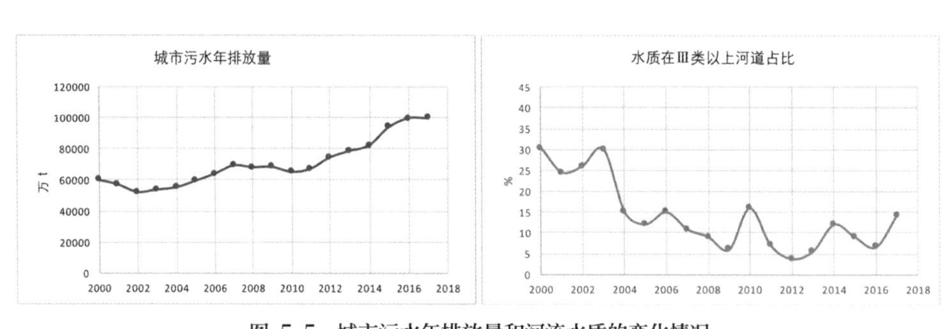

图 5-5　城市污水年排放量和河流水质的变化情况

（资料来源：《天津统计年鉴》和《天津市水资源公报》）

5.2.3 水生态空间

在水生态空间方面，从图 5-6 可以看出，2000 年天津市域范围内水面率为 18.3%，主要大面积水体为于桥水库、尔王庄水库、北大港水库、黄港水库、黄庄洼等；2010 年水面率为 17.5%，位于滨海新区主城区周边的黄港水库和盐田湿地区域水面减少，潮白新河河道水面增加。潮白新河是天津市北部地区重要的行洪河道，在 2009—2010 年实施了河道治理工程，将河道防洪标准由二十年一遇提升至五十年一遇，在河道治理、清淤、河坡护砌的同时，也增加了河道存蓄水量，因此河道水面增加。2018 年水面率数值为 12.3%，较 2010 年显著减少，主要减少区域为滨海新区主城区、天津生态城、滨海新区南部新城周边的盐田和湿地，还有北大港水库的蓄水区面积明显减少，与此同时，团泊湖区域水面增加。

潮白新河、北大港、团泊湖等地表水体蓄水量的变化反映了人工环境建设对自然水系的影响。以团泊湖为例，如图 5-7 所示，20 世纪 20 年代，从团泊湖至北大港是大面积连绵的湿地，而湿地范围在 20 世纪 50 年代开始缩小，团泊湖与北大港成为两个分离的单独湿地，至 20 世纪 70 年代，面积不断缩小，成为与当前形态相似的两个小型湿地；而后航拍图像显示，2000—2018 年团泊湖经历过两次人为放水和蓄水的过程，其中 2009—2012 年，在原湖面范围内修筑大量人工造地的景观岛，增加了旅游度假开发功能，造成了实际水体面积的进一步减少。

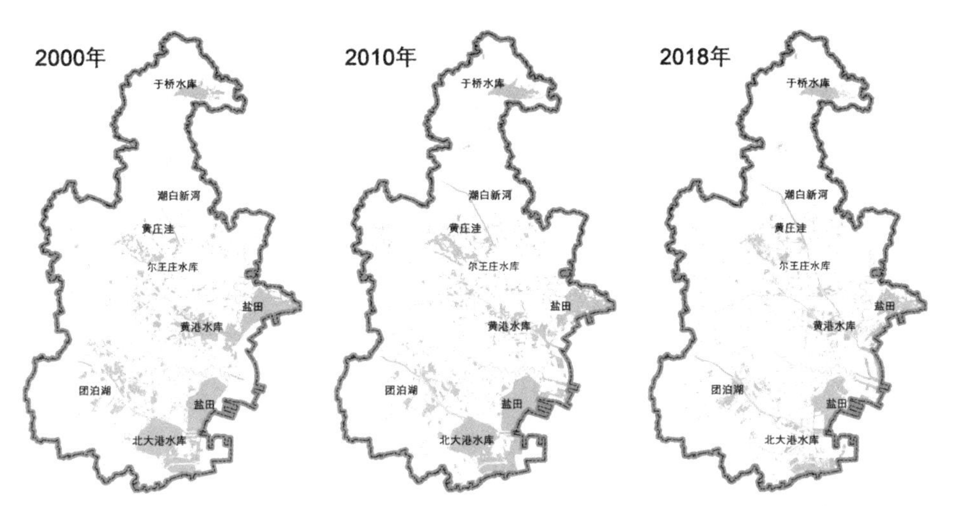

图 5-6 2000、2010、2018 年土地利用现状图中水域及湿地的空间分布特征

（资料来源：作者自绘）

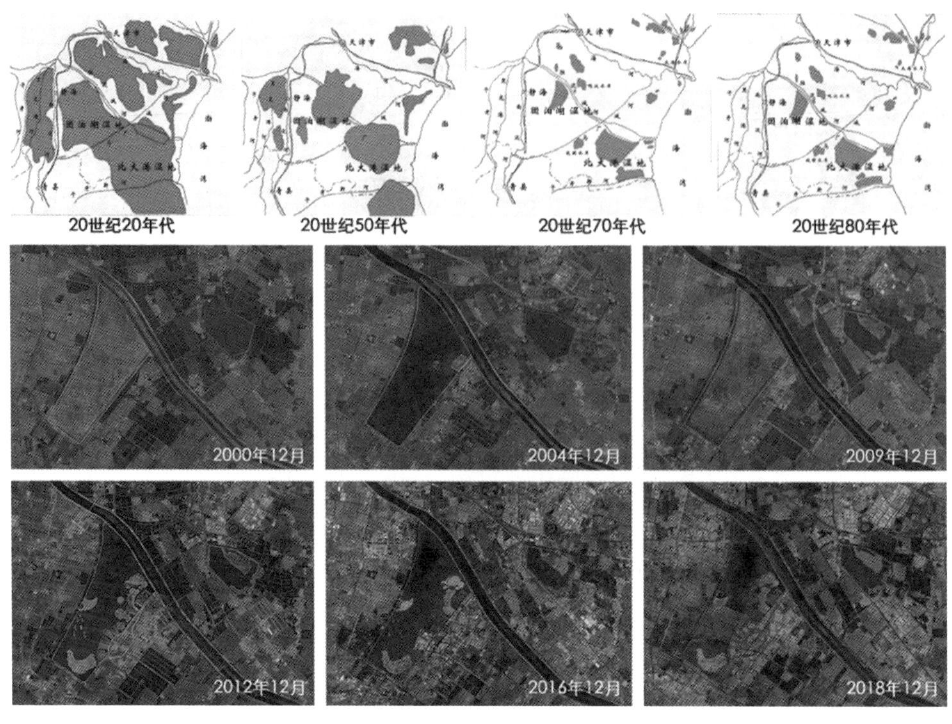

图 5-7 团泊湖湿地的变化历程

（资料来源：《天津市总体城市规划（2005—2020）》说明书和谷歌卫星图）

通过上述水资源利用、水污染情况和水生态空间的变化情况可以看出，2000—2018 年，天津市水资源供应需求随着城市人口的增长而提升，但水资源利用效率的提高，外调水工程的建设有效缓解了地区的水供应压力，同时城市污水排放量逐年增长，Ⅲ类以上水质的水体比例明显减少，水环境的污染问题较为严峻。2010 年以来天津市的水面率大幅度减少，城市近郊区和滨海新区周边水体面积减小。总体上，水生态环境承受着城市人口增长和空间扩张带来的巨大压力，如何在城市发展的同时，保护和修复水生态环境，是实现城市可持续发展的一项关键议题。

5.3 城水关系的问题识别

5.3.1 城水关系评价

应用城水关系评价体系，从驱动力、压力、影响、响应四个维度综合评估城市发展与水环境保护之间的作用关系，并测度城水耦合度，对天津市 2000、2010、2018 年三个时间节点的城水关系进行分析，各指标测度结果如表 5-2 所示。

表 5-2 城水关系评价指标数值

目标层	准则层	指标层	2000	2010	2018
驱动力	水资源供给	人均水资源拥有量（m^3/ 人）	31.46	70.81	112.82
	滨水发展吸引力	水面率（%）	18.3	17.5	12.3
		滨水区可建设用地占比（%）	85.1	80.2	75.7
压力	社会经济发展压力	水资源负载指数	4.07	3.76	3.08
	城镇建设压力	不透水地表表面比例（%）	7.0	11.4	17.4
		水域湿地的景观破碎度（个 /km^2）	8.667	10.657	12.368
影响	水资源约束	水资源供需比	0.688	0.804	0.937
		水污染压力指数	0.321	0.243	0.224
	水灾害约束	蓄滞洪区、地质灾害风险区面积占比（%）	45.3	45.5	45.6
响应	空间规划	水生态保护区面积占比（%）	0.0	10.0	10.0
		人均城镇建设用地面积（m^2/ 人）	142	131	115.5
	技术与政策保障	城市生活污水处理率（%）	58.8	85.3	92.5
		其他水源供水量占比（%）	0.0	1.7	12.1
		万元 GDP 耗水量（m^3）	115.9	24.4	15.1
		城镇人均生活用水量（L/（人・d））	121	102	100

资料来源：作者整理。

具体而言，2000—2018 年水环境对于城市发展的驱动力指标中，人均水资源拥有量显著提升，2000 年天津市人均水资源拥有量仅为 31.46 m^3，属于极度缺水状态，随着引滦入津、引黄济津、南水北调等外调水工程的建设，水资源供给能力显著提升，2018 年天津市人均水资源拥有量达到 112.82 m^3，水资源供给能力的提升保障了城市社会经济发展需求，但当前天津市依然处于我国的缺水城市之列，水资源短缺是制约天津未来城市发展的关键因素。2000—2018 年水面率也由 18.3% 减少至 12.3%，水域与湿地面积减少约 715 km^2；滨水区可建设用地面积占比从 2000 年至 2018 年下降了 9.4 个百分点，反映出大量滨水区域土地已被开发建设成为城镇空间，未来滨水区的可建设用地越来越少。因此，虽然水资源供给能力略有提升，但滨水发展吸引力持续下降，总体上水环境对城市发展的驱动力作用不断减弱。

与此同时，城市系统对水环境施加的压力显著增长。虽然在社会经济发展压力方面，水资源负载指数下降，2000—2018 年的水资源负载指数介于 2 与 5 之间，属于中等水资源负载压力水平。但是城镇建设压力的相关指标显示，全域的不透水地表表面比例呈现快速增长趋势，由 2000 年的 7% 增长至 2018 年的 17.4%，而水域湿地的景观破碎度由 2000 年的 8.667 个 /km^2 增长至 2018 年的 12.368 个 /km^2，说明水域湿地等水生态空间的连通性降低，破碎化的水生态空间将会影响水环境的生态系统服务能力。这些测度指标均反映出，城镇建设是水环境承受压力的主要来源，并且正在不断增长。

在水环境对城市系统的影响作用方面，水资源约束和水灾害约束的相关测度指标显示，总体上水资源约束作用逐渐减弱，但水灾害约束作用并没有随着城市发展产生显著变化。水资源供需比指标得分在 2000—2018 年不断提升，说明供需不平衡状况有所缓解，但总体上依然处于水资源供不应求的状态，未来水资源供给能力依然是制约城市发展的重要因素。水污染压力指数在 2000—2018 年呈现降低趋势，相对于水资源短缺问题，水污染问题对天津市未来发展的约束作用相对较弱。水灾害相关的蓄滞洪区面积为 4900 km^2，地质灾害风险区面积增长约 32 km^2。总体上，虽然有限的水资源和水灾害规避因素对城市发展具有约束作用，但在 2000—2018 年快速城镇化期间，水环境的约束作用变化较小。

在保护水环境的响应措施方面，空间规划准则层指标显示，天津市的水生态保护空间规划响应正逐步加强和优化，水生态保护区面积至 2018 年达到 1195 km^2，占全域总面积的 10% 左右。人均城镇建设用地面积逐步减少，至 2018 年达到 115.5 m^2/ 人，说明在城镇空间规划在保护水生态空间、集约城镇土地利用等方面的响应措施成效显著。在技术与政策保障方向，各项指标显示对水环境保护的技术水平和政策支持均有提升，例如城市生活污水处理率由 58.8% 增长至 92.5%，降低了城市污水排放中的污染物水平；其他水源供水量占比由零增长至 12.1%，提升了城市水资源集约利用能力。城市通过各类节水措施和产业结构调整，2000—2018 年万元 GDP 耗水量由 115.90 m^3 减少至 15.1 m^3，降低显著，城镇人均生活用水量也由 121 L/（人 · d）减少至 100 L/（人 · d）。各项指标显示，随着城市社会经济水平的提升，对保护水环境的各项积极响应措施也日益丰富和完善。

总体上，如表 5-3 所示，2000—2018 年天津市的城水关系中，水环境对城市发展的驱动力显著降低，驱动力指标的加权汇总得分 2000 年为 0.50，至 2018 年减少为 0.25。城市发展对水环境所施加压力显著增长，压力指标得分从 2000 年的 0.63 增长至 2018 年的 1.00。水环境对城市发展的影响力在 2000 年最高，为 0.63，2010 年最低，得分为 0.50。在城市发展对水环境保护的响应措施方面，相关指标得分显示城市的响应能力不断增强。相比较而言，2000 年和 2010 年城水关系中城市对水环境施加的作用力高于水环境对城市的作用力，一直处于城市主导发展的阶段，但 2018 年转变为水环境对城市发展的约束作用呈主导。应用耦合函数对驱动力、压力、影响力、响应指标综合评价，得到 2000、2010、2018 三个年份的城水耦合度指数分别为 0.47、0.43、0.41，说明城水关系一直处于拮抗阶段，并且城水系统间的互动作用正在减弱。

表 5-3　评价指标赋分汇总表

目标层	2000 年	2010 年	2018 年
驱动力（D）	0.50	0.31	0.25
压力（P）	0.63	0.94	1.00
影响（I）	0.63	0.50	0.56
响应（R）	0.47	0.72	0.81
城对水（U）	− 0.16	− 0.22	− 0.19
水对城（W）	− 0.13	− 0.19	− 0.31
城水耦合度（C）	0.47	0.43	0.41
城水关系所处阶段	城市主导发展的拮抗状态	城市主导发展的拮抗状态	水环境主导发展的拮抗状态

资料来源：作者整理。

5.3.2　城水矛盾问题

对 2000—2018 年天津市的城水关系演变特征进行分析和评价后发现，天津市城市与水环境系统之间相互作用关系中存在以下问题。

第一，城市的人口、产业与用地增长规模和速率与天津市的水资源承载能力不符，过高和过快的城市增长造成水环境承受的负载压力增大，当前天津市的水环境系统正处于高负载压力的脆弱状态，水资源问题将成为未来城市健康和安全的潜在威胁。

第二，快速、大规模的城镇用地扩张造成地表水文条件改变，部分小型池塘、湿地、沟渠等毛细水网被填埋用于城镇开发建设，造成地表水系的连通性下降，影响雨洪排水和水系的自然净化能力，也造成水生动植物的生境条件改变。当前天津市的水环境保护方式仅仅关注于保护重要河流、湖泊、湿地空间，但难以系统性保护水生态空间的结构和功能，城镇用地扩张是水环境保护面临的严重威胁。

第三，长期以来，天津市的城市发展侧重于从城市主导的角度出发，解决城水关系中的矛盾和问题，例如通过提升生产生活的节水能力缓解水资源短缺问题，通过修建外调水工程设施增加水资源供给，通过提升城市市政排水系统解决城市内部的排水问题。虽然随着科学技术水平和城市治理能力的提升，城市对保护水环境的响应措施不断增强，但日益忽视对水环境的被动适应能力。水环境对城市发展的驱动和制约作用正在降低，这种不平衡的城水关系是城市可持续发展的潜在威胁。

综上，对于天津市当地的城市和水环境特征，为促进城水协调发展，应重点关注三方面内容：其一，如何协调城市发展与水资源承载能力的关系；其二，如何系统性保护水生态空间，避免城市开发建设的侵蚀和破坏；其三，如何秉承以水定城的原则，提升城市发展方式对水环境的适应能力。

天津市水资源环境承载规模与安全格局构建

科学评估和识别水资源环境的承载底线是保护生态环境、促进城水协调发展的一项基础性工作。本章介绍应用 SD 模型方法评估天津市水资源承载力、应用生态安全格局方法识别水生态敏感空间的技术方法，这两部分内容也作为城镇增长管理情景分析系统中的关键模块，辅助增长管控边界的划定与相关控制指标的设定管理。

6.1 天津市水资源承载力评估

城市与水环境的相互耦合作用关系是一个复杂的多要素、多反馈的动态系统，水资源可承载的最大城镇人口规模受到城市的社会、经济、城市建设水平等诸多因素的影响，并且水资源短缺也将制约社会经济发展，激发城市在节水、污水治理等水环境保护领域的响应措施。因此，可采用系统论的思想和方法对水资源承载力进行动态、反馈的评估和预测。本节应用系统动力学模型（SD 模型）构建天津市水资源承载力的动态评估模块，为编制边界管控体系时较为准确地预测城镇用地规模提供决策支持。

对于不同资源环境条件、社会经济发展水平的城市，应用于测算水资源承载力的 SD 模型结构和变量设置也会有所差异。本节在参考相关研究成果的基础上，针对天津市的水环境特征，构建水资源承载力动态评估 SD 模型。各地方在应用 SD 模型时，还需针对当地人口、产业和环境特征进行调整，获得更好的仿真模拟效果。

6.1.1 系统动力学模型构建

1. SD 模型的建模目的和模型界限

系统动力学模型的建模目的如下。

第一，该模型建模目的在于实现对天津市域水资源条件可承载的最大城镇人口数量和建设用地规模的动态监测和预测，即根据城市社会经济发展趋势和当地水资源条件测算 5 至 10 年内可承载的最大城镇人口数量和用地规模。

第二，该模型旨在建立一种基于城水耦合理念的水资源承载力测算方法，将城镇建设用地指标与水环境保护举措相联系，利用城市与水环境之间的互动 - 反馈关系，激励城镇发展的获益者将更多人力、物力投入水资源管理、水污染治理、水生态修复等领域，促进城镇与水环境系统的协调、可持续发展。

划分 SD 模型的界限，一方面应保证系统的各个存在相互作用和相互联系的实体都涵盖在系统之中，另一方面也要保证描述变量的反馈回路和反馈环的完整性。模型界限包含时间界限、空间界限两部分。本模型的行为界限包含人口、产业经济、城镇与乡村土地等城镇发展系统和水资源、水污染、水生态等水环境系统内容。模型的空间边界设定为天津市行政区范围。时间界限为 2010—2025 年，以 1 年为步长，模拟基期为 2010 年，历史数据为 2000—2018 年。

2. SD 模型的因果关系解析

根据前文对水资源承载力系统的结构分析，五个子系统主要变量之间的因果关系图如下。

（1）水资源供应子系统

天津市的水资源供应来源包含本地水资源、外调水和其他水源三类。天津市作为资源型缺水城市，引黄济津、引滦入津、南水北调等外调水工程是保障城市水资源供应的重要部分。在这个子系统中，本地水资源总量与外调水供水量在 5 至 10 年的规划期内基本稳定，而其他水源供水量可能随着水资源开发利用技术的提升而增长，体现了城水耦合理念中，城镇发展对水环境保护的响应作用。水资源供应子系统的主要变量之间因果关系如图 6-1 所示。

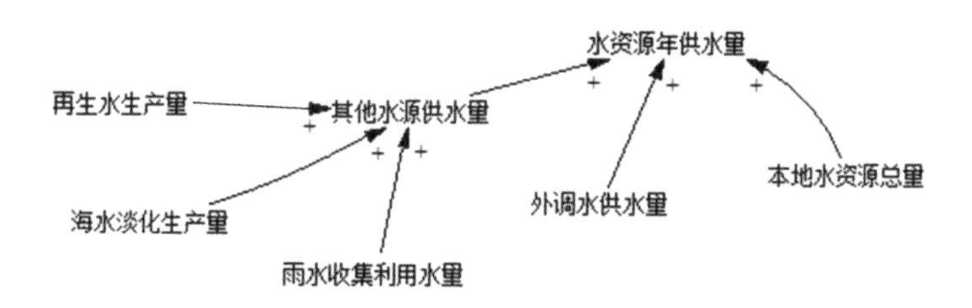

图 6-1　水资源供应子系统因果关系图

（资料来源：作者自绘）

（2）**水资源需求子系统**

城市的水资源需求从用水方式上可以分为生态用水、农业灌溉用水、农村生活用水、城镇生活用水和工业用水五种类型。这五类变量与水资源年需水量之间均为正关联关系，具体因果关系如图 6-2 所示。

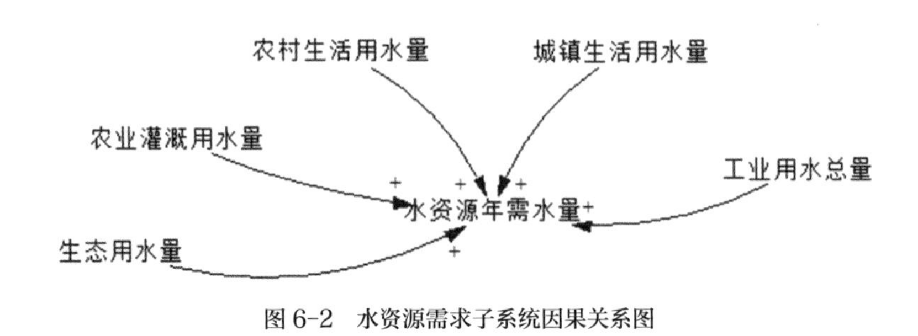

图 6-2　水资源需求子系统因果关系图
（资料来源：作者自绘）

（3）**水污染反馈子系统**

水污染反馈子系统以水污染压力变量为核心要素，形成多个反馈回路，体现城水耦合理念中水环境对城镇发展的影响作用。水污染压力的增长将制约城镇的社会经济发展，在这个子系统中概括为水污染压力对国内生产总值、城镇化率、总人口三项变量的负反馈关系，进而形成多条负反馈回路，缓解地区的水污染压力。水污染反馈子系统的因果关系中共包含 6 条反馈回路（图 6-3）。

水污染压力→（–）总人口→（+）水资源年需水量→（–）水污染压力

水污染压力→(–)总人口→(+)城市生活污水排放量→(+)年污水排放总量→(+)水污染压力

水污染压力→（–）城镇化率 →（+）水资源年需水量→（–）水污染压力

水污染压力→（–）城镇化率→（+）城镇建设用地面积→（+）地表径流污染压力→（+）水污染压力

水污染压力→（–）国内生产总值→（+）水资源年需水量→（–）水污染压力

水污染压力→（–）国内生产总值→（+）工业废水排放量→（+）年污水排放总量→（+）水污染压力

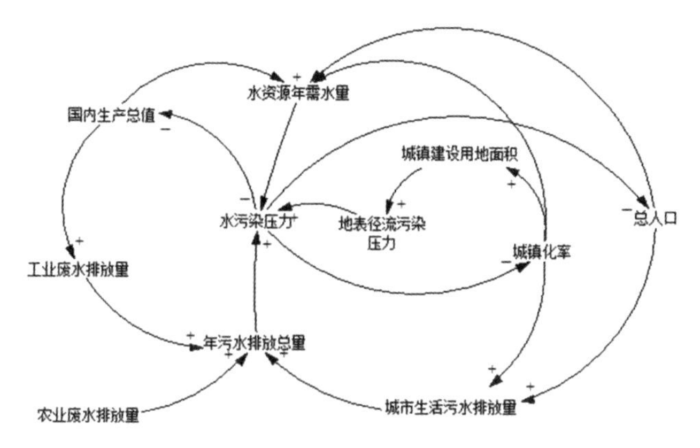

图 6-3 水污染反馈子系统因果关系图

（资料来源：作者自绘）

（4）水平衡反馈子系统

水平衡反馈子系统以水资源供需比变量为核心要素，形成多个反馈回路。当水资源供需比达到承载上限阈值时，城镇发展将面临严峻的水资源短缺问题，并影响总人口、国内生产总值、城镇化率等变量的增速，同时水资源短缺也将胁迫城市治理者优化水资源开发利用方式，加强再生水开发利用、海水淡化、雨水收集利用等节水技术，增加其他水源供水量。水平衡反馈子系统的因果关系中共包含 4 条反馈回路（图 6-4）。

水资源供需比→（+）总人口→（+）水资源年需水量→（–）水资源供需比

水资源供需比→（+）城镇化率→（+）水资源年需水量→（–）水资源供需比

水资源供需比→（+）国内生产总值→（+）水资源年需水量→（–）水资源供需比

水资源供需比→（–）其他水源供水量→（+）水资源年供水量→（+）水资源供需比

（5）城镇发展子系统

城镇发展子系统由人口、产业、用地三部分与水资源供需比、水污染压力两项主要变量的多条反馈回路构成。在城水耦合关系中，区域的人口增长率将受到水资源供需比和水污染压力的影响，当这两者达到承载上限时，将成为人口增长的约束力量，人口增长率的变化进而影响地区总人口数量、乡村人口以及城镇人口数量，

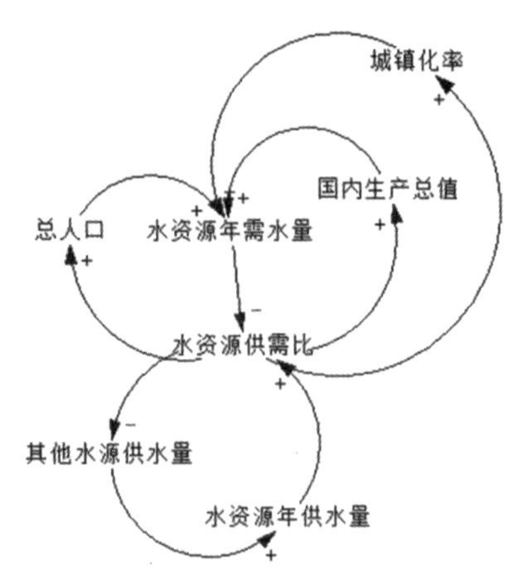

图 6-4 水平衡反馈子系统因果关系图

（资料来源：作者自绘）

人口数量的减少将缓解水资源供应压力，因此形成水资源供需比、水污染压力与地区人口的负反馈回路。城镇人口的增长还将增加城镇建设用地需求，造成水污染压力的增长。此外，城镇经济水平的提升伴随着产业升级优化，使得工业生产节水能力提升，从而降低万元 GDP 耗水量，缓解水资源的供需压力。城镇发展子系统的因果关系回路如图 6-5 所示。

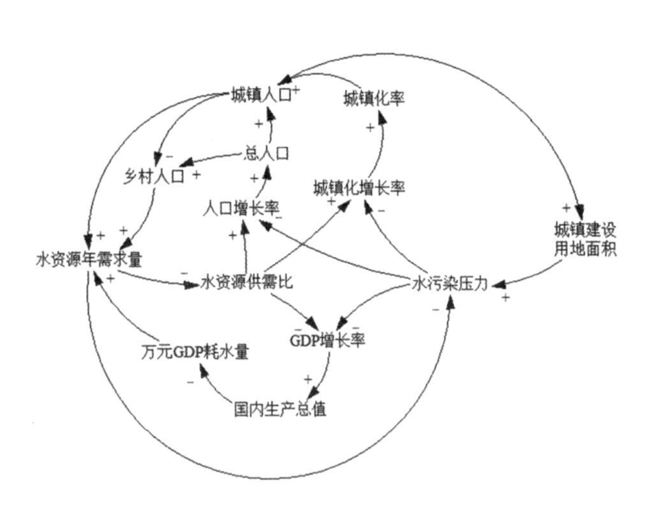

图 6-5 城镇发展子系统因果关系图

（资料来源：作者自绘）

根据上述五个子系统的因果关系分析，绘制天津市水资源承载力评估过程中所涉及各项变量的因果关系回路（图 6-6）。其中包含“水资源供需比”变量的反馈回路 44 条，包含“水污染压力”变量的反馈回路 45 条，“水资源供需比”与“水污染压力”分别是测度水资源供给能力和水环境污染承载能力的两项主要变量，也是耦合水资源承载力与城镇开发建设规模的重要纽带。在 SD 模型应用时，将根据不同的水资源开发利用水平设定这两项变量的阈值，当超出阈值时即触发对城镇发展的负反馈机制，体现水资源承载力的约束作用。

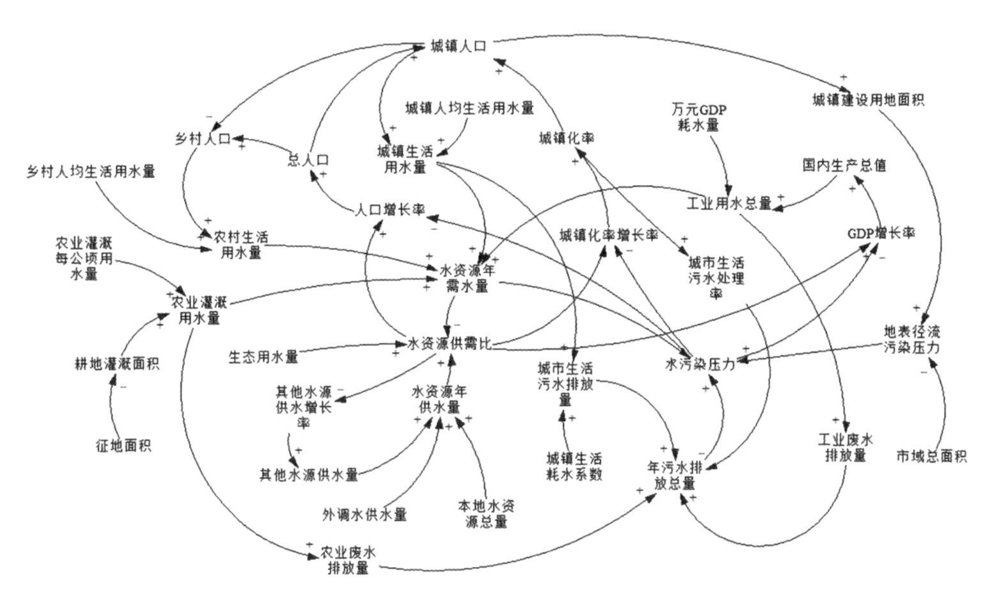

图 6-6 因果关系回路图

（资料来源：作者自绘）

3. SD 模型的变量与方程

采用 Vensim PLE 软件构建 SD 模型并进行模拟应用，该模型系统的变量和方程设定如下。

（1）系统变量设定

水资源承载力动态评估系统共包含 44 项变量，其中状态变量 6 项、速率变量 5 项、辅助变量 21 项、常量 8 项、外生变量 4 项。根据变量类型定义，建立 SD 模型的系统流程图如图 6-7 所示，为清晰和简化地表达系统动力学方程，后文将采用各变量的缩写名称表达（图 6-8）。

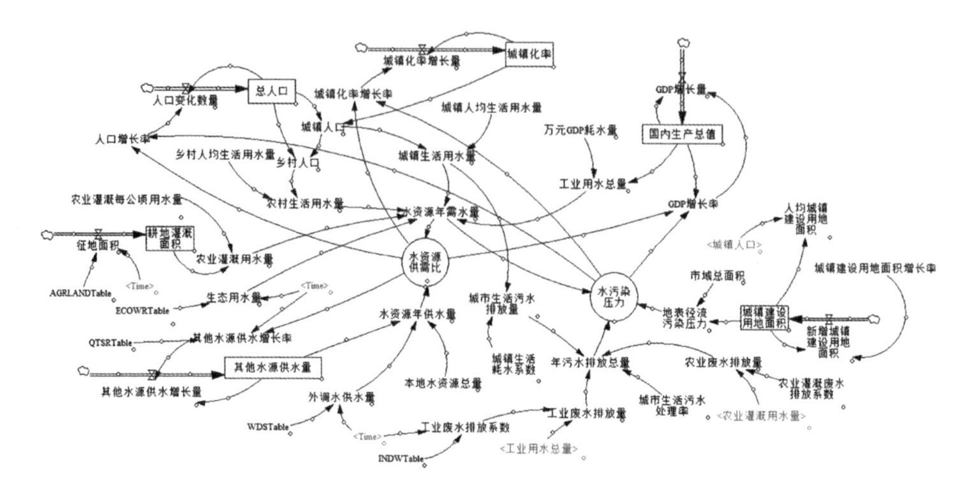

图 6-7　水资源承载力动态评估的 SD 模型系统流程图

（资料来源：作者自绘）

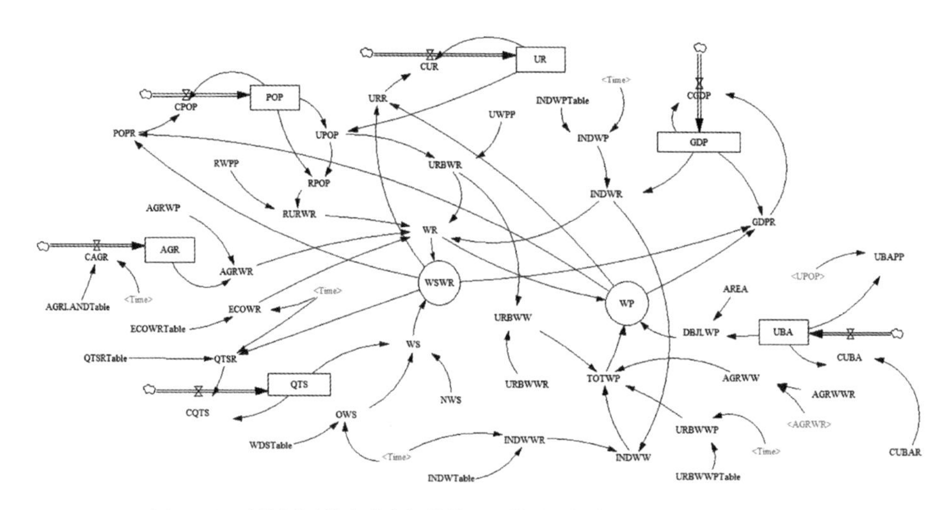

图 6-8　水资源承载力动态评估的 SD 模型系统流程图——缩写变量名称

（资料来源：作者自绘）

（2）系统方程设定

在水资源承载力动态评估的系统流程图基础上，构建系统动力学方程，对系统内各个因素之间的因果关系进行定量描述。总人口、城镇化率等状态变量应用积累变量方程计算，此处不作展开。本节主要介绍部分能够体现水环境反馈机制变量的辅助方程定义方式，所涉及的具体变量以及方程如下。

① GDP 增长率（GDPR）：GDP 增长率与经济发展水平密切相关，随着 GDP 总量的提升，其增长也将由高速的增长逐步转变为比较持续、平稳的增长方式。研究根据 2010—2018 年历史数据，构建 GDP 增长率（GDPR）与国内生产总值（GDP）的方程如下：

$$GDPR=0.3779-1.944e-05\times GDP \tag{6.1}$$

$$(R^2=0.9612)$$

为体现水环境对经济发展的负反馈作用，本研究在 SD 模型中采用条件函数，构造方程（6.1）。其含义为当水污染压力（WP）小于 0. 175 且水资源供需比（WSWR）大于 1 时，即城镇发展对水资源和水污染的承载压力均在适度范围内，GDP 增长率为方程（6.1）计算数值；反之，说明城镇发展对水资源和水污染的承载压力超出适度范围，GDP 增长率将乘以一个折减系数，体现水资源承载力对经济增长的负反馈作用。折减系数将根据不同的模拟情景进行设定。

GDPR=IF THEN ELSE （WP<0. 175:AND: WSWR>1,

0.3779 − 1.944e − 05×GDP,

0.3779 − 1.944e − 05×GDP× 折减系数） （6.2）

②城镇化率增长率（URR）：城镇化率增长率根据 2009—2018 年城镇化率（表 6-1）计算平均值得出，数值为 0.0071。同样，当水资源承载力接近负荷上限时，对城镇人口增长将产生负向的约束作用，因而构建城镇化率增长率（URR）的方程为：

URR=IF THEN ELSE （WP<0. 175:AND: WSWR>1,

0.0071,

0.0071× 折减系数） （6.3）

表 6-1　天津市 2009—2018 年人口数与城镇化率表

年份	总人口 / 万人	城镇常住人口 / 万人	城镇化率 / (%)	城镇化率增长率	人口增长率
	POP	UPOP	UR	URR	POPR
2009	1228.16	958.09	78.01	—	—
2010	1299.29	1033.59	79.55	0.0197	0.0579
2011	1354.58	1090.44	80.50	0.0119	0.0426
2012	1413.15	1152.49	81.55	0.0130	0.0432
2013	1472.21	1207.36	82.01	0.0056	0.0418
2014	1516.81	1248.04	82.27	0.0032	0.0303
2015	1546.95	1278.40	82.64	0.0045	0.0199
2016	1562.12	1295.47	82.93	0.0035	0.0098
2017	1556.87	1291.11	82.93	0.0000	− 0.0034
2018	1560.00	1296.81	83.15	0.0027	0.0020
平均值	1451.01	1185.18	81.55	0.0071	0.0271

资料来源：《天津统计年鉴》。

③人口增长率（POPR）：人口增长率方程构造方式类同于城镇化率增长率（URR），根据 2009—2018 年历史数据（表 6-1），计算出多年平均人口增长率为 0.0271，构建条件函数方程如下：

POPR=IF THEN ELSE （WP<0. 175:AND: WSWR>1,
　　0.0271,
　　0.0271× 折减系数）　　(6.4)

④其他水源供水增长率（QTSR）：其他水源供水量包含再生水利用、海水淡化和雨水收集利用等非常规水源供水方式，2009—2018 年历史数据（表 6-2）显示，2009—2012 年其他水源供水量快速增长，最高年增长率达到 2 倍多，但 2013 年后逐步平稳，保持在平均每年增长 20%。水资源供需压力能够促进城市提升对非常规水源的开发和利用能力，因而其他水源供水增长率（QTSR）采用表函数与条件函数结合的方式构建方程：

QTSR=IF THEN ELSE （WSWR>1,
　　QTSRTable（Time），
　　QTSRTable（Time）× 加乘系数）　　(6.5)

表 6-2　天津市 2009—2018 年其他水源供水量表

年份	其他水源供水量 / 万 t	其他水源供水增长率
	QTS	QTSR
2009	1500	—
2010	3900	1.6000
2011	5100	0.3077
2012	16461	2.2276
2013	18350	0.1148
2014	28137	0.5334
2015	28935	0.0284
2016	34303	0.1855
2017	38760	0.1299
2018	45537	0.1748
平均值	22098	0.5891

资料来源：《天津市水资源公报》。

⑤水资源年需水量（WR）：水资源年需水量是市域范围内城镇、乡村各类用水类型需水量的总和，根据水资源需求子系统的因果关系分析，水资源年需水量（WR）等于农业灌溉用水量（AGRWR）、农村生活用水量（RURWR）、城镇生活用水量（URBWR）、工业用水总量（INDWR）、生态用水量（ECOWR）的总和，因而构建方程如下：

$$WR = AGRWR + RURWR + URBWR + INDWR + ECOWR \tag{6.6}$$

⑥水资源年供水量（WS）：水资源年供水量是市域范围内可供生产生活使用的水资源存量规模，根据水资源供给子系统的因果关系分析，包含本地水资源总量（NWS）、外调水供水量（OWS）和其他水源供水量（QTS）三部分。因此，水资源年供水量（WS）的计算方程为：

$$WS = OWS + NWS + QTS \tag{6.7}$$

⑦水资源供需比（WSWR）：水资源供需比是水资源供水能力与年需水量的比值，反映了水资源承载压力。定义方程为：

$$WSWR = WS/WR \tag{6.8}$$

当 WSWR=1 时，说明水资源年需水量等同于本地水资源年供水量，达到水资源承载的上限，因此在水平衡反馈子系统中，设定 WSWR=1 为触发负反馈回路的阈值。当 WSWR 小于 1 时，出现水资源供给不足的情况，GDP 增长率（GDPR）、城镇化率增长率（URR）、人口增长率（POPR）和其他水源供水增长率（QTSR）将相应调整。

⑧年污水排放总量（TOTWP）：年污水排放总量是全年各类生产生活废水排放的总量，根据水污染反馈子系统的因果关系分析，年污水排放总量（TOTWP）为城市生活污水排放量、工业废水排放量（INDWW）、农业废水排放量（AGRWW）的总和。其中城市生活污水排放量可根据城市生活污水量（URBWW）与城市生活污水处理率（URBWWP）计算。因此，年污水排放总量（TOTWP）的系统动力学方程为：

$$TOTWP = AGRWW + URBWW \times (1 - URBWWP) + INDWW \tag{6.9}$$

⑨地表径流污染压力（DBJLWP）：城镇空间的开发建设造成地表覆盖类型的改变，城市中大量硬质化的不透水地表将增加水环境系统中地表径流造成的水污染压力。为表征城镇开发建设对水环境系统的影响，研究设定地表径流污染压力（DBJLWP）变量，由城镇建设用地面积（UBA）与市域总面积（AREA）的比值测度，方程为：

$$DBJLWP = UBA/AREA \tag{6.10}$$

⑩水污染压力（WP）：根据水污染反馈子系统的因果关系分析，水污染压力（WP）由城市的污水排放和地表径流污染两部分造成，此处设定两者权重相同，水污染压力（WP）的系统动力学方程为：

$$WP = (TOTWP/WR) \times 0.5 + DBJLWP \times 0.5 \tag{6.11}$$

水污染压力变量是形成水污染反馈回路的重要因子，其数值对 GDP 增长率、城镇化率增长率、人口增长率均产生反馈影响。研究通过计算 2010—2018 年天津市的 WP 数值（表 6-3），设定触发负反馈作用的初始阈值为 0.175。该数值在今后模型的实际应用中，也可根据政策条件和情景设定需要进行调整。设定数值越低，体现城市对水污染治理投入的期望值越高。

表 6-3　水污染压力（WP）初始模型计算值

年份	2010	2011	2012	2013	2014	2015	2016	2017	2018
WP	0.176	0.180	0.178	0.175	0.176	0.176	0.173	0.173	0.175
平均值					0.175				

资料来源：作者整理。

4. **其他模型参数设定**

除上述系统动力学方程外，其他常量和外生变量根据历史数据或相关参考文献、规范标准设定初始值，详见表 6-4。这些参数也是今后在应用 SD 模型测算不同情景下水资源承载力时的条件参数，将根据情景设定进行相应调整。

表 6-4　SD 模型主要参数初始值设定

变量	缩写	初始值
城镇人均生活用水量（m^3/（人·d））	UWPP	100
乡村人均生活用水量（m^3/（人·d））	RWPP	74
农业灌溉每公顷用水量（万 t/ hm^2）	AGRWP	0.357
市域总面积（km^2）	AREA	11917
农业灌溉废水排放系数	AGRWWR	0.3
人均城镇建设用地面积（m^2/ 人）	UBAPP	表函数
本地水资源总量（万 t）	NWS	100000
征地面积（千 hm^2）	CAGR	表函数
生态用水量（万 t）	ECOWR	表函数
工业废水排放系数	INDWWR	表函数
万元 GDP 耗水量（m^3/ 万元）	INDWP	表函数
城市生活污水处理率（%）	URBWWP	表函数
外调水供水量（万 t）	OWS	表函数

资料来源：作者整理。

根据上述的参数取值以及方程设定，完成天津市水资源承载力的系统动力学模型的构建。

6.1.2　模型检验与调整

通过检验构建的 SD 模型、纠正模型错误、调整模型结构、调整参数和方程设置的反复过程，可以优化 SD 模型的模拟性能，最终获得具有良好可信度和有效性的 SD 模型，应用于天津市水资源承载力的动态评估。最终确定的 SD 模型有效性和灵敏度性能如下。

1. **有效性检验**

研究采用历史检验方法检验模型有效性，即通过比较仿真结果与历史数据的一致程度，对模型行为模拟的可靠性和准确性作出判断。选取 SD 模型中 6 项主要变量进行历史检验，以 2010 年为模型运行基期，检验 2016—2018 年的模拟结果与历史数据的一致程度，结果见表 6-5。最终模型主要变量的模拟值与真实值的相对误差均低于 10%，排除一些节水、水环境治理政策造成的小幅度波动以外，总体上认为研究构建的 SD 模型模拟结果与现实情况吻合良好，模型有效性较高。

表 6-5　SD 模型历史检验结果

变量		2015 年	2016 年	2017 年	2018 年
城镇人口	实际值	989.12	1001.32	1004.18	1014.00
	模拟值	963.88	1001.14	1039.84	1080.03
	相对误差 %	− 2.6%	0.0%	3.6%	6.5%
地区生产总值	实际值	16794.67	17837.89	18549.19	18809.64
	模拟值	16989.80	17798.80	18366.40	18749.50
	相对误差 %	1.2%	− 0.2%	− 1.0%	− 0.3%
水资源年需求量	实际值	257000.00	272000.00	275000.00	284200.00
	模拟值	249316.00	265475.00	277645.00	283092.00
	相对误差 %	− 3.0%	− 2.4%	1.0%	− 0.4%
工业用水总量	实际值	53000.00	55000.00	55000.00	54000.00
	模拟值	52887.40	55188.70	55257.70	54717.60
	相对误差 %	− 0.2%	0.3%	0.5%	1.3%
城镇生活用水量	实际值	38202.00	39104.00	45105.00	47178.00
	模拟值	40106.90	41657.30	43267.60	44940.20
	相对误差 %	5.0%	6.5%	− 4.1%	− 4.7%
工业废水排放量	实际值	18973.00	18022.00	18107.00	暂缺
	模拟值	18933.70	18101.90	18179.80	17509.60
	相对误差 %	− 0.2%	0.4%	0.4%	—

资料来源：作者整理。

2. 灵敏度检验

灵敏度检验用于验证模型行为对参数值或模型结构在合理范围内变化的灵敏程度，过于灵敏的 SD 模型可能存在模型结构或参数设置的不合理问题。由于此处 SD 模型主要用于评估水资源承载能力，即关注于模型参数的数值变化，模型结构已确定稳定并通过检查，因而灵敏度检验主要为参数灵敏度检验。研究验证了水资源供需比和水污染压力两个主要变量对模型中 8 个主要参数变化的灵敏度。

检验方法为每个参数在合理范围内增加或减少数值的 10%，对比模拟结果中水资源供需比和水污染压力两个变量的模拟值在 2011—2018 年的变化，计算变化后变量与原模拟变量的 R^2，该数值越高，说明变量对参数变化的灵敏度越低，反之则说明对该参数的灵敏度越高。灵敏度高的参数可以被视为敏感参数，对于水资源承载力的影响作用较大，可以作为今后提升水资源承载力的着力点。R^2 的计算公式如下：

$$R^2=\left[\frac{\sum_{i=1}^{n}(Q_i-\bar{Q})(X_i-\bar{X})}{\sqrt{\sum_{i=1}^{n}(Q_i-\bar{Q})^2\sum_{i=1}^{n}(X_i-\bar{X})^2}}\right]^2 \tag{6.12}$$

式中：Q_i是改变参数后变量在i时间的值；$\bar{Q}$是改变参数后变量的平均值；X_i是未改变参数时变量在i时间的值；$\bar{X}$是未改变参数时变量的平均值。

模型中 10 个主要参数的灵敏度检验结果如表 6-6 所示。灵敏度检验结果进一步证实 SD 模型结构的稳定性和可靠性。单个参数的改变不会造成系统的大幅度波动，并且能够造成水资源供需比、水污染压力两项变量数值改变的参数符合系统逻辑，例如城镇人均生活用水量的变化会造成城镇用水需求的改变，也会造成生活污水排放量的变化，因此与水资源供需比、水污染压力两项参数的 R^2 值显示灵敏度较高。有些参数例如本地水资源总量、外调水供水量仅对水资源供需比产生影响，而与水污染压力的直接联系较少，因此 R^2 值显示水资源供需比对这些参数变化的灵敏度较高，而水污染压力对参数变化的灵敏度较低。

表 6-6　灵敏度检验结果

参数	缩写	水资源供需比	水污染压力
城镇人均生活用水量（m^3/（人·d））	UWPP	0.9999	0.9995
乡村人均生活用水量（m^3/（人·d））	RWPP	1.0000	1.0000
农业灌溉每公顷用水量（万 t/hm^2）	AGRWP	0.9999	1.0000
市域总面积（km^2）	AREA	1.0000	0.9937
农业灌溉废水排放系数	AGRWWR	1.0000	0.9998
工业废水排放系数	INDWWR	1.0000	0.9976
本地水资源总量（万 t）	NWS	0.9987	1.0000
征地面积（千 hm^2）	CAGR	0.9998	1.0000
生态用水量（万 t）	ECOWR	0.9995	1.0000
外调水供水量（万 t）	OWS	0.9987	1.0000

来源：作者整理。

经过对模型结构、参数的反复调整和检验，最终完成用于动态评估天津市水资源承载力的系统动力学模型构建，形成城镇空间增长模拟系统的第一模块。

6.2 天津市水生态安全格局构建

本节将根据天津市河流水系等水生态空间的分布特征，构建市域范围的水生态安全格局，明确维护水生态系统的整体性和生态安全的重要空间区域、连接结构以及所需保护的等级，为确定城市开发建设活动的空间约束条件提供依据。

6.2.1 水生态安全格局的构建目的和内容

水生态安全格局应包含对水生态系统具有关键意义的各类型生态空间，例如：与水源涵养、水源地保护、供水水质管理相关的水资源利用安全格局；与防治水污染、保护重要水生物生境相关的水环境保护安全格局；与防治水土流失、雨洪灾害相关的水灾害规避安全格局；与保护文化遗产相关的水文化安全格局等。从水生态安全格局的空间结构角度解读，应依据“源地—阻力面—生态廊道”的生态安全格局范式，即包含对水生态系统的稳定和健康起到核心作用的源地斑块，以源地为起点反映其向外发展将面临的空间阻力关系的阻力面，以及连接源地形成生态网络的廊道。从保护方式的角度解读，城市水生态安全格局的内容中应包含保护重要水生态空间的空间红线、根据水生态重要性和敏感性划定的安全等级以及不同等级的城市开发建设活动限制条件。

6.2.2 水生态安全格局的构建

水生态安全格局的构建依据识别水生态源地、评价阻力面、提取水生态廊道的三步式方法开展。

1. 识别水生态源地

水生态源地指的是对水生态系统的稳定和健康起到核心作用且达到一定规模的景观斑块。依据前文总结的水生态敏感区域直接识别法的框架体系，研究依据天津市水系规划、天津市城市总体规划、地表覆盖数据、DEM 数据等资料，从水资源保护、水文调节、水生命支持、水文化保护四个维度识别研究区的水生态源地（表 6-7）。而后，在 ArcGIS 软件中，参考美国马里兰州 GIA 体系的参数设置，应用尺度门槛筛选去掉面积小于 100 hm^2 的斑块，合并临近的斑块，平滑边界，并向外扩展 100 m

距离的缓冲区，得到水生态源地的空间范围。

表 6-7　水生态源地识别的框架体系与空间范围

<table>
<tr><th>源地类型</th><th>识别对象</th><th>空间范围</th><th>空间范围确定依据</th></tr>
<tr><td rowspan="3">水资源保护源地</td><td>地表水源地保护区及周边缓冲区</td><td>于桥水库、尔王庄水库、北塘水库、王庆坨水库、北大港水库、引滦入津、南水北调输水河道和干线，及其周边 50 m 缓冲区范围</td><td>天津水系规划</td></tr>
<tr><td>水源涵养区</td><td>蓟州区地表覆盖为林地草地的地区</td><td>地表覆盖数据</td></tr>
<tr><td>地下水适宜补给区和保护区</td><td>青甸洼、黄庄洼、大黄堡湿地</td><td>天津城市总体规划</td></tr>
<tr><td rowspan="2">水文调节源地</td><td>重要河流</td><td>海河、独流减河等 19 条一级河道及其两侧 25 m 范围</td><td>天津水系规划</td></tr>
<tr><td>重要湖泊、水库、湿地</td><td>东丽湖、官港湿地、营城水库、鸭淀水库等 24 处</td><td>天津水系规划</td></tr>
<tr><td rowspan="2">水生命支持源地</td><td>水土流失敏感区</td><td>坡度大于 8°的地区</td><td>数字高程数据</td></tr>
<tr><td>水生物栖息地</td><td>团泊湖鸟类保护区、北大港湿地保护区、七里海湿地保护区</td><td>天津城市总体规划</td></tr>
<tr><td>水文化保护源地</td><td>重要水文化遗产保护区</td><td>京杭大运河天津段，北起武清区木厂闸，南至静海区九宣闸，总长约 174 km，包含河道控制线及两岸沿线 25 m 范围</td><td>天津水系规划</td></tr>
</table>

资料来源：作者整理。

2. 评价阻力面

阻力面指的是以水生态源地为起点，生物向外运动和扩散将面临的空间阻力大小。影响生物运动的阻力因素多种多样，从水生态系统特征的角度考虑，地形地貌、地表覆盖类型、植被覆盖、道路基础设施以及与水生态源地空间距离五方面因素对水生动植物的生境质量和迁徙活动具有较为显著的影响作用。因此，研究采用多因子叠置评价的方法综合量化评估上述五个影响因素，确定研究区阻力面。参考生态安全格局相关研究中阻力值评价的指标体系与赋值方式，本研究构建了包含 11 项一级指标的评价体系，并设定 1 至 5 的分级赋值方式（表 6-8、图 6-9）。每项一级指标的赋值得分越高，说明生物运动的穿越阻力越小，越有利于形成源地之间的生物活动和联系的廊道。研究以 30 m×30 m 的栅格为基本单元，计算研究区内每一个栅格的阻力值评价指标，并应用熵值法根据各项指标得分结果进行加权汇总，得到栅格单元的阻力值，绘制研究区的阻力面地图。

表 6-8　阻力值评价指标、赋值及权重

评价因子	一级指标	二级指标	分级赋值	熵值法权重
地形地貌	海拔	<200 m	5	0.007
		200~500 m	3	
		>500 m	1	
	坡度	<10°	5	0.062
		10°~20°	4	
		20°~30°	3	
		30°~40°	2	
		>40°	1	
地表覆盖类型	城镇建设用地、未利用地		1	0.538
	耕地、园地		2	
	草地		3	
	林地		4	
	水域、湿地		5	
植被覆盖	NDVI 指数	自然断点法分为 5 级	5 至 1 赋值，NDVI 指数数值越高，赋值越大	0.134
道路基础设施	到公路（国道、省道、县道、乡道）的距离	<100 m	1	0.171
		100~200 m	2	
		200~500 m	3	
		500~1000 m	4	
		>1000 m	5	
	到铁路的距离	<100 m	1	0.023
		100~200 m	2	
		200~500 m	3	
		500~1000 m	4	
		>1000 m	5	
与水生态源地空间距离	与水生态源地的距离	自然断点法分为 5 级	5 至 1 赋值，距离越近，赋值越大	0.066

资料来源：作者整理。

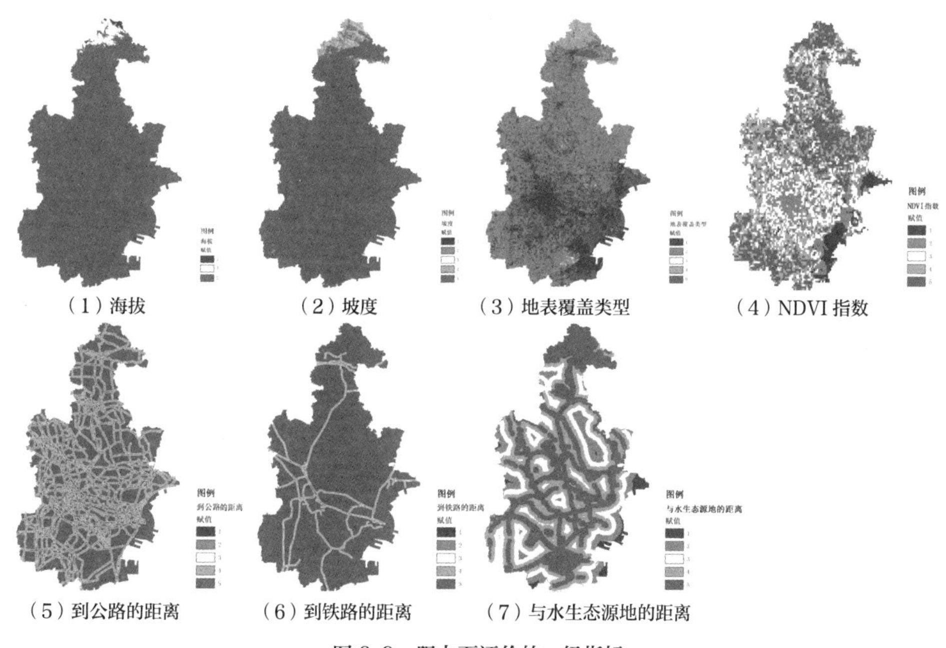

（1）海拔　（2）坡度　（3）地表覆盖类型　（4）NDVI 指数

（5）到公路的距离　（6）到铁路的距离　（7）与水生态源地的距离

图 6-9　阻力面评价的一级指标

（资料来源：作者自绘，文后附彩图）

3. 提取水生态廊道

水生态廊道指的是连接各个水生态源地，形成支持水循环和生物活动的空间廊道。根据阻力面评价结果，水生态源地之间阻力越小的联系线路，越容易成为生态廊道。由于水生态安全格局的构建不同于以保护生物多样性为目标的安全格局，水生生物和水体的循环流动都需依托于河流湖泊等地表水系。因此，根据最小阻力原则，运用 ArcGIS 软件计算所有河网水系的平均阻力值，该数值越大说明空间阻力越小，越有利于在源地之间形成生态廊道。根据两个水生态源地之间至少一条生态廊道的原则，确定河网水系选线，而后划定河道及其两侧 100~300 m 的范围作为水生态廊道。

最后，依据水生态源地、阻力面、水生态廊道的识别结果，划定水生态安全格局重要性等级。根据阻力值评价结果，应用自然断点法将研究区划分为低安全等级、较低安全等级、较高安全等级、高安全等级四个保护等级，并叠加所有水生态源地和水生态廊道范围为高安全等级区域，即建立水生态安全格局的网络结构和安全等级。

6.2.3 水生态安全格局的识别结果

根据表 6-7 确定的水生态源地空间范围，识别水生态源地 1320 km^2，占全域面积的 11% 左右。这些水生态源地的类型及划定范围如图 6-10 所示，从中可以看出天津市的水生态源地分布较为均质，分为斑块型源地与条带型源地两种类型。

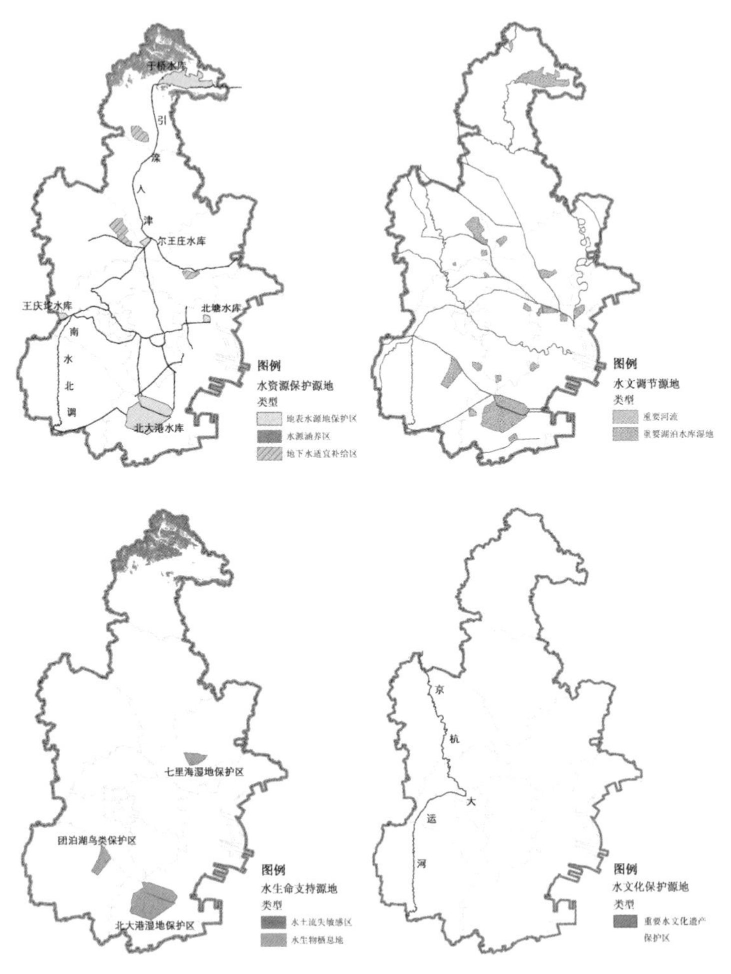

图 6-10 水生态源地的类型及划定范围

（资料来源：作者自绘，文后附彩图）

图 6-11（a）为天津市域范围的阻力面评价结果，根据阻力面计算得出各个河网水系的平均阻力值（图 6-11（b）），其中中心城区、滨海新区等城市开发建设强度较高的区域河道平均阻力值得分较低，说明对生物活动的空间阻力作用较大。结合水生态源地的空间分布特征，选取平均阻力值较低的 42 段河道作为水生态廊道，总长度 1192 km，占全域总河长 27.4%，形成水生态安全格局的“源地–廊道”结构（图 6-11（c））。再结合基于阻力面评价划分的安全等级，最终初步识别的水生态安全格局

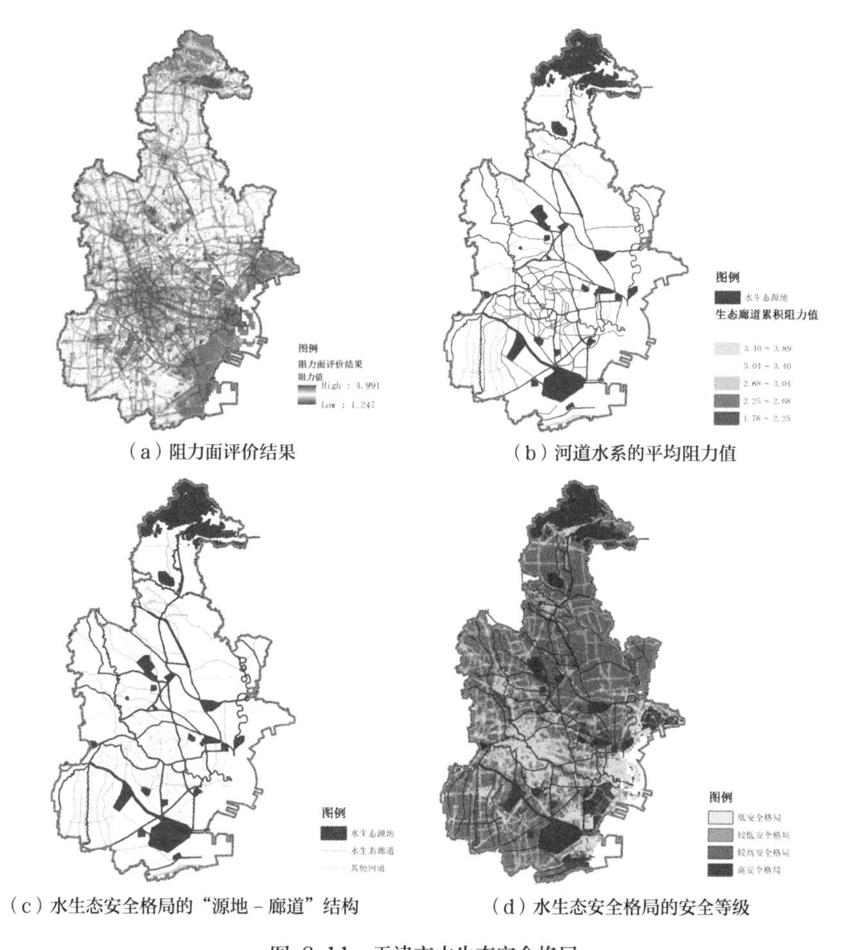

（a）阻力面评价结果

（b）河道水系的平均阻力值

（c）水生态安全格局的“源地 – 廊道”结构

（d）水生态安全格局的安全等级

图 6-11　天津市水生态安全格局

（资料来源：作者自绘，文后附彩图）

如图 6-11（d）所示。其中高安全格局区域面积 2247 km^2，占全域面积的 18.9%，主要分布于天津市的北部山区、中心城区的南北两翼以及海岸带地区。较高安全格局区域面积 4605 km^2，占全域面积的 38.6%；较低安全格局区域面积 2994 km^2，占全域面积的 25.1%；低安全格局区域面积 2070 km^2，占全域面积的 17.4%。较低和低安全格局区域主要分布于中心城区、滨海新区、武清新区等城市发展主要区域，也是今后城镇空间增长的主要空间。

7

天津市城镇空间增长特征与驱动因子

本章从规模、要素、结构、形态四个维度回顾2000—2018年天津市城镇空间增长特征，并通过构建Autologistic回归模型探究城镇空间增长的驱动因子。该结果一方面论证了水环境对城镇空间增长的驱动力作用，另一方面也为构建模拟城镇空间增长的CLUS-S模型提供所需参数。

7.1 城镇空间增长特征

对2000年至2018年，天津城镇空间增长的规模、要素、结构、形态四个维度进行量化分析，探究城镇空间的发展演变特征。

7.1.1 规模特征

根据《天津统计年鉴》中城市建设用地面积统计数据（图7-1），2000年至2018年天津城市建设用地面积显著增长，从2000年的385.9 km^2，增长至2018年的950.6 km^2，平均年增长率为8%（增长面积31 km^2），城市用地扩张的规模和速率均保持较高水平。城市房屋建筑面积也保持快速增长，2000年全市实有房屋建筑面积15789万m^2，至2017年年末该数值达到52817万m^2，平均每年增长约14%（增长2178万m^2）。

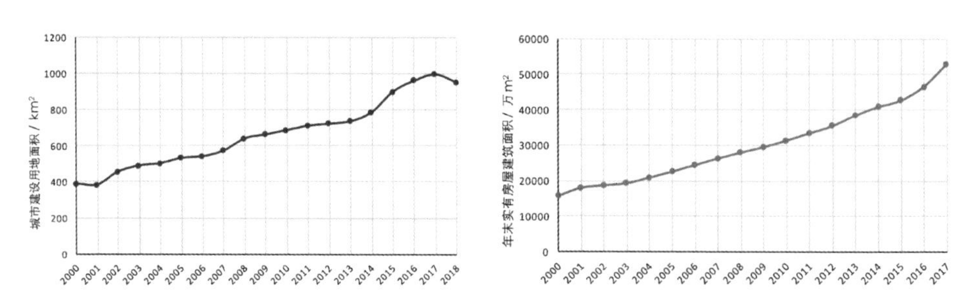

图7-1 天津市城市建设用地面积与房屋建筑面积变化折线图

城镇空间增长中人口规模的变化特征如图 7-2 所示。全市常住人口在 2005 年至 2015 年显著增长，2015—2018 年增速放缓，2018 年末常住人口达到了 1560 万人。城镇化率也保持快速提升，全市非农业户籍人口占比从 2000 年的 58.39% 增长至 2015 年的 63.94%。由于户籍制度改革，我国逐步取消了农业和非农业户口的划分，建立城乡统一的户口登记制度，城镇化率的统计方式也调整为依据城镇常住人口的占比进行计算，即城镇人口比重，2010—2018 年天津市城镇人口比重由 79.55% 增长至 83.15%。

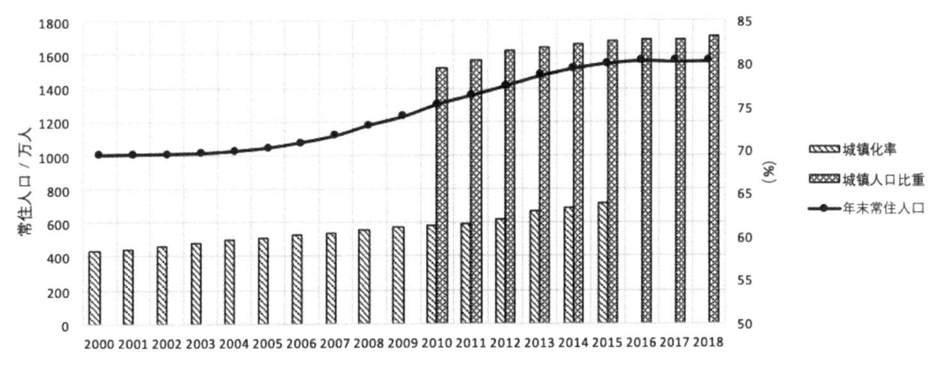

图 7-2 天津市人口规模变化情况（2000—2018）
（资料来源：《中国统计年鉴》）

通过 ArcGIS 对天津市人口规模的空间分异特征进行分析，以天津市 16 个行政区作为分析单元，如图 7-3 所示。2000—2017 年天津市中心城区的红桥区、河北区人口数量下降，其余各区常住人口数量均持续增长，其中滨海新区、津南区、东丽区、西青区、北辰区具有更高的增长规模和增长率。

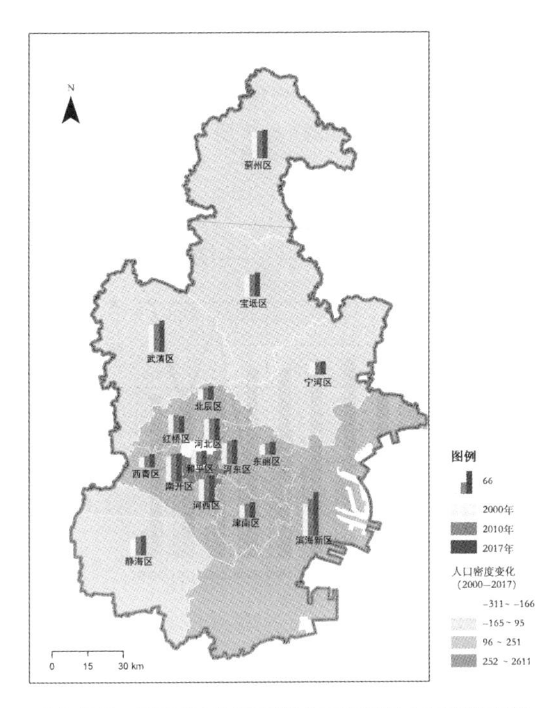

图 7-3 天津市各行政区的人口规模与人口密度变化
（资料来源：《天津统计年鉴》）

在城市人口与用地增长规模的协调度方面，通过测算人口-用地增长协调指数，评估城镇空间增长是否趋向于集约紧凑，该指数也是测度城市蔓延的一项重要指标，其能够直接反映城市蔓延的内涵——土地扩张速率超过人口增速的过度开发现象。人口-用地增长协调指数（PS）的计算方法为：

$$PS=1-\left(\frac{\Delta P}{P_o}/\frac{\Delta S}{S_o}\right) \quad (7.1)$$

式中：ΔP和ΔS分别为一定时间段内城市建成区面积的变化量和市辖区年末总人口数的变化量；P_o和S_o为初始时间点的城市建成区面积和市辖区年末总人口数量。

当 PS 值为负时，说明城市用地的扩张速率大于城市人口的增长速度，城市的人口密度降低，可能存在城市过度扩张、用地效率降低的问题；当 PS 值为正时，说明城市用地的增长速率小于城市人口的增长速率，土地资源的集约利用程度提升，城市以更加紧凑的方式增长。

2000—2018 年天津市人口-用地增长协调指数（PS）如图 7-4 所示。在 2002—2008 年和 2014—2016 年 PS 值为负值，说明城市用地的增速高于人口增速，存在蔓延式增长的问题。2017 年和 2018 年 PS 值为正值，并且数值增长，表明此时土地资源的集约利用程度正在逐步提高。

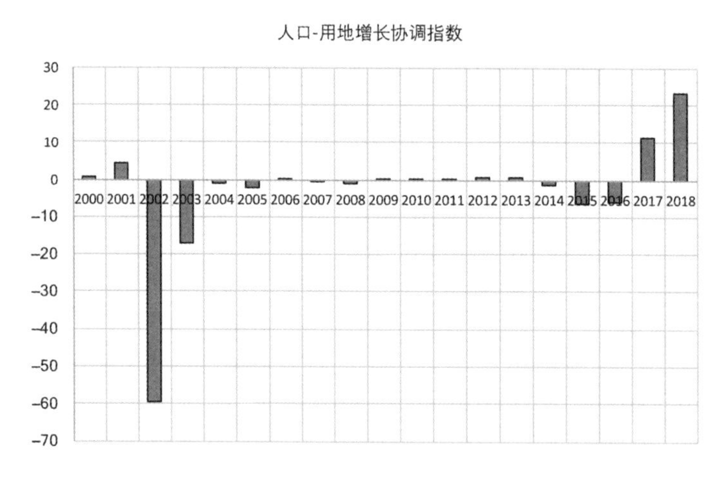

图 7-4　2000—2018 年天津市人口 - 用地增长协调指数（PS）柱状图

（资料来源：《中国统计年鉴》）

7.1.2 要素特征

在用地类型方面，《天津统计年鉴》中各类型城市建设用地面积统计数据显示（图7-5），从2000年至2017年，绿地的占比明显增加，仓储物流用地占比略有减少。城市增长的主要要素类型为位于主城区外围的产业开发区、居住新城、旅游度假区、教育园区等功能较为单一化、类型化的新城区（图7-6）。新增产业开发区，例如南港工业区、轻纺园、临港经济区、临空产业区等，主要分布于天津市城镇空间发展格局的“一轴两带”中。居住新城位于交通便利的地区，如位于京津城际武清站周边的武清新城；或者位于自然条件较好，生态、休闲度假环境较好的地段，如天津中新生态城和团泊新城。旅游度假区主要依托较好的自然景观要素，以商业服务、娱乐和休闲度假功能为主，如滨海旅游度假区和东丽湖旅游度假区。此外，还有以高教园区功能为主的，例如海河教育园区、西青大学城等。

这些新增的空间要素将城市从单中心同心圆结构转向多中心结构发展，但同时新增城镇空间存在功能单一、通勤耗费增加等问题，并且部分跳跃式发展的新城容易引发用地浪费问题。

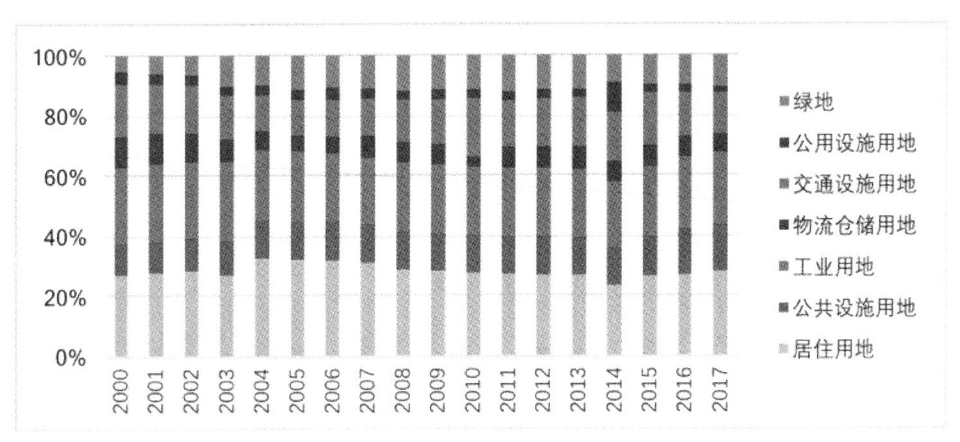

图7-5　2000—2017年天津市各类型城市建设用地面积变化情况

（资料来源：《天津统计年鉴》，文后附彩图）

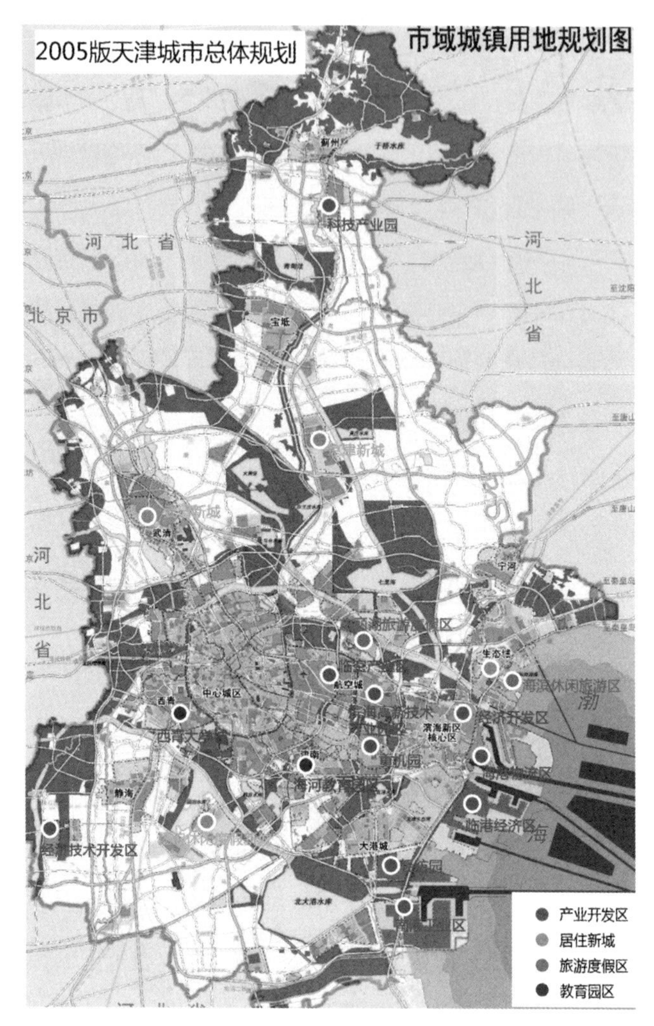

图 7-6　天津城镇空间增长的要素类型

（资料来源：作者自绘，文后附彩图）

7.1.3 结构特征

城市的空间结构可分为单中心团块状、多组团状、环形放射状、轴带状等类型。图 7-7 显示对城镇空间进行点、线、面的拓扑化处理后，城镇空间的结构变化特征。天津市的城镇空间结构呈现出多中心化发展趋势。2000 年时，城镇空间为单中心团块状，中心城区、滨海新区以及各个下辖县（区）的城镇空间均为单独的团块。而至 2010 年，中心城区呈现环形放射式扩张，并且中心城区与滨海新区之间开始形成轴带联系，周边的新城组团开始显现。至 2018 年，中心城区与滨海新区之间的轴带联系进一步加强，周边组团的规模也进一步增长，逐渐形成“双城双港、一轴两带”的多组团结构。

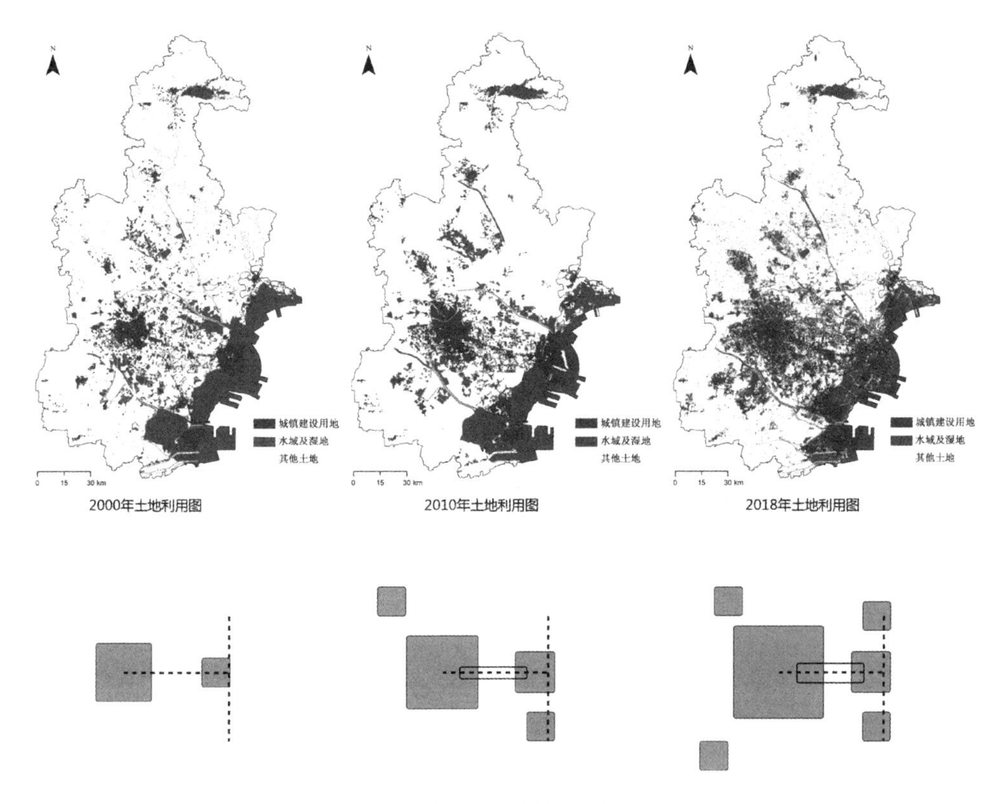

图 7-7　天津城镇空间增长的结构变化

（资料来源：作者自绘，文后附彩图）

7.1.4 形态特征

从城镇空间形态动态发展的视角，本研究对城镇空间增长方向、城镇空间增长位置、城镇空间增长类型三个方面进行分析。

为测度城镇空间增长方向，首先以城镇建设用地的几何中心为基点，将城市划分为东、西、南、北以及东南、西南、东北、西北八个象限，分别统计各个象限内的新增城镇建设用地面积占总土地面积的百分比。天津市城镇空间增长的方向如图 7-8 所示，可以看出总体上天津的扩张方向呈椭圆形，以东南至西北轴向的发展为主，其中东南方向对应滨海新区，西北方向衔接北京市，反映了区位条件对城市增长的影响作用。而城市的东北和西南两翼为由河流、湿地等地表水系构成的生态廊道，对城市用地扩张起到了约束作用。

为测度城镇空间增长位置，首先以城镇建设用地的几何中心为基点，建立一系列间距为 5 km 的缓冲区，统计每个缓冲区内新增城镇建设用地面积，结果如图 7-9 所示。2000 年前，城市整体的用地增长规模较小，不同区位之间的差异度也较低；2000—2010 年城镇用地增长规模最高的圈层为 15 km 至 40 km 的近郊区。而 2010 年后距离城市中心 40 km 以上的远郊地带城镇用地的增长规模明显提高。

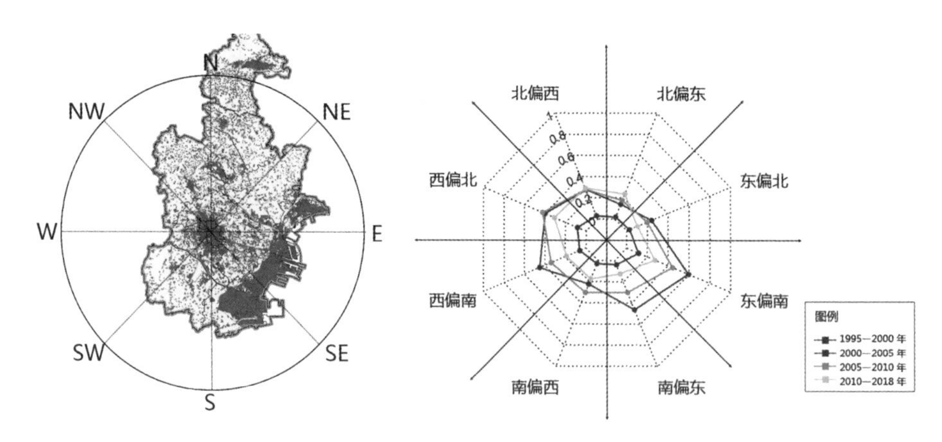

图 7-8 城镇空间增长方向测度方法与结果

（资料来源：作者自绘）

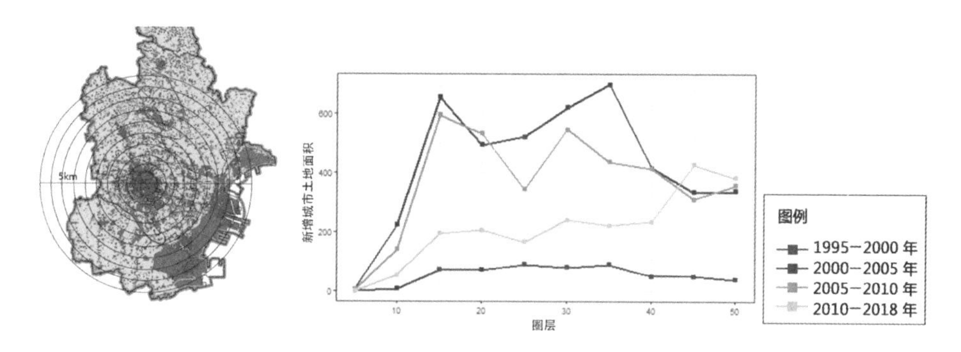

图 7-9　城镇空间增长位置测度方法与结果

（资料来源：作者自绘）

为了测度城镇空间增长类型，研究应用景观扩张指数（Landscape Expansion Index，LEI）量化新增城镇建设用地的扩张类型，将其分为填充式、边缘扩张式和跳跃式增长（图 7-10）。计算 LEI，首先需要在 ArcGIS 中对所有新增城镇用地斑块建立缓冲区，本研究选取 500 m 作为缓冲区距离，然后通过公式（7.2）计算每个新增城镇用地斑块的 LEI。

$$\mathrm{LEI}=100\times\frac{A_{\mathrm{o}}}{A_{\mathrm{o}}+A_{\mathrm{v}}} \tag{7.2}$$

式中：A_{o}为缓冲区与原有城镇建设用地斑块相交的区域面积；A_{v}是缓冲区未与原有城镇建设用地斑块相交的区域面积。

LEI 取值在 0 至 100 之间，当 LEI=0 时，新增城镇建设用地斑块为跳跃式增长；当 0<LEI<50 时，新增城镇建设用地斑块为边缘扩张式增长；当 50<LEI<100 时，新增城镇建设用地斑块为填充式增长。

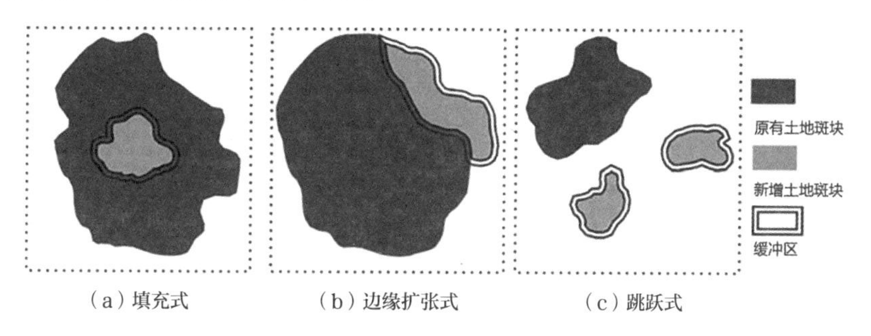

（a）填充式　（b）边缘扩张式　（c）跳跃式

图 7-10　城镇空间增长类型

（资料来源：*A new landscape index for quantifying urban expansion using multi-temporal remotely sensed data* by Xiaoping Liu, Xia Li, Yimin Chen, et al.）

由于 LEI 是对每个单独土地斑块类型的度量，为表征全局空间扩张类型，可应用面积权重平均 LEI（AWMLEI）反映整体上城镇空间扩张的主要类型，其计算方法为：

$$\text{AWMLEI}=\sum_{i=1}^{N}\text{LEI}_i\times\frac{a_i}{A} \tag{7.3}$$

式中：LEI_i为新增土地斑块i的LEI值；a_i为新增土地斑块i的面积；A为所有新增城镇建设用地的总面积；N为新增城镇建设用地斑块的数量。

应用 LEI 测度天津市城镇空间增长的类型，结果如图 7-11 所示。在 2000—2010 年，在新增城镇建设用地斑块中，12% 数量的斑块为跳跃式增长，68% 为边缘扩张式增长，20% 为填充式增长，在此期间以靠近城市建成区的边缘式扩张为主要增长形式。在 2010—2018 年，72% 的新增城镇建设用地斑块为跳跃式增长，25% 为边缘扩张式增长，仅有 3% 的新增建设用地斑块为填充式增长，说明跳跃式增长成为该时期主要的增长形式。从图 7-11 中可以看出，跳跃式增长的建设用地主要位于环城近郊区和滨海新区。2000—2010 年的面积权重平均 LEI 为 24.18，2010—2018 年该指数为 0.54，该指数也进一步论证天津市的空间增长形式存在由边缘扩张式向跳跃式扩张转变的趋势。

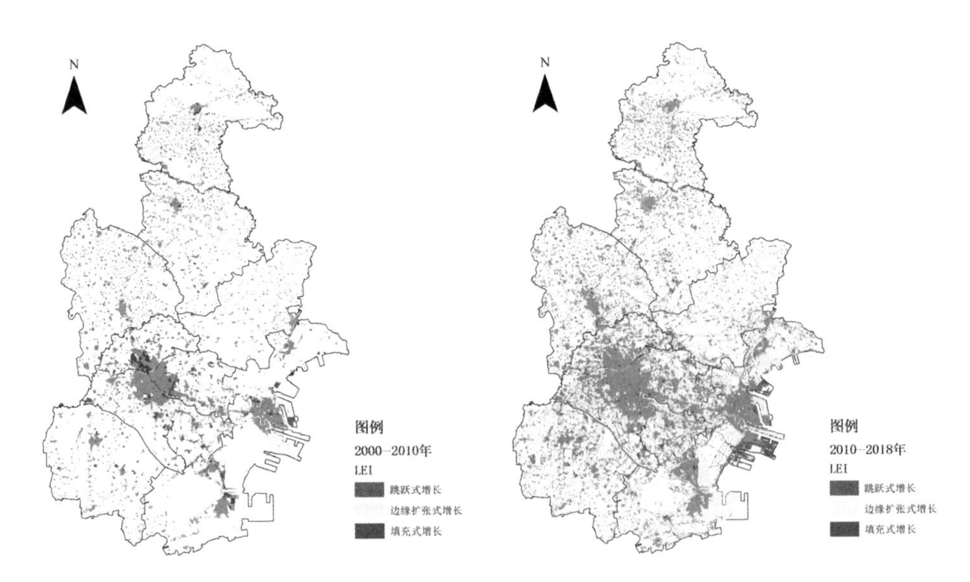

图 7-11　天津市 2000—2010 年和 2010—2018 年城镇空间增长的类型

（资料来源：作者自绘，文后附彩图）

本节回顾了2000—2018年天津市城镇空间增长的特征，结果发现：在增长规模特征方面，城市用地规模保持高速率增长，滨海新区和环城近郊区人口增长规模较大；人口-用地增长协调指数（PS）反映出在2002—2008年和2014—2016年城市用地的增速高于人口增速，存在蔓延式增长的问题，2017年后城市土地的集约利用程度逐步提高。在增长要素特征方面，全市城镇建设用地中绿地占比增加，仓储物流用地占比减少；城市增长的要素类型主要为产业开发区、居住新城、旅游度假区、教育园区等功能较为单一化、类型化的新城区。在增长结构特征方面，城镇空间结构由单中心结构向多中心结构转变，中心城区与滨海新区发展轴带显现，城市近郊组团增多。在增长形态特征方面，城市用地扩张方向呈扁圆形，以东南至西北方向为发展轴，新增城镇建设用地位置逐渐由近郊区向远郊区转移，空间扩张类型呈现从边缘扩张式向跳跃式扩张转变的趋势。

7.2 城镇空间增长的驱动因子

7.2.1 驱动因子选取

城市是一个复杂巨系统，城镇空间增长在不同的发展阶段、不同的空间规模和结构条件下，受到不同的社会、经济、政治和自然条件等多方面因素的综合影响。本研究参考国内外对于景观格局变化、土地利用 / 地表覆被变化、城市用地扩张等驱动机制研究中提取的驱动因子指标（表7-1），结合天津市水环境特征，依据可获取性、代表性、针对性、差异性原则，从水环境、自然地形、社会经济、区位条件、交通基础设施、规划政策六个方面初步选择城镇空间增长的驱动因子。

表 7-1　国内外城镇空间增长驱动因素相关研究总结

参考文献	驱动因子类型划分	具体驱动因子指标
欧定华等（2019）	自然驱动因子（气候、地形、土壤）和人文驱动因子（人口状况、科技水平、经济发展、农业生产、生活水平）	坡度、第一产业占 GDP 比重、粮食播种面积、年均降雨量、地方财政收入、人口自然增长率、城镇化率
张亮（2018）	自然地理因子、区位因子、交通基础设施因子、社会经济因子、规划政策因子、空间自相关因子	高程、坡度、平原、丘陵、山地、与河流距离；与城市距离、到农村居民点距离、到独立工矿用地距离、到林地距离、到耕地距离；与主干道距离、与铁路距离；城市化率、根据夜景灯光的经济因子；是否为规划建设区
张琳琳（2018）	政策因子和市场因子	是否位于新城或开发区内、是否为规划居住/工业用地、土地价格、土地供应、可达性、人口数量
Olga Lucia Puertas 等（2014）	高程、坡度、与灌溉渠的距离、与河流距离、与海岸线距离、水井的可达性、水土流失情况、土地利用适宜性、与保护林地的距离、年平均降水量、年平均温度、植被指数、农田价值	
Jun Luo 等（2009）	临近度因子、邻里单元因子	与市内高速公路距离、与主干道距离、与铁路距离、与长江距离、与长江大桥距离、与主要城市中心距离、与副中心距离、与工业中心距离、农业用地密度、建设用地密度、水体密度、林地密度

资料来源：作者整理。

1. 水环境因子

天津是一个沿海河发展的城市，城市周边有大量的河塘、湿地等地表水体，人们亲水而居的文化价值和良好的滨水景观都是驱动城市滨水发展的重要因素。但不同类型的水体、不同的水体景观价值对于城镇空间的驱动作用存在差异。既有研究中多应用与河流湖泊等地表水体的距离来概括性地表征水环境的驱动作用，本研究中为了进一步细化水环境对城镇空间增长的驱动作用，依据不同的水体类型，设定 6 项水环境驱动因子作为 Autologistic 回归模型中的解释变量。这些因子分别为：与海河的距离（X1）、与一级河流的距离（X2）、与二级河流的距离（X3）、与湖泊水库的距离（X4）、是否位于蓄滞洪区内（X5）、与水生态廊道的距离（X6）。

2. 自然地形因子

自然地形条件是城市发展的重要约束因素之一，通常对城镇空间增长的模拟模型中均会考虑地形的高程、坡度、坡向、地貌特征，以及降水量、气温等气候条件特征，其中对城镇空间增长影响较为显著的主要为高程（X7）、坡度（X8）、地貌（X9）、年均降雨量（X10）要素。据此，本研究选取上述 4 项自然地形因子作为解释变量。

3. 社会经济因子

社会经济要素包含人口、产业、经济等多方面内容，研究发现城镇化率、产业活动强度、GDP 等因素与城镇空间增长具有相关性。本研究采用总人口数、人口密度、GDP 总量 3 项社会经济要素在 2000—2017 年的变化量，即 X11、X12 和 X13 作为解释变量。

4. 区位条件因子

区位条件因子主要通过邻域分析提取各个栅格所在的地理区位条件，城市中心聚集着城市主要的商业服务业功能，距离城市中心越近的栅格，其发展的区位优势越明显。本研究以与城市的主中心、次中心、区级中心三级城市中心的距离（即 X14、X15 和 X16）为 3 个解释变量。

5. 交通基础设施因子

交通设施与土地的价值、用地功能有着密切关系，便捷的交通设施能够促进城市土地的开发与更新。本研究选取与交通干道距离（X17）、与火车站距离（X18）、与地铁站点距离（X19）3 个要素作为交通基础设施的评价因子，其中交通干道包含高速公路、国道、省道、县道，地铁站点为截至 2018 年底通车线路的站点。

6. 规划政策因子

规划政策也是影响城镇空间增长的一项关键要素，只有在总体规划和土地利用规划中划定为城市建设用地的土地才能够进行合法的城市用地开发，而在总体规划和土地利用规划中划定为生态保护区和基本农田保护区的用地是严格禁止进行城市开发的。因此，规划政策对于城镇空间增长具有重要的决定作用。本研究选取是否为规划建设用地（X20）、是否位于规划生态保护区内（X21）和是否位于基本农田保护区内（X22）3 个规划政策因子作为解释变量。

综上所述，本研究共选取 22 个驱动因子作为 Autologistic 回归的解释变量，详细解释变量如表 7-2 所示。

表 7-2　城镇空间增长 Autologistic 回归模型的解释变量列表

编码	因子名称	数据类型	数据时间
X1	与海河的距离（m）	Continues	2008
X2	与一级河流的距离（m）	Continues	2008
X3	与二级河流的距离（m）	Continues	2008
X4	与湖泊水库的距离（m）	Continues	2008
X5	是否位于蓄滞洪区内（0，1）	Type	2005
X6	与水生态廊道的距离（m）	Continues	2008
X7	高程（m）	Continues	2018
X8	坡度（°）	Continues	2018
X9	地貌（0，1，2）	Type	2018
X10	年均降雨量（mm）	Continues	2017
X11	总人口数变化（万人）	Continues	2000、2017
X12	人口密度变化（人 /km^2）	Continues	2000、2017
X13	GDP 总量变化（万元）	Continues	2000、2017
X14	与主中心距离（m）	Continues	2014
X15	与次中心距离（m）	Continues	2014
X16	与区级中心距离（m）	Continues	2014
X17	与交通干道距离（m）	Continues	2018
X18	与火车站距离（m）	Continues	2018
X19	与地铁站点距离（m）	Continues	2018
X20	是否为规划建设用地（0，1）	Type	2005—2020
X21	是否位于规划生态保护区内（0，1）	Type	2005—2020
X22	是否位于基本农田保护区内（0，1）	Type	2005—2020

资料来源：作者整理。

7.2.2　指标数据处理

1. 水环境因子

一级河流、二级河流、湖泊水库的位置依据《天津市水系规划》确定，水生态廊道根据《天津市城市总体规划（2005—2020）》中市域生态网络规划确定，通过 ArcGIS 软件对研究区域内每个栅格单元进行距离分析，得到距各个水环境要素的距离评价因子。蓄滞洪区的范围根据《天津市水系规划》确定，是否位于蓄滞洪区内的评价因子用 0 或 1 表示，0 代表该栅格位于蓄滞洪区内，1 代表栅格不位于蓄滞洪区内。各项因子的计算结果见图 7-12。

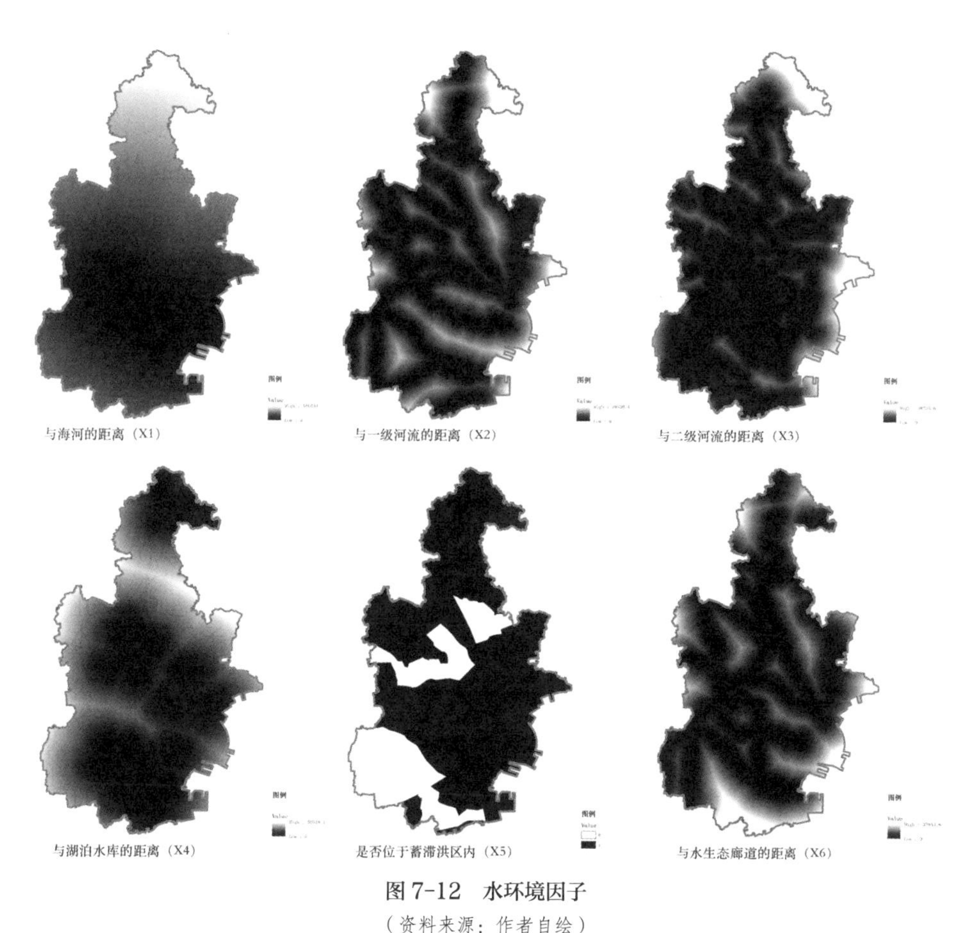

图 7-12　水环境因子

（资料来源：作者自绘）

2. 自然地形因子

高程（X7）和坡度（X8）根据从ASTER GDEM数据库下载的DEM数据计算获得，地貌（X9）根据DEM高程数据，以500 m、200 m作为断点，划分为山地、丘陵、平原三种地貌，分别赋值为0、1、2，年均降雨量（X10）根据天津市各行政区年平均降水量统计数据，通过ArcGIS中的polygon to raster工具，转化为100 m×100 m的空间分布栅格数据，各因子计算结果见图7-13。

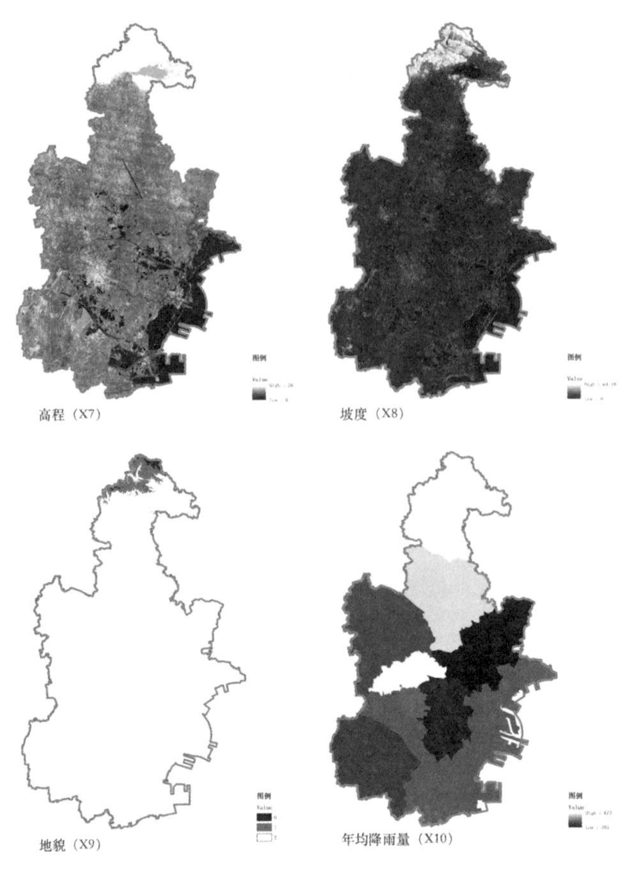

图 7-13　自然地形因子

（资料来源：作者自绘）

3. 社会经济因子

各项因子采用资料来源于《天津统计年鉴》，并通过 ArcGIS 中的 polygon to raster 工具，将各因子统计数据转化为 100 m×100 m 的空间分布栅格数据，各因子计算结果见图 7-14。

4. 区位条件因子

本研究根据 2014 版天津市城市总体规划修编稿中市域城镇体系和中心城区的城镇空间结构，提取城市主中心、城市次中心、区级中心三级城市中心，进行邻域分析，获得 3 个解释变量（图 7-15）。

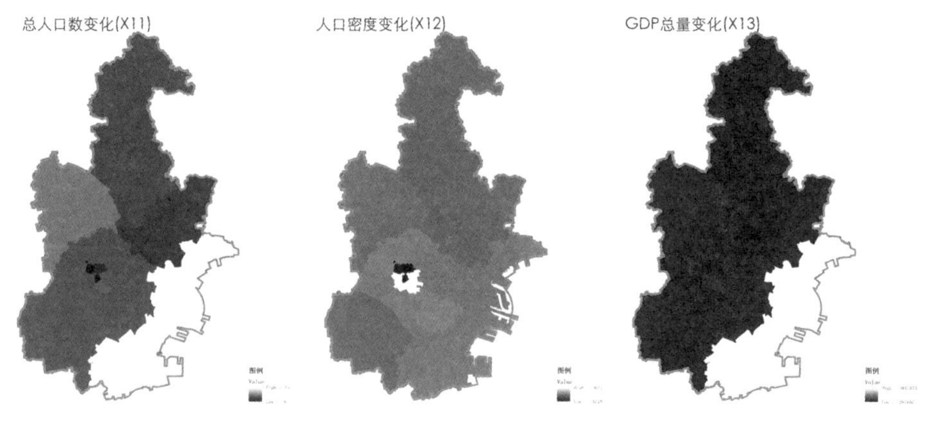

图 7-14 社会经济因子

（资料来源：作者自绘）

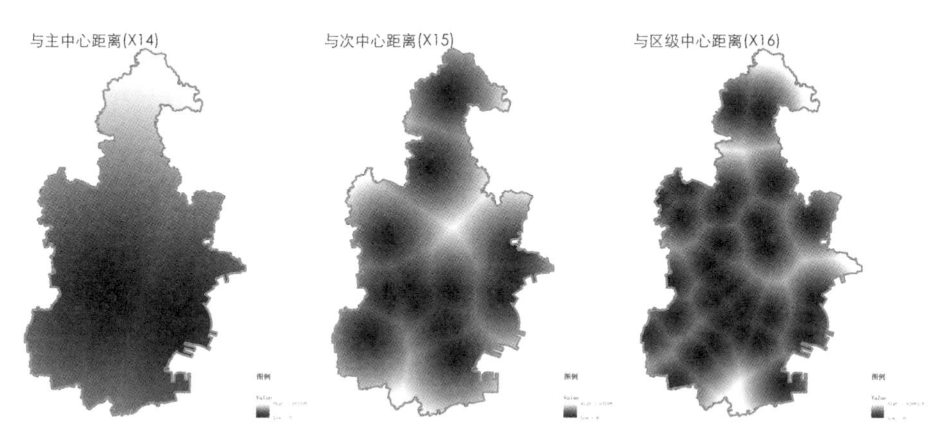

图 7-15 区位条件因子

（资料来源：作者自绘）

5. 交通基础设施因子

依据天津市道路交通矢量数据，在 ArcGIS 中进行邻域分析，获得与交通干道距离（X17）、与火车站距离（X18）、与地铁站点距离（X19）三个因子（图 7-16）。

6. 规划政策因子

依据天津市城市总体规划修编稿（2014—2020）中规划建设用地、规划生态保护区、基本农田保护区，进行栅格赋值，各个因子数值以 0、1 表示，0 代表不位于规划区内，1 代表位于规划区内（图 7-17）。

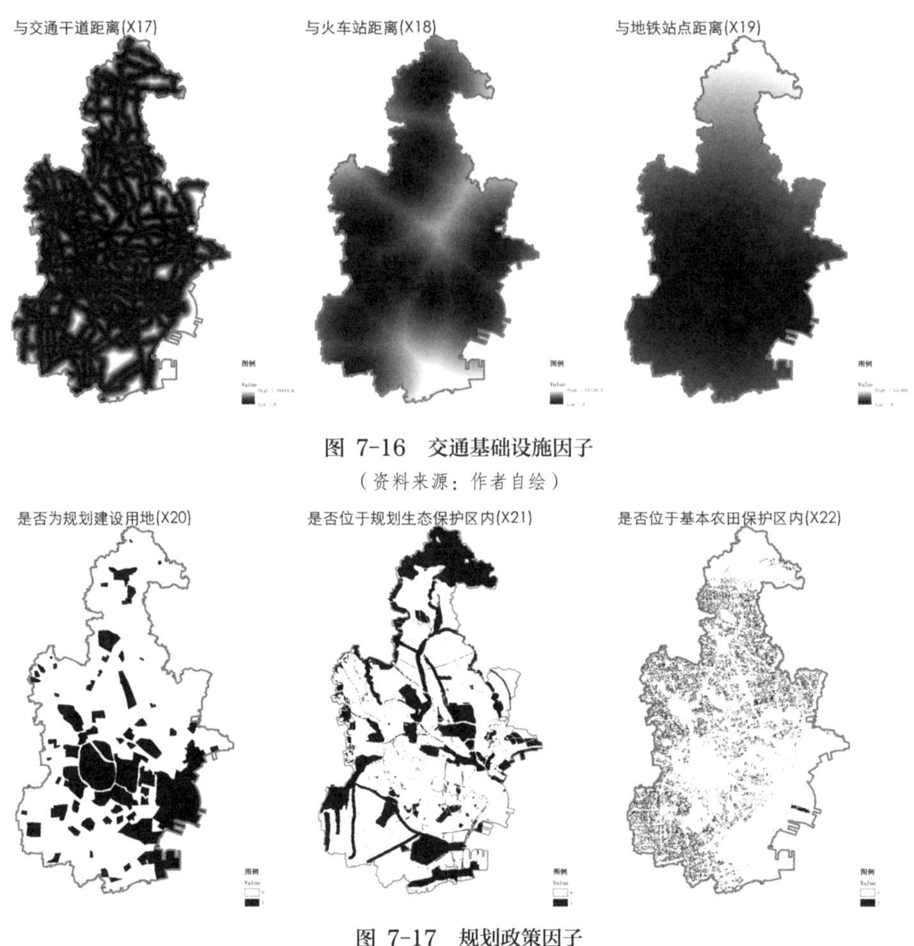

图 7-16 交通基础设施因子

（资料来源：作者自绘）

图 7-17 规划政策因子

（资料来源：作者自绘）

7.2.3 回归模型构建

目前已有多种识别城镇空间增长的驱动因子的方法，例如 Logistic 回归模型、人工神经网络（ANN）模型、空间回归分析，以及对 Logistic 回归进行空间分析能力优化的 Autologistic 回归模型等。其中，有研究表明 Autologistic 回归模型拟合度最好，优于 Logistic 模型和人工神经网络模型，Autologistic 模型是将空间自相关因子引入 Logistic 回归模型后的变形，其优势在于可以解决地理信息中空间自相关的影响。Autologistic 模型最初应用在植物种群竞争的研究，而后扩展至对一切带有空间信息数据的分析中。应用 Autologistic 模型识别城镇空间增长驱动因子具体技术流程如下（图 7-18）。

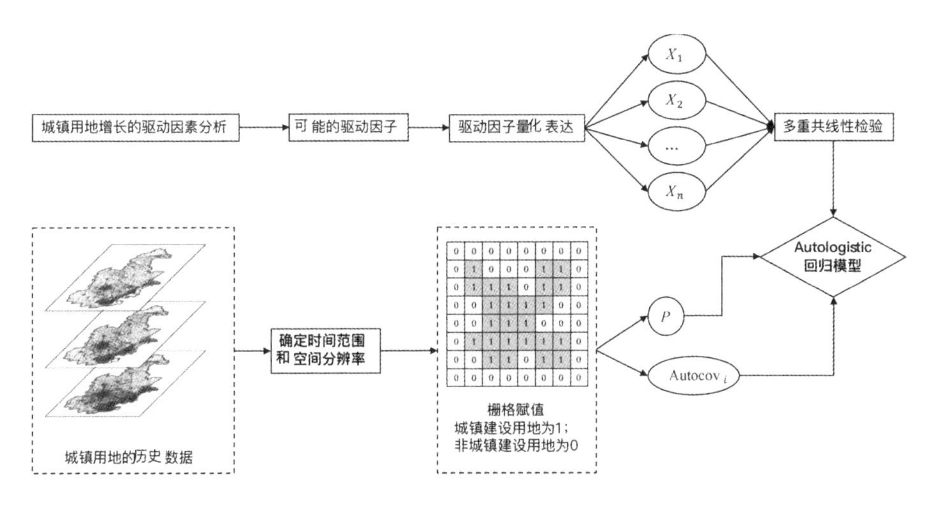

图 7-18 应用 Autologistic 模型识别城镇空间增长驱动因子的技术流程

（资料来源：作者自绘）

1. 多重共线性检验

构建 Autologistic 回归模型的前提条件之一：排除解释变量之间的多重共线性问题。多重共线性指的是模型的自变量之间存在高度的线性相关关系，严重的多重共线性会影响模型的拟合精度和预测结果。通常应用条件指数、容忍度、方差膨胀因子（VIF）、逐步回归等方法排除多重共线性问题。

本研究通过编写 R 语言代码，对 22 项驱动因子的全样本进行共线性检验，应用 Kappa 系数和方差膨胀因子（VIF）排除存在多重共线性的因子。首先应用 cor 和 Kappa 语句测算 22 项驱动因子相关系数的 Kappa 系数，该数值高于 1000 时，认为存在较为严重的共线性问题，小于 100 时，认为共线性程度低。本研究的测度结果为 1218.422，说明 22 项驱动因子中存在严重的多重共线性问题。然后应用 car 包中 vif 语句对 22 项驱动因子进行方差膨胀因子（VIF）分析，当 0<VIF<10 时，说明该因子不存在多重共线性，当 10 ≤ VIF<100 时，存在较强的多重共线性，当 VIF ≥ 100 时，多重共线性问题非常严重。结合皮尔逊相关系数（表 7-3）可以看出，与海河的距离（X1）、高程（X7）、与主中心距离（X14）、与地铁站点距离（X19）四项驱动因子具有较强的多重共线性问题，故考虑只保留与地铁站点距离（X19）因子，剔除其他三项因子。

因子筛选后，剩余 19 项驱动因子的 Kappa 系数为 22.825，小于 100，说明共线性程度低。再次应用方差膨胀因子检验，所有驱动因子的 VIF 在 1.06 与 3.24 之间，据此认为剩余 19 项驱动因子可以排除多重共线性问题造成的模型严重误差，均可作为 Autologistic 回归模型的解释变量。

表 7-3　22 项驱动因子的皮尔逊相关系数和方差膨胀因子（VIF）列表

	X1	X2	X3	X4	X5	X6	X7	X8	X9	X10	X11	X12	X13	X14	X15	X16	X17	X18	X19	X20	X21	X22	VIF
X1	1.00																						148.70
X2	0.26	1.00																					2.25
X3	0.42	0.51	1.00																				2.52
X4	0.23	-0.07	0.02	1.00																			1.45
X5	0.08	0.12	0.19	0.04	1.00																		1.48
X6	0.08	0.53	0.19	0.03	-0.06	1.00																	2.24
X7	0.48	0.11	0.38	-0.08	0.09	0.04	1.00																11.15
X8	0.42	0.10	0.23	-0.05	0.07	0.01	0.71	1.00															2.19
X9	-0.40	-0.06	-0.34	0.08	-0.09	-0.03	-0.93	-0.63	1.00														8.30
X10	0.57	0.15	0.25	0.07	0.07	-0.07	0.28	0.26	-0.23	1.00													1.83
X11	-0.29	-0.01	0.08	-0.14	0.05	0.20	-0.10	-0.11	0.07	-0.08	1.00												2.65
X12	-0.18	0.00	-0.06	-0.05	0.05	0.02	-0.05	-0.04	0.04	-0.05	-0.35	1.00											1.63
X13	-0.36	0.05	0.16	-0.27	0.08	0.33	-0.15	-0.19	0.10	-0.12	0.63	0.10	1.00										3.67
X14	0.99	0.27	0.41	0.20	0.09	0.10	0.49	0.42	-0.40	0.57	-0.28	-0.17	-0.34	1.00									106.46
X15	0.28	0.15	0.11	0.19	-0.22	0.37	0.00	-0.03	0.00	0.04	-0.09	-0.11	-0.04	0.27	1.00								2.56
X16	0.40	0.21	0.46	-0.07	0.06	0.21	0.31	0.20	-0.28	0.17	0.07	-0.06	0.19	0.41	0.13	1.00							1.69
X17	0.08	0.17	0.26	0.04	0.01	0.24	0.09	0.00	-0.10	0.01	0.13	-0.02	0.25	0.08	0.23	0.12	1.00						1.29
X18	0.19	0.15	0.16	-0.10	-0.09	0.29	0.03	-0.02	-0.04	-0.02	0.10	-0.02	0.27	0.23	0.63	0.25	0.31	1.00					2.57
X19	0.99	0.28	0.45	0.21	0.15	0.12	0.49	0.42	-0.41	0.55	-0.24	-0.17	-0.28	0.99	0.27	0.42	0.11	0.22	1.00				108.80
X20	-0.40	0.01	-0.08	-0.12	0.18	0.00	-0.12	-0.12	0.09	-0.10	0.22	0.13	0.24	-0.39	-0.33	-0.24	0.00	-0.21	-0.36	1.00			1.50
X21	-0.26	-0.04	-0.26	0.14	0.00	0.09	-0.25	-0.21	0.21	-0.14	0.04	0.04	0.02	-0.26	-0.05	-0.25	-0.13	-0.18	-0.26	0.30	1.00		1.33
X22	0.05	-0.04	-0.09	0.15	-0.12	0.00	-0.06	-0.04	0.06	-0.02	-0.10	-0.04	-0.15	0.05	0.10	-0.06	-0.04	-0.01	0.03	-0.12	0.06	1.00	1.07

资料来源：作者自绘。

2. 模型构建

Autologistic 回归模型的因变量以二分类变量表示，土地利用图中若该栅格的用地类型为城镇建设用地，则计为 1，否则计为 0。研究选取 2000、2010、2018 年三个年份的土地利用数据进行城镇空间增长驱动力的回归分析，分别构建 Autologistic 回归模型。

Autologistic 模型的结构如下：

$$\ln\left(\frac{P_i}{1-P_i}\right)=\beta_0+\beta_1X_{1,i}+\beta_2X_{2,i}+\cdots+\beta_nX_{n,i}+\gamma\text{Autocov}_i \tag{7.4}$$

式中：P_i为栅格i为城镇建设用地的概率；$X_{1,i}$，$X_{2,i}$，…，$X_{n,i}$为城镇空间增长的第1，2，…，n个驱动因子在栅格i的数值；Autocov_i为栅格i的空间自相关因子；β_0为常数项，β_1，β_2，…，β_n为第1，2，…，n个驱动因子的回归系数；γ为空间自相关因子的回归系数。

对于 Autologistic 回归，β 值反映回归方程中驱动因子的关系系数，即当驱动因子变化一个单位时，相应变量的对数优势扩大 β 单位。Exp（β）是以 e 为底的 β 系数的自然幂指数，表示驱动因子每增加一个单位，城镇建设用地出现的优势比的变化值。建设用地出现的优势比算法为 $u/(1-u)$，其中 u 为栅格数值为 1 的概率。当 exp（β）>1 时，表示优势比增加，该因子对城镇空间增长具有正向驱动作用；当 exp（β）=1 时，表示优势比不变；当 exp（β）<1 时，表示优势比减少，该因子对城镇空间增长具有负向驱动作用。回归模型以 P=0.01 作为解释变量的显著性水平检验阈值，当驱动因子的 P<0.01 时，表明该因子对城镇空间增长有显著驱动作用，反之认为驱动作用不显著。

Autologistic 回归模型中的空间自相关因子，旨在解决地理数据之间空间自相关的影响。空间自相关因子（Autocov）的计算方法如下：

$$\text{Autocov}_i=\frac{\sum_{i\neq j} W_{ij}y_j}{\sum_{i\neq j} W_{ij}} \tag{7.5}$$

式中：y_j为栅格 j 的土地利用状态，城镇建设用地赋值为1，非城镇建设用地赋值为0；W_{ij}为栅格 i 和 j 之间的空间权重。

通常在城镇空间增长的 Autologistic 回归模型中空间权重应用反距离权重法确定。反距离权重是基于“地理学第一定律”——相互之间距离越大、权重越小提出的，具体计算方法为：

$$W_{ij}=\begin{cases}\dfrac{1}{D_{ij}}，当D_{ij}<阈值d时\\ 0，其他\end{cases} \tag{7.6}$$

式中：D_{ij}为栅格 i 和 j 的欧式距离，根据本研究的空间分辨率，取阈值d=300 m，即当D_{ij}<300 m时，空间权重W_{ij}为栅格 i 和 j 欧式距离的倒数，否则空间权重W_{ij}为0。

考虑城镇建设用地对周边用地影响存在滞后性，即一个地块周边当前的用地状态会对下一阶段该地块的用地性质产生一定影响。因此，本研究将 2000 年的土地利用类型的空间自相关因子作为 2010 年的回归模型的变量，以 2010 年的空间自相关因子作为 2018 年的回归模型的变量。由于缺少 2000 年以前的 30 m 分辨率土地利用数据，本研究使用欧空局全球 300 m 地表覆盖数据中 1992 年数据作为替代，计算 2000 年的回归模型的空间自相关因子。

空间自相关因子的计算应用 GEODA 软件中 Spatial Matrix 功能计算反距离权重，生成所有在 300 m 阈值范围内栅格 i 与 j 的空间权重值，文件保存为 .GWT 格式，数据表格如表 7-4 所示。

表 7-4　应用 GEODA 计算反距离权重的输出表格示例

	V1	V2	V3
1	1	48	0.003333333
2	1	31	0.003535534
3	1	30	0.004472136
4	1	29	0.005
5	1	28	0.004472136
6	1	14	0.01
……	……	……	……

资料来源：作者自绘。

表格中 V1 列表示栅格 i 的 ID 编码，V2 列表示栅格 j 的 ID 编码，V3 列为栅格 i 与 j 之间的反距离权重数值 W_{ij}。应用 Rstudio 平台读取 .GWT 格式文件并进行数据处理，计算 Autocov 数值。具体流程为：首先应用 merge 语句以 V2 列的 ID 编码为依据，将各个栅格的土地利用状态 y_j 一一对应添加至表格，然后计算反距离权重 W_{ij} 与土地利用状态的乘积 $W_{ij}y_j$ 至新的数据列 V4。根据公式（7.5）和公式（7.6），对栅格 i 求和 V4 列数值，再除以 300 m 阈值内所有栅格的反距离权重总和，即求得栅格 i 的空间自相关因子 Autocov_i。

7.2.4　驱动因子解读

AUC（Area Under Curve）是 ROC 曲线下的面积，其数值在 0.5 与 1 之间，数值越接近于 1，表明模型的预测能力越高。应用 AUC 检验模型的预测能力，图 7-19 是 3 个回归模型的 ROC 曲线以及 AUC 数值，可以看出所有模型 AUC 值均在 0.9 以上，认为模型具有良好的解释能力。

表 7-5 为 2000、2010、2018 年城镇空间增长驱动因素的回归模型结果，所有驱动因子均通过显著性检验，对城镇空间增长具有显著贡献。exp（β）>1 表明该因子对于城镇空间增长具有正向驱动作用，exp（β）<1 则表明该因子对于城镇空间增长具有负向驱动作用。

2000 年城镇建设用地空间分布产生正向影响的驱动因子按照作用强度由高至低分别为：地貌（X9）、是否为规划建设用地（X20）、是否位于蓄滞洪区内（X5）、坡度（X8）、总人口数变化（X11）等；产生负向作用的驱动因子按照作用强度由

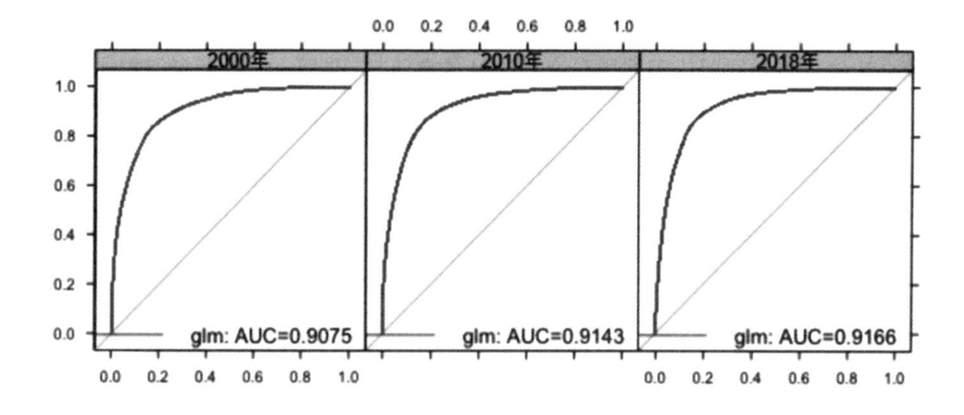

图 7-19　Autologistic 回归模型的 ROC 曲线
（资料来源：作者自绘）

高至低分别为：是否位于基本农田保护区内（X22）、是否位于规划生态保护区内（X21）、与交通干道距离（X17）、与一级河流的距离（X2）、与区级中心距离（X16）等。

对 2010 年城镇建设用地空间分布产生正向影响的驱动因子按照作用强度由高至低分别为：是否为规划建设用地（X20）、地貌（X9）、是否位于蓄滞洪区内（X5）、坡度（X8）、总人口数变化（X11）等；具有负向作用的因素包含：是否位于规划生态保护区内（X21）、是否位于基本农田保护区内（X22）、与交通干道距离（X17）、与一级河流的距离（X2）、与次中心距离（X15）等。

对 2018 年城镇建设用地空间分布产生正向影响的驱动因子按照作用强度由高至低分别为：地貌（X9）、是否为规划建设用地（X20）、是否位于蓄滞洪区内（X5）、坡度（X8）、总人口数变化（X11）等；产生负向影响的驱动因子按照作用强度由高至低分别为：是否位于规划生态保护区内（X21）、是否位于基本农田保护区内（X22）、与交通干道距离（X17）、与次中心距离（X15）、与区级中心距离（X16）等。

表 7-5　Autologistic 回归模型指数化 β 系数和 exp（β）

驱动因子		2000 年		2010 年		2018 年	
		β	exp（β）	β	exp（β）	β	exp（β）
	(Intercept)	-7.18800	0.00076	-4.84900	0.00784	-6.37400	0.00171
与一级河流的距离	X2	-0.00015	0.99985	-0.00008	0.99992	-0.00004	0.99996
与二级河流的距离	X3	-0.00006	0.99994	-0.00007	0.99993	0.00002	1.00002
与湖泊水库的距离	X4	0.00004	1.00004	0.00003	1.00003	0.00000	1.00000
是否位于蓄滞洪区内	X5	0.41460	1.51377	0.45630	1.57822	0.23460	1.26440
与水生态廊道的距离	X6	0.00008	1.00008	0.00004	1.00004	0.00004	1.00004
坡度	X8	0.08805	1.09204	0.06350	1.06556	0.03859	1.03934
地貌	X9	2.36500	10.64404	1.43500	4.19965	3.04900	21.09424
年均降雨量	X10	0.00074	1.00074	0.00227	1.00227	0.00073	1.00073
总人口数变化	X11	0.00604	1.00606	0.00773	1.00776	0.00171	1.00171
人口密度变化	X12	0.00040	1.00040	0.00031	1.00031	0.00015	1.00015
GDP 总量变化	X13	0.00000	1.00000	0.00000	1.00000	0.00000	1.00000
与次中心距离	X15	-0.00007	0.99993	-0.00008	0.99992	-0.00009	0.99991
与区级中心距离	X16	-0.00008	0.99992	-0.00008	0.99992	-0.00007	0.99993
与交通干道距离	X17	-0.00079	0.99921	-0.00047	0.99953	-0.00013	0.99987
与火车站距离	X18	0.00001	1.00001	0.00001	1.00001	0.00003	1.00003
与地铁站点距离	X19	0.00000	1.00000	-0.00001	0.99999	-0.00002	0.99998
是否为规划建设用地	X20	1.96000	7.09933	2.01100	7.47078	1.93500	6.92404
是否位于规划生态保护区内	X21	-0.33130	0.71799	-0.48520	0.61557	-0.50370	0.60429
是否位于基本农田保护区内	X22	-0.53400	0.58626	-0.45610	0.63375	-0.40150	0.66932
	Autocov	-0.05333	0.94807	-0.22700	0.79692	-0.37140	0.68977

资料来源：作者自绘。

Autologistic 回归模型结果显示，水环境因子中蓄滞洪区的范围对城镇空间增长的影响最为显著，是城市用地扩张的重要限制性因素。2000 年 X5 因子的 exp（β）为 1.51377，表明在假定其他驱动因子不变的条件下，非蓄滞洪区范围土地比蓄滞洪区范围内土地是城镇建设用地的概率高 51.4% 左右。一级河流相较于其他地表水环境因素，对城镇空间增长具有更显著的驱动作用，与一级河流的距离越近，城镇建设用地出现的优势比越高。其余与二级河流、湖泊水库、水生态廊道相关的因子虽然与城镇建设用地有相关性，但 β 系数小于道路交通因子和区位条件因子，说明这些水环境因子的驱动作用小于道路交通、区位条件因素。总体上，2018 年各项水环境因子（X2 至 X6）的 β 系数均小于 2000 年和 2010 年，说明水环境因子对城镇空间增长的驱动作用呈减弱的趋势。

规划政策因子对于城市土地的空间分布具有最为显著的影响作用，规划生态保护区和基本农田保护区是城镇空间增长的重要限制性条件。在假定其他驱动因子不变的条件下，根据回归结果显示，2000 年非生态保护区范围的土地比生态保护内土地成为城镇建设用地的概率高 39.3%，2010 年时高 62.4%，2018 年时高 65.5%，说明在 2000 年至 2018 年，生态保护区对城市增长的限制性作用不断增强。然而，相比较其他驱动因子，基本农田保护区对城镇空间增长的限制作用呈减弱趋势，2000 年时非基本农田保护范围的土地比保护范围内土地成为城镇建设用地的概率增大 70.6%，而至 2018 年该差值减小为 49.4%。

其余驱动因子中，自然地形因子、区位因子和交通基础设施因子与城镇建设用地有显著相关性。其中，与交通干道距离（X17）、与次中心距离（X15）、与区级中心距离（X16）的 β 系数表明，与这些因素的距离越近，城镇建设用地出现的可能性越高。自然地形因子（X8、X9）显示，地貌为平原的土地、坡度平缓的土地，城镇建设用地出现的可能性较高。在社会经济因子中，总人口数增长、人口密度提升也是驱动城镇空间增长的积极因素。

天津市城镇空间增长的情景分析

未来城镇发展与用地增长既具有自下而上的自发性和市场性作用，也受到自上而下城市发展战略、空间规划等政策性因素影响。由于城镇发展的复杂性和不确定性问题，城市增长管理政策的制定既需要为今后城镇发展提供充足的空间，又需要起到约束城镇空间的无序扩张、保护耕地和生态空间的作用。因此，通过对城镇空间增长和水环境保护的多种方案实施效果的模拟分析，可以比较不同规划方案条件下城镇用地的空间形态和布局特征，预判城水关系的发展趋势，从而提升增长管理政策的科学性与合理性。

本章依据天津市本地水资源、水生态条件，构建用于天津市空间规划编制和调整的城镇空间增长情景分析系统。在分析未来天津城市发展趋势的基础上，设定天津市城市发展和水环境保护的四种方案，模拟 2018—2025 年的天津城市发展和用地扩张趋势，并结合对现行规划与管理政策的比较分析，对天津市边界管控体系提出优化建议。

8.1 情景分析系统构建

前文第六章与第七章已完成情景分析系统的水资源承载力评估模块、水生态敏感区域识别模块和城镇空间增长的驱动力分析研究，本节将基于上述研究内容构建天津市城镇空间增长的 CLUE-S 模型，完成情景分析系统构建。该模型旨在模拟以水资源承载力约束城镇用地规模，以水生态敏感区域约束城镇空间布局的条件下的城镇空间增长特征，为制定城镇增长管理政策提供决策支持。

8.1.1 CLUE-S 模型的用地分类与研究尺度

模型模拟的用地分类与空间分辨率均与模拟结果具有相关性，CLUE-S 能够同时模拟多种类型用地的变化情况，也具有适应于高空间分辨率模拟的优势，但随着用地分类数量的增加和空间分辨率的提升，模型运行的时间将会显著加长。因而，应根据模型构建的目的和研究区域大小，设定恰当的用地分类数量和空间分辨率大小。

表 8-1 列举了部分文献中 CLUE-S 模型设定的用地分类方式和空间分辨率。考虑此处进行土地利用变化模拟的目的是比较不同的城水空间规划管理方式的作用效果，更注重观测城镇空间和水域空间的变化情况，因而，将用地类型分为城镇建设用地、水域及湿地、其他土地三种类型。必须承认，尽管将耕地、园地、林地等用地类型均划分为其他土地的方式，可能忽视了这些用地类型之间的差异性，但能够有效提升模型的运行效率，缩短运行时间，并且能够减少由于耕地、园地、林地等土地类型的模拟结果偏差对城镇建设用地和水域及湿地两种关键类型用地模拟结果的干扰。

空间分辨率采用 100 m×100 m，属于当前 CLUE-S 模型在城市尺度进行模拟分析可采用的较高分辨率。空间分辨率越高，模拟模型的运行时间越长，同时模拟结果的拟合度降低；但空间分辨率过低时，将无法准确反映土地变化的细节内容，降低模拟结果能够表达的现实意义。通过对小范围研究区域在 30 m、100 m、200 m、500 m、1000 m 五种尺度下的测试比较，综合权衡，最终确定采用 100 m 的空间分辨率构建 CLUE-S 模型。

表 8-1　相关研究的用地分类和空间分辨率统计表

文献	用地分类	CLUE-S 模型空间分辨率	研究区面积
张亮（2018）	耕地、园地、林地、建设用地、水域、湿地	100 m×100 m	杭州市中心城区 682.85 km^2
Verburg 等（2002）	林地、草地、椰子林、稻田、其他用地（包含建设用地）	150 m×150 m 和 1 km×1 km	马来西亚 Sibuyan Island 456 km^2，Klang-Langat watershed 面积 4300 km^2
吴桂平等（2010）	耕地、园地、林地、其他农用地、居民点工矿用地、交通水利设施用地、未利用地	—	张家界市永定区 2174 km^2
许小亮等（2016）	耕地、滩涂、水域、林地、未利用地、城镇工矿用地、园地、农村居民点用地、交通水利用地、其他农用地、其他建设用地	150 m×150 m	扬州市 6591 km^2

资料来源：作者整理。

此外，由于本研究可获取数据的限制，虽然研究收集了三期（2000、2010、2018 年）均为 30 m 分辨率的土地利用数据，但 2018 年资料来源与前两期不同。考虑到不同来源数据存在分类标准、方法不一的情况，可能影响模型精度，故采用 2000 年和 2010 年数据构建 CLUE-S 模型，其中 2000 年为模拟基期，2010 年的土地利用现状作为比对标准，进行模型的拟合度的检验和参数调整。

8.1.2 CLUE-S 模型的参数设定

在明确模拟模型的用地分类与研究尺度的基础上，本书将介绍通过 R 语言编程构建 CLUE-S 模型。不同于国内研究者普遍使用的 CLUE-S 模型应用程序，此部分研究是 R 语言在土地利用变化模拟领域的新探索，R 语言的开放特点和高效的计算能力扩展了 CLUE-S 模型的模拟尺度范围和输入模块参数范围，为今后 CLUE-S 模型应用提供了更多潜力。

1. 转换规则模块设定

转换规则模块将不同用地类型之间的转换规则输入 CLUE-S 模型中，包含土地转移弹性和土地转移秩序两个部分。土地转移弹性的数值首先根据 2000—2010 年城市土地、水域及湿地、其他土地三类用地类型的转移比例确定初始值，然后在 CLUE-S 模型的模拟中，根据校验数据进行调整，提高 CLUE-S 模型的拟合度。土地转移弹性的初始值参考 2000—2010 年各类型用地栅格中保持不变的比例，例如有 90.92% 在 2000 年时是城镇建设用地栅格，至 2010 年时依然为城镇建设用地，则城镇建设用地的转移弹性设定为 0.9092，其余土地类型的转移弹性值详见表 8-2。

土地转移秩序通过数值矩阵的方式表达，数值表示横坐标土地类型向纵坐标土地类型的转移秩序，0 表示不能转移，1 表示可以转移。根据 2000—2010 年参考地图中各类土地的转换情况，设定所有土地的转移秩序均为 1，表示可以相互之间转移。

表 8-2　土地类型转换矩阵 （单位：个栅格）

		2010 年				
		其他土地	城镇建设用地	水域及湿地	总和	转移弹性
2000 年	其他土地	1293862	114902	81243	1490007	0.87
	城镇建设用地	16067	206794	4576	227437	0.91
	水域及湿地	51520	16493	219178	287191	0.76
	总和	1361449	338189	304997	2004635	

资料来源：作者整理。

2. 空间特征模块设定

应用 Autologistic 回归模型构建空间特征模块，分别以三种土地利用类型为被解释变量，应用 7.2 节阐述的 19 个驱动因子为解释变量，基于 2010 年数据构建 Autologistic 回归模型。空间自相关因子（Autocov）以 2000 年土地利用数据计算。考虑水环境因子（X2 至 X5）、自然地形因子（X6 至 X10）随时间变化差异性较小，采用固定数据，即不随时间推移而变化的数据进行计算；其余驱动因子据预测期的规划方案或方案条件计算。

在 R 语言 lulcc 包中，应用 glmModels 语句构建 Autologistic 回归模型，测算各个栅格的土地利用类型优势比，所有样本按照 3 ∶ 7 的比例，分为训练样本（train data）和测试样本（test data）两部分。其中训练样本用于进行 Autologistic 回归分析，构建预测模型，测试样本用于检验回归模型的拟合度。所得结果详见表 8-3。

表 8-3　Autologistic 预测模型的回归系数

	其他土地		城镇建设用地		水域及湿地	
	Estimate （β）		Estimate （β）		Estimate （β）	
β_0	3.26E+00	***	− 5.71E+00	***	− 2.65E+01	***
X2	1.28E − 05	***	7.23E − 06	***	− 3.84E − 05	**
X3	− 4.91E − 06	***	− 1.74E − 05	***	9.98E − 05	***
X4	1.79E − 05	***	1.03E − 05	***	− 6.73E − 05	***
X5	− 2.36E − 01	***	4.09E − 01	***	2.46E − 01	***
X6	5.88E − 06	***	− 5.56E − 06	***	3.00E − 05	***
X8	4.38E − 02	***	5.01E − 03	*	− 1.33E − 01	***
X9	− 1.71E+00	***	1.23E+00	***	1.22E+01	***
X10	− 2.96E − 03	***	2.84E − 03	***	1.40E − 03	***
X11	− 2.04E − 02	***	7.08E − 03	***	− 7.44E − 02	***
X12	− 4.57E − 04	***	2.32E − 04	***	− 3.06E − 04	***
X13	4.59E − 08	***	− 4.28E − 08	***	4.99E − 07	***
X15	2.78E − 05	***	− 3.41E − 05	***	1.16E − 05	***
X16	− 1.43E − 06	*	− 2.33E − 05	***	− 2.97E − 05	***
X17	1.83E − 04	***	− 2.42E − 04	***	6.80E − 05	***
X18	− 1.63E − 05	***	5.58E − 06	***	9.87E − 06	***
X19	6.19E − 06	***	− 5.50E − 06	***	− 1.16E − 05	***
X20	− 5.16E − 01	***	9.85E − 01	***	− 2.57E − 01	***
X21	− 2.28E − 01	***	− 1.88E − 01	***	5.76E − 01	***
X22	2.34E − 01	***	− 8.21E − 02	***	− 3.46E − 01	***
Autocov	2.00E+01	***	2.10E+01	***	1.52E+01	***

资料来源：作者整理。

测试样本的观察值与预测值之间的差异性可以通过ROC曲线和曲线下的面积AUC数值表示，该数值越高，说明回归模型的拟合度越好。如图8-1所示为对Autologistic回归模型对各种类型用地数量变化的预测能力检验，城镇建设用地（Built）回归模型的AUC值为0.9136，水域及湿地（Water）回归模型的AUC值为0.9249，其他土地（Other）的AUC值为0.9002，表明研究选取的驱动因子和所构建的Autologistic回归模型能够很好地预测三类用地的空间分布特征，可作为CLUE-S的空间特征模块输入。图8-2为根据空间特征模块预测的各种土地利用空间分布的概率地图，其中颜色越深的区域表示该类型土地出现的可能性越高。从图8-2可以看出，除中心城区的市内六区外，中心城区的外围四区、滨海新区的沿海地段、中心城区与滨海新区的连接片区，蓟州区、宝坻区、武清区等近郊区的区级中心地区都是转换为城镇建设用地的可能性较高的地区。而转换为水域及湿地可能性较高的地区包含蓟州区的于桥水库周边、滨海新区的海岸带地区以及中心城区南北的两翼地带。根据Autologistic回归模型预测值生成的土地利用空间分布的可能性地图与天津市实际的城镇空间和水生态空间分布基本一致，证明该模型具有良好的拟合度和空间预测能力。

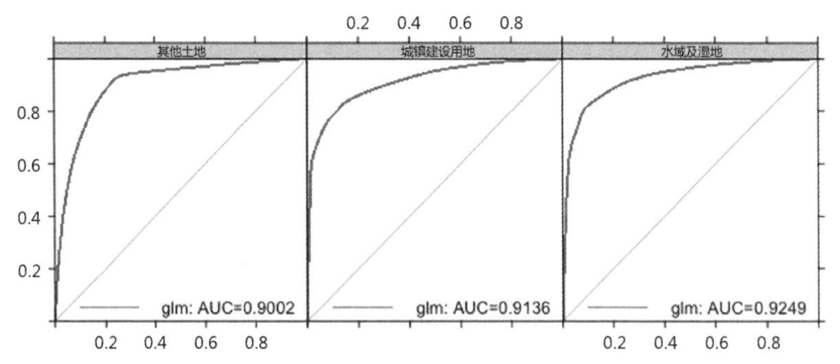

图8-1　空间特征模块的预测数量准确性检验（ROC曲线和AUC值）

（资料来源：作者自绘）

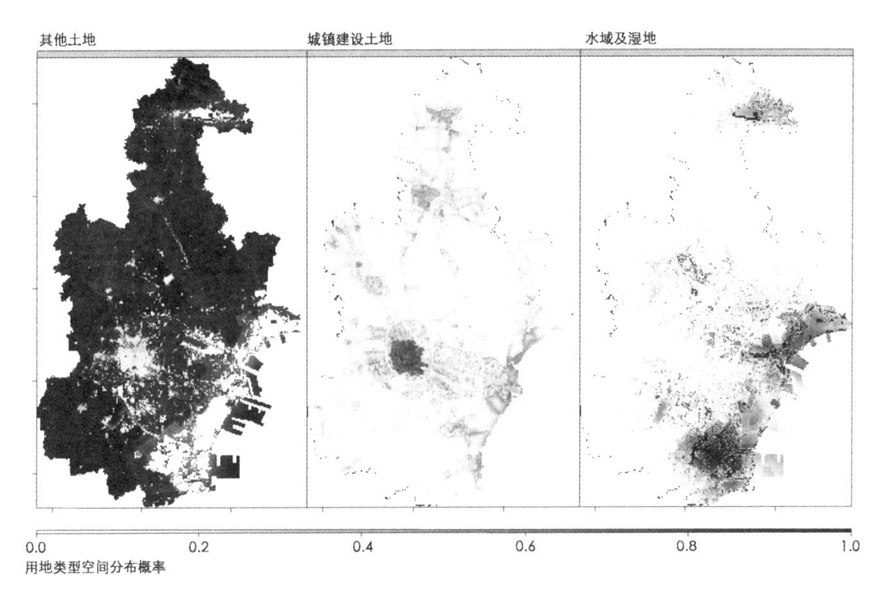

图 8-2　土地利用空间分布的可能性地图

（资料来源：作者自绘，文后附彩图）

3. 土地需求模块设定

CLUE-S 的需求模块需要以矩阵的形式输入预测期内各种土地利用类型的栅格数量，即土地需求矩阵。矩阵形式如表 8-4 所示，其中每一列表示一种土地利用类型，每一行表示年份。

表 8-4　2000—2018 年土地需求矩阵（单位：个栅格）

年份	其他土地	城镇建设用地	水域及湿地
2000	1490007	227437	287191
2001	1477151	238512	288972
2002	1464295	249588	290752
2003	1451440	260662	292533
2004	1438584	271738	294313
2005	1425728	282813	296094
2006	1412872	293888	297875
2007	1400016	304964	299655
2008	1387161	316038	301436
2009	1374305	327114	303216
2010	1361449	338189	304997
2011	1348593	349264	306778
2012	1335737	360340	308558
2013	1322882	371414	310339
2014	1310026	382490	312119
2015	1297170	393565	313900
2016	1284314	404640	315681
2017	1271458	415716	317461
2018	1258603	426790	319242

资料来源：作者整理。

对土地需求矩阵的预测方式有马尔可夫（Markov）模型、线性预测、情景设定等方式，其中马尔可夫模型和线性预测的方式均是基于观察数据的趋势并外推进行预测。例如图 8-3 是根据 2000、2010 年天津市土地利用类型特征，应用线性内插法测算的各年份土地需求。考虑在城市增长管理基本思路中，水资源承载力是城镇空间规模上限阈值，因此在进行城镇空间增长的模拟中，将根据 SD 模型评估的水资源承载力设定土地需求矩阵，分析和比较城镇空间增长的特征以及城市与水环境关系的变化。

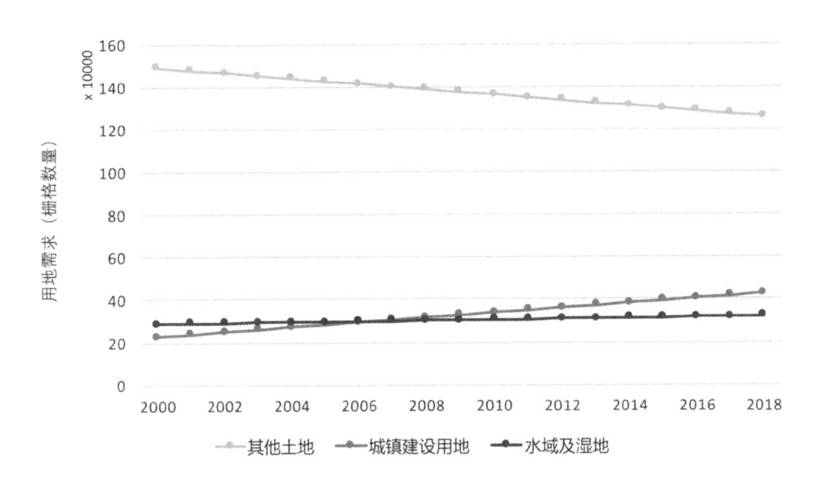

图 8-3　2000—2018 年土地需求示意图

（资料来源：作者自绘）

4. 土地政策与限制区域模块

CLUE-S 的土地政策与限制区域模块有三种输入方式。其一，通过设定蒙版（mask）图层，限制土地使用功能的改变，例如将基本农田保护区或生态红线范围内区域设定为像素值为 0/1 的栅格图层，其中 0 代表不可产生用地功能改变的区域，也就是基本农田保护区和生态红线以内区域，1 代表用地功能可以改变的区域。其二，土地政策通过土地转移矩阵表示，例如在通常情况下，城市建设用地不可能转变为水域及湿地，但如果在城市收缩、水生态环境修复优先的政策情景下，可能出现城市低效率利用或长期闲置的土地转变为水域及湿地等水生态空间，此类政策情景可以通过土地转移矩阵进行设定。其三，土地转移弹性也能够反映土地政策的作用效果，土地转移弹性设定为 0 至 1 的数值，其值越接近于 1，说明该类型土地的用地功能越难以改变。例如在严格的水环境保护情景下，土地政策和城市规划中可能提出水域及湿地等生态空间零减少的条件，对于此类情景可通过设定水域及湿地的土地转移弹性为 1，进行模拟分析，探究此类型土地和规划政策的作用效果。本研究初始模型中未加入土地政策与限制区域模块条件。

8.1.3 CLUE-S 模型的检验与修正

1. 初次模拟结果及检验

根据上述设置，运行 CLUE-S 模型，以 2000 年为基期，模拟至 2010 年的土地利用变化情况。初始模型的 Kappa 系数为 0.781，拟合水平一般；城镇建设用地的位置准确率为 82.0%，水域及湿地的为 79.2%，其他土地的为 94.4%。从 2010 年模拟图与现状图对比（图 8-4）可以看出，预测的新增城镇建设用地与现实增长地点存在一定差异。

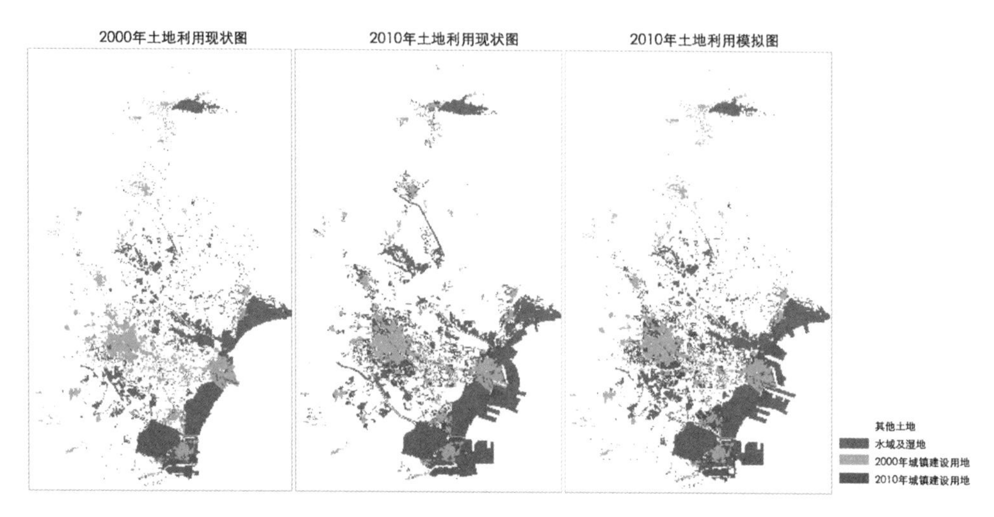

图 8-4 2000 年、2010 年土地利用现状图与 2010 年土地利用模拟图对比

（资料来源：作者自绘，文后附彩图）

针对模拟差异的修正策略如下。

其一，模拟图显示大量新增城镇建设用地位于滨海新区的围填海地区，与 2010 年现状图存在较大差距。虽然围填海区是天津市城镇空间增长的重要地区，但是这部分空间多在 2010 年后逐步完成填海造陆，成为城镇建设用地；考虑造成此偏差的原因为 2000 年的土地利用现状图中，将海域与耕地、林地等陆域空间一同归类为其他土地，因此在增长模拟过程中，将近海海域空间与其他陆域空间一共纳入城镇建设用地的空间分配过程中。为调整海域空间对模拟结果的干扰，将海域归为水域及湿地用地类型，并依据 2010 年现状图中海岸线范围，将模拟区域内的海域空间设定为 CLUE-S 模型的蒙版图层，即用地类型不会发生改变的区域。

其二，模拟结果中，城镇建设用地的新增区域较为集中，围绕天津市中心城区、西青新城、大港新城等城市组团向外扩展，且边界规则，而现状新增用地分布较为分散，呈现更明显的边缘式增长的特征。考虑 CLUE-S 模型的原理为自上而下的空间分配模型，也就是在确定某种用地的栅格数量后，根据该类型用地在各个栅格中概率的大小进行分配。而这种方式忽视了栅格与邻域之间的影响关系，比如位于城镇建设用地周边的土地更容易被开发建设。可通过设置 CLUE-S 模型中 neighb 参数优化模型，将邻域影响因素纳入空间分配模块。本研究定义邻域影响的大小范围为城镇建设用地栅格的周边 3 个栅格范围，即 300 m 的邻域影响范围。

其三，模拟结果对于部分新增水域空间的模拟准确率较低。例如潮白新河、独流减河在 2010 年的土地利用现状图中均为较宽的水域空间，但模拟图中未能显示这些新增水域。造成这一差异的原因考虑为河道蓄水量的不同，而蓄水量的差异可能是季节间的差异，或者是人为因素决策造成的。针对这一问题，参照天津市河流水系图对 2000 年土地利用现状图中水域及湿地用地类型进行人工修正，划定所有在河道范围内的土地为水域及湿地类型。

2. 模型修正及检验

根据初次模拟结果，对 CLUE-S 模型进行修正，依次增加蒙版设置、邻域影响、修正水域空间后再次运行模型，对模拟结果进行 Kappa 系数检验，计算各用地类型的模拟准确率，结果见表 8-5。

表 8-5　CLUE-S 模型拟合水平检验

模型编号	模型设置	Kappa 系数	模拟准确率			结论
			城镇建设用地	水域及湿地	其他土地	
Clues. model_1	初始模型	0.781	82.0%	79.2%	94.4%	模型拟合一般
Clues. model_2	调整用地分类并加入蒙版设置	0.804	81.3%	83.1%	95.1%	模型拟合良好
Clues. model_3	加入邻域影响	0.805	81.7%	83.1%	95.1%	模型拟合良好
Clues. model_4	修正水域空间	0.810	81.8%	84.2%	95.3%	模型拟合良好

资料来源：作者整理。

对比修正填海区域误差的 Clues.model_2 与初始模型 Clues.model_1 的检验结果，可以看出修正后模型的 Kappa 系数略有提高，模型对水域及湿地的模拟准确率有明显提升，达到 83.1%。加入邻域影响作用后的 Clues.model_3，虽然模型整体 Kappa 系数没有提升，但对比模拟图与现状图中城镇建设用地的空间分布特征（图 8-5），可以看出模拟建设用地的新增区域与增长趋势与现状图基本吻合，初始模型中过度集中化、规则化的建设用地模拟问题有所缓解。Clues.model_4 对 2000 年水域与湿地进行修正后，水域与湿地的模拟准确率提升，达到 84.2%。总体上，三个修正模型的拟合度均有提升， Kappa 系数达到 0.8 以上，各类用地的模拟准确率均大于 80%，可认为模型能够反映城市用地变化的主要趋势，模型拟合良好。

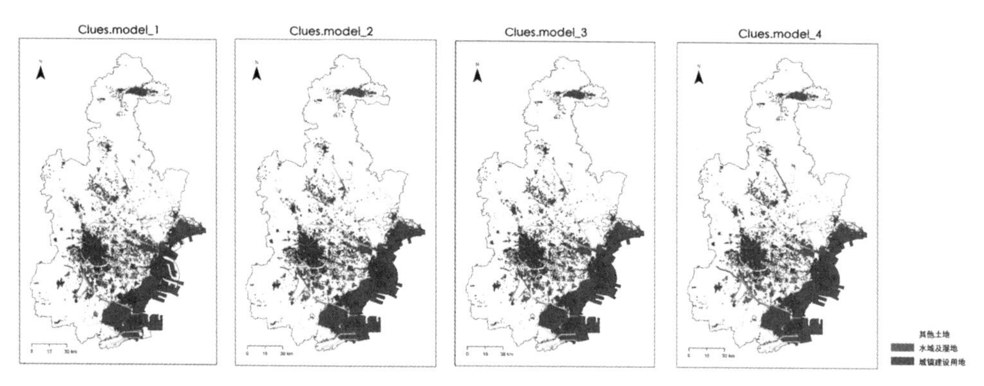

图 8-5　初始模型与三个修正后模型的 2010 年土地利用模拟图

（资料来源：作者自绘，文后附彩图）

比较模拟图与参考图中各类型土地的变化情况，可以看出本研究建立的 CLUE-S 模型对于建设用地、水域及湿地等土地变化的总体特征和主要变化区域的模拟准确度良好，模拟结果反映出天津市中心城区与滨海新区相向发展的城市扩张趋势，反映出武清区、汉沽、大港等城市组团的增长过程，体现了天津市多中心发展的城市结构。但模拟结果也存在一定局限性，例如模拟结果部分忽略了跳跃式、分散化的建设用地增长，并且模拟时间越长，缺失的跳跃式用地增长信息越多。

通过对 CLUE-S 参数设置的调整，提升模型的拟合效果，最终获得一套具有良好拟合度、适用于对天津市土地利用变化研究的 CLUE-S 参数设置，可应用该模型进行多情景模拟，辅助决策促进城水耦合发展的城镇空间规划方法。CLUE-S 模型调试后最终参数设置如表 8-6 所示。

表 8-6　CLUE-S 模型调试后最终参数设置

参数		设置数值
obs		2000 年和 2010 年土地利用图
ef		19 项驱动因子和 Autocov 空间自相关因子栅格图
models		Autologistic 回归模型
time		10
demand		dmd # 逐年各土地利用类型数量的数字矩阵
hist		Null
mask		海域空间
neighb		3×3 方格，权重均为 1，计算邻域影响
elas		—
rules		—
nb.rules		0.3
params	jitter.f	0.000008
	scale.f	0.0000007
	max.iter	10000
	max.diff	100
	ave.diff	100
output		栅格文件

资料来源：作者整理。

8.2　预测情景方案设定

8.2.1　方案设定的背景

研究以城市与水生态环境之间的互动关系作为方案设定的出发点，考虑天津市未来发展的城市定位、人口规模、水生态环境特征以及已经明确规划建设的重大项目等情况，设置城镇空间增长模拟的多种方案。具体考虑的方案设定背景条件如下。

在城市发展定位方面，2015 年发布的《京津冀协同发展规划纲要》中天津与北京同为引领京津冀城市群发展的中心城市，并提出天津市的功能定位为“三区一基地”，即全国先进制造研发基地、北方国际航运核心区、金融创新运营示范区、改革开放先行区。在 2016 年天津城市总体规划的修编研究中，提出面向中华人民共和国成立一百年（2049 年）的城市愿景为“全球门户、创新之都、区域中枢、生态城市”。

由此可见，产业经济发展和生态城市建设是天津城市规划的重要主题，与制造产业、港口物流等相关的功能将进一步强化，近期城市发展仍处在产业增长、人口汇聚阶段，城市的生活和生产空间在对存量土地整合利用的基础上，依然具有适度增量发展的需求。同时，生态城市的建设目标也对生态环境保护和修复提出了较高要求。

在人口规模方面，天津市 2018 年常住人口为 1560 万人，其中城镇常住人口 1297 万人，达到超大城市等级，城镇化水平为 83.15%，已进入城镇化后期发展阶段。按照 2016 年修编版的城市总体规划，至 2030 年天津市总人口达到 2150 万人，其中城镇人口 1950 万人，城市人口依然有较大的增长空间。但从水生态环境的承载力角度分析，天津市现有水资源量对于承载 2000 万以上的地区人口具有极大压力，未来水供应主要依赖远距离输水工程和海水淡化、再生水利用等工程技术手段，城市人口增长预期与水生态承载能力之间仍存在较大矛盾。

在水生态保护方面，根据《京津冀协同发展规划纲要》，天津境内有“西部京津保湿地生态过渡带”和“东部渤海湾生态保护带”两个重要的生态保护带。天津市人民代表大会常务委员会《关于批准划定永久性保护生态区域的决定》中划定了山地、河流、水库与湖泊、湿地和盐田、郊野公园与城市公园、林带六类永久性保护生态区域，并且明确了生态保护红线和黄线，红线内除已经批复和审定的规划建设用地外，禁止一切与保护无关的建设活动。依据相关文件，该生态保护范围的有效期为 5 年，即从 2014 年至 2019 年。当前生态保护的相关政策中，仅将重要的河流、湖泊、湿地等区域作为水环境保护内容，而忽视了对毛细水网的保护，因此在方案模拟中，还需比较探讨不同水生态保护区域的划定方式对于推动城水耦合发展的作用效果。

在重大项目方面，南水北调是天津市供水系统和水生态系统水源补充的重要项目，自 2014 年天津市南水北调中线一期工程正式通水以来，南水北调输水河道沿线是水环境保护的重点区域。第二个重大项目为大运河文化遗产国家公园项目。大运河、长城、长征是我国提出建设的三个重要的国家公园项目，其中大运河项目贯通南北，具有丰富的文化价值和生态价值，大运河国家文化公园项目计划于 2023 年年底建成，大运河公园的建设也将对天津段的城市发展和水环境保护产生长期而又深远的影响。

8.2.2 方案设定的内容

考虑上述天津市城市发展的背景条件，研究设定现状延续发展方案（S1 方案）、城镇发展优先方案（S2 方案）、生态保护优先方案（S3 方案）和城水协调发展方案（S4 方案）模拟 2018—2025 年天津市的城镇空间增长和城水关系的演变。方案模拟条件的设定与城镇空间增长模拟系统的结构相对应，即分别设定水资源开发利用、水生态空间保护和城镇空间增长三个模拟模块的方案条件。具体方案设定方式分述如下。

1. 现状延续发展方案（S1 方案）

现状延续发展方案指在保持当前水资源开发利用、水环境保护及城镇空间增长趋势的条件下，至 2025 年的城市发展方案。虽然现实条件下，我国城镇发展已由快速扩张增长向存量更新转型，未来城镇的人口、产业和用地的增长速率不可能持续保持不变，但本方案旨在作为其他模拟方案的对照方案，模拟在城市持续快速增长、不受任何规划和政策条件约束的情况下，城水关系的变化特征。据此可对比水资源集约利用、水环境保护措施应用后的发展方案，为合理设定城镇用地开发约束条件提供参照。

（1）水资源开发利用方案

现状延续发展方案中维持当前水资源开发利用程度，因此设定为水资源承载力动态评估SD模型各项辅助参数保持2010—2018年的模型设定或维持2018年的水平。其中外调水供水量和其他水源供水量设定维持 2018 年数值，城镇化率、GDP、人口的变化延续 2010—2018 年的平均增长率，人均城镇建设用地面积减少至 155 m^2/ 人。现状延续发展方案（S1 方案）的 SD 模型参数设定如表 8-7 所示。

（2）水生态空间保护方案

水生态空间保护主要通过划定保护红线作为约束城镇空间增长的刚性边界方式，以避免城镇发展对水生态敏感区域的干扰和破坏。本方案中水生态保护红线范围依据天津市水生态安全格局中水生态源地、水生态廊道的范围确定。水生态源地与生态廊道涵盖了当前土地利用规划、城市总体规划中与水环境保护相关的生态保护区、生态保护红线范围，即保护对水生态环境健康起到核心作用的区域。位于生态源地内的土地禁止一切城镇开发建设活动，并逐步将红线范围内的已开发建设的土地恢复为水域、湿地等生态空间。如图 8-6 所示，S1 方案的水生态保护红线共划定 1799 km^2 土地作为水生态敏感区域，禁止城镇用地开发活动，保护面积占全域面积的 15.1% 左右。

表 8-7　现状延续发展方案（S1 方案）的 SD 模型参数设定

变量	缩写	2018 年初始值	2025 年数值	逐年数值设定方式
城镇人均生活用水量（m^3/（人・d））	UWPP	100	100	常数
乡村人均生活用水量（m^3/（人・d））	RWPP	74	74	常数
农业灌溉每公顷用水量（万 t/ hm^2）	AGRWP	0.357	0.357	常数
市域总面积（km^2）	AREA	11917	11917	常数
农业灌溉废水排放系数	AGRWWR	0.3	0.3	常数
人均城镇建设用地面积（m^2/ 人）	UBAPP	160	155	线性函数
本地水资源总量（万 t）	NWS	100000	100000	常数
外调水供水量（万 t）	OWS	143000	143000	常数
其他水源供水增长率	QTSR	0.1945	0	常数
征地面积（千 hm^2）	CAGR	1.9	1.9	常数
生态用水量（万 t）	ECOWR	56000	56000	常数
城市生活污水处理率（%）	URBWWP	92.5	92.5	常数
工业废水排放系数	INDWWR	0.32	0.32	常数
万元 GDP 耗水量（m^3/ 万元）	INDWP	15.1	15.1	常数
GDP 增长率	GDPR	0.1	0.1	常数
城镇化率增长率	URR	0.0071	0.0071	常数
人口增长率	POPR	0.0271	0.0271	常数
水资源供需比	WSWR	0.937	无阈值	
水污染压力	WP	0.224	无阈值	

资料来源：作者整理。

（3）城镇空间增长的模拟条件

S1 方案设定条件中除土地需求矩阵、空间特征模块、蒙版图层外，其余参数设定延续前文根据历史数据构建的 CLUE-S 模型。

土地需求矩阵中城镇建设用地面积根据 SD 模型模拟结果设定，水域及湿地面积采用线性趋势外推的方式设定，以 2010—2018 年的变化速率，线性趋势外推获得 2018—2025 年的相应土地需求。至 2025 年水域及湿地需求的栅格数为 192454 个，约 1144 km^2，占市域土地面积的 9.6%。相对于 2018 年的土地利用结构，水域及湿地的面积大幅度减少。

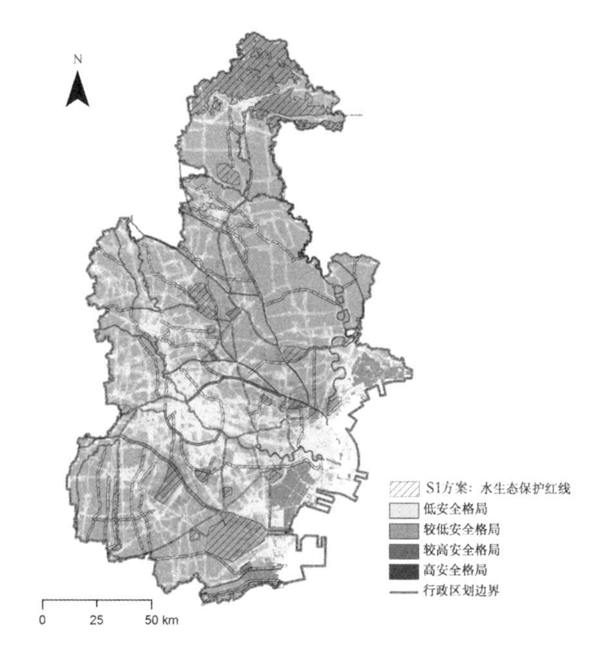

图 8-6　现状延续发展方案（S1 方案）的水生态保护红线范围

（资料来源：作者自绘，文后附彩图）

在 CLUE-S 模型中，将水生态环境保护方案中设定的水生态保护红线范围作为空间特征模块中“是否位于规划生态保护区内（X21）”因子，位于水生态保护红线范围内的土地赋值为 1，其余土地赋值为 0，并且根据水生态保护红线范围设定了 CLUE-S 模型的蒙版图层，位于水生态保护红线内的土地用地类型不可发生转变。

2. 城镇发展优先方案（S2 方案）

城镇发展优先方案（S2 方案）是指以保护水生态系统健康和稳定的底线作为约束条件，最大限度保障城镇社会经济发展为目标的发展方案，即以水资源最大承载能力和水生态敏感空间保护的最小范围作为城镇发展的约束条件。底线约束是当前进行城镇增长管理过程中常采用的一种思维方式，底线约束条件虽然能够保障水生态系统的最基础水量、水质和水生态空间，但因水生态系统将持续承载较大压力，不利于生态系统修复和韧性的提升。本方案的设定旨在探究天津市城镇空间增长的最大化边界和水生态系统开发利用的最大限度，为今后城镇增长管理的刚性底线条件设定提供参照。

（1）**水资源开发利用方案**

S2 方案设计为水资源最大承载条件，因此 SD 模型中设定“水资源供需比”的阈值为 1，即供水量等同于需水量；设定“水污染压力”的阈值为 0.2。把这两项变量作为水资源最大承载水平的约束因素，模拟在水生态底线约束条件下，大力提倡城镇人口和产业经济增长，经济发展优先的方案。

天津市的水资源供给在本地水资源的基础上外调水，外调水是天津市生产生活用水的重要来源，当前天津市稳定的外调水资源主要来源于引滦入津和南水北调两个项目。按国务院分水文件规定（国办发〔1983〕44 号），引滦入津的设计年输水量为：75% 保证率年份天津分水 10 亿 m^3，95% 保证率年份天津分水 6.6 亿 m^3。自 1983 年至 2009 年引滦入津工程平均每年为天津市供水约 5.2 亿 m^3。自 2014 年 12 月底，南水北调中线工程正式向天津市输水以来，至今五个调水年度分别完成供水量 3.31 亿 m^3、9.10 亿 m^3、10.41 亿 m^3、10.43 亿 m^3、10.96 亿 m^3。根据《南水北调工程总体规划》，中线一期工程丹江口水库陶岔渠首多年平均分配给天津市的总水量为 10.2 亿 m^3，总干线（含天津干线）输水损失率约为 15%，天津收水量 8.6 亿 m^3；当时预计 2020 年东线二期工程完工后每年可向天津市供水 5 亿 m^3（九宣闸），扣除水库蒸发渗漏损失、输水损失和北大港水库死库容，预计可调水 4 亿 m^3。因此，2020 年后，天津市外调水供水量每年预计可达 17.8 亿 m^3。

此外，设定再生水利用、海水淡化等其他方式水源供水量增长率保持 2018 年度水平，即年均增长 0.1945 倍。考虑随着经济的发展和产业结构的升级，以及节水思想和技术手段的应用，城镇生产生活的水资源利用效率将得到一定提升。参考《城市居民生活用水量标准（GB/T 50331—2002）》，天津所在区域的城市居民生活日用水量应在 85~140 m^3/ 人，S2 方案设定至 2025 年城镇人均生活用水量减少至 90 m^3/（人 · d）。在污水排放方面，S2 方案设定城市生活污水处理率提升至 95%，工业废水排放系数下降至 0.2。考虑随着城镇社会经济发展水平的提升，土地集约利用程度也将提高，设定人均城镇建设用地面积至 2025 年减少到 145 m^2/ 人。

在上述水资源开发利用条件的基础上，S2 方案的 SD 模型中 GDP 增长率、城镇化率增长率和人口增长率是可调参数，在满足水资源供需比和水污染压力达到目标值前提下，寻找最大调节系数，从而评估水资源可承载的最大人口和产业规模。本方案的 SD 模型参数设定如表 8-8 所示。

表 8-8　城镇发展优先方案（S2 方案）的 SD 模型参数设定

变量	缩写	2018 年初始值	2025 年数值	逐年数值设定方式
城镇人均生活用水量（m^3/（人·d））	UWPP	100	90	线性函数
乡村人均生活用水量（m^3/（人·d））	RWPP	74	74	常数
农业灌溉每公顷用水量（万 t / hm^2）	AGRWP	0.357	0.357	常数
市域总面积（km^2）	AREA	11917	11917	常数
农业灌溉废水排放系数	AGRWWR	0.3	0.3	常数
人均城镇建设用地面积（m^2/ 人）	UBAPP	160	145	线性函数
本地水资源总量（万 t）	NWS	100000	100000	常数
外调水供水量（万 t）	OWS	143000	178000	表函数
其他水源供水增长率	QTSR	0.1945	0.1500	常数
征地面积（千 hm^2）	CAGR	1.9	1.9	常数
生态用水量（万 t）	ECOWR	56000	56000	常数
城市生活污水处理率（%）	URBWWP	92.5	95.0	线性函数
工业废水排放系数	INDWWR	0.32	0.2	线性函数
万元 GDP 耗水量（m^3/ 万元）	INDWP	15.1	13.5	线性函数
GDP 增长率	GDPR	0.1	0.1× 调节系数	常数
城镇化率增长率	URR	0.0071	0.0071× 调节系数	常数
人口增长率	POPR	0.0271	0.0271× 调节系数	常数
水资源供需比	WSWR	0.937	≥ 1	
水污染压力	WP	0.224	≤ 0.2	

资料来源：作者整理。

（2）水生态空间保护方案

本方案设定水生态敏感区域识别模块中识别的高安全格局范围为限制城镇用地开发建设的水生态保护红线范围，面积为 2247 km^2，占全域面积的 18.9%（图 8-7）。相比 S1 方案，本方案设定的水生态保护红线范围有所扩展，主要补充了滨海新区的盐田湿地和一些小面积水域或湿地空间。

（3）城镇空间增长的模拟条件

S2 方案的城镇空间增长模块对土地需求矩阵、空间特征模块、蒙版图层三项参数进行调整，体现对城镇空间增长的底线约束作用。

土地需求矩阵依据该方案中测算的城镇建设用地面积确定 2018—2025 逐年城镇

土地面积。依据“零减少”原则设定水域及湿地面积保持2018年度的规模不变，依然为1459 km^2。CLUE-S的空间特征模块中X21因子采用本方案中设定的水生态保护红线范围，如图8-7所示，蒙版图层也补充水生态保护红线内区域。

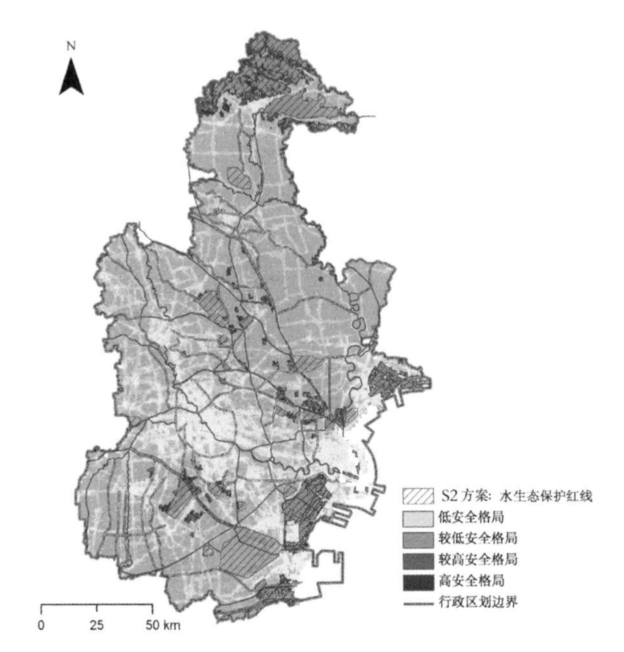

图 8-7 城镇发展优先方案（S2方案）的水生态保护红线范围
（资料来源：作者自绘，文后附彩图）

3. 生态保护优先方案（S3方案）

生态保护优先方案（S3方案）设定为以保护生态环境为首要任务，为保护和修复水生态环境，可以限制城镇人口增长、经济发展和用地扩张，甚至适当缩减城镇人口和用地规模。其中，水资源的开发利用在预留充足的生态补偿和地下水补偿所需水资源量的前提下，测算可承载的城市人口和建设用地规模。水环境保护以建立最完善和系统的区域生态安全格局为目标，划定约束城镇用地开发的约束性边界。本方案旨在模拟对水环境保护和修复的最有利条件下，城镇空间增长（或紧缩）的发展方案。

（1）水资源开发利用方案

S3方案设计为水资源最小利用条件，因此SD模型中设定“水资源供需比”的阈值为1.2，即水资源供给能力是总需水量的1.2倍；设定“水污染压力”的阈值为0.15，即不高于2018年度的水平。

考虑天津市严重缺水、河流干涸、湖泊湿地水位下降等水生态问题，研究设定对于本地水生态修复最为有利的水资源开发利用条件。其中在水资源供给方面，设定至 2025 年本地水资源将逐步全用于生态补偿用水，达到每年 100000 万 t；城市生产生活用水使用外调水和非常规水源。在城镇用水需求方面，S3 方案设计为城市为了保护水生态环境，采用节水技术，最大限度降低单位产值的用水需求，设定天津市至 2025 年万元 GDP 耗水量减少至 12.5 t/ 万元，城镇人均生活用水量减少至 85 m^3/（人・d），城市生活污水处理率提升至 99%，工业废水排放系数下降至 0.2。同时，从提升城镇土地集约利用、控制用地蔓延的角度，保护生态空间和农业生产空间，设定人均城镇建设用地面积减少到 145 m^2/ 人，征地面积减少至 0.5 千 hm^2。

在上述水资源开发利用条件的基础上，S3 方案的 SD 模型中 GDP 增长率、城镇化率增长率和人口增长率是可调参数，在满足水资源供需比和水污染压力达到目标值前提下，设定适当的调节系数，从而评估在生态保护优先条件下水资源可承载的人口和产业适当规模。生态保护优先方案（S3 方案）的 SD 模型参数设定如表 8-9 所示。

（2）**水生态空间保护方案**

生态保护优先方案以构建最理想的生态网络格局，保护所有对水生态系统起到关键作用的空间地域为模拟条件。S1 与 S2 方案中分别模拟了把“源地–廊道”核心结构和高安全格局区域作为生态保护红线范围，约束城镇空间增长的方案。但这些水生态环境的保护条件依然仅限于保护重要的河流、湖泊、水库、湿地等，大量农田、林地、草地等作为水环境基底的区域并没有被纳入保护范围。然而，这些区域对于自然降水的蓄滞净纳排起到了重要作用，并且这些区域内还拥有大量湿地、池塘、沟渠等毛细血管型的水域与湿地空间，在保障区域自然排水能力、提升水生态系统韧性、提供动植物生境和迁徙通道等方面均起着重要作用。因而，对于保护一个完整和健康的水生态系统而言，理想条件是基于水生态安全格局对不同安全等级区域提出相应的土地开发限制措施。

本方案依据天津市水生态安全格局的安全等级划分，确定城镇用地开发限制条件。其中高安全等级区域作为禁建区，是严格禁止一切城镇用地开发建设的区域；较高安全等级区域作为限建区，是控制和尽量减少城镇用地开发建设的区域；较低安全等级和低安全等级区域作为适建区，是城镇用地开发的优先选址范围（图 8-8）。

表 8-9　生态保护优先方案（S3 方案）的 SD 模型参数设定

变量	缩写	2018 年初始值	2025 年数值	逐年数值设定方式
城镇人均生活用水量（m^3/（人·d））	UWPP	114	85	线性函数
乡村人均生活用水量（m^3/（人·d））	RWPP	74	74	常数
农业灌溉每公顷用水量（万 t/ hm^2）	AGRWP	0.357	0.357	常数
市域总面积（km^2）	AREA	11917	11917	常数
农业灌溉废水排放系数	AGRWWR	0.3	0.3	常数
人均城镇建设用地面积（m^2/ 人）	UBAPP	160	145	线性函数
本地水资源总量（万 t）	NWS	100000	100000	常数
外调水供水量（万 t）	OWS	143000	178000	表函数
其他水源供水增长率	QTSR	0.1945	0.1945	常数
征地面积（千 hm^2）	CAGR	1.9	0.5	常数
生态用水量（万 t）	ECOWR	56000	100000	线性函数
城市生活污水处理率（%）	URBWWP	92.5	99.0	线性函数
工业废水排放系数	INDWWR	0.32	0.2	线性函数
万元 GDP 耗水量（m^3/ 万元）	INDWP	15.1	12.5	线性函数
GDP 增长率	GDPR	0.1	0.1× 调节系数	
城镇化率增长率	URR	0.0071	0.0071× 调节系数	
人口增长率	POPR	0.0271	0.0271× 调节系数	
水资源供需比	WSWR	0.937	⩾ 1.2	
水污染压力	WP	0.224	⩽ 0.15	

资料来源：作者整理。

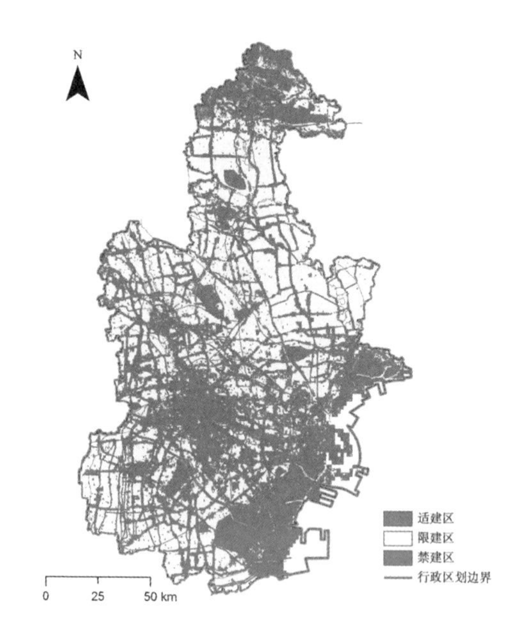

图 8-8　生态保护优先方案（S3 方案）的城镇用地适宜性范围

（资料来源：作者自绘，文后附彩图）

（3）城镇空间增长的模拟条件

类同于 S2 方案，本方案的城镇空间增长模块对土地需求矩阵、用地转移弹性、空间特征模块、蒙版图层四项参数进行调整，以对水环境保护最优条件为基础，设置城镇用地扩张的约束条件。

土地需求矩阵中城镇土地依据本方案水资源承载力动态评估模块中测算得出的城镇建设用地面积设定。因为本地水资源用于生态补偿，可提高水域及湿地面积，所以设定水域及湿地类型用地面积增长 10%，即 2025 年达到 1605 km^2，并应用线性内插法确定 2018—2025 年逐年的水域与湿地面积。考虑本方案提升了对水生态空间的保护程度，因此调整水域及湿地的转移弹性由 S1 方案的 0.76 至 0.95，数值越高表明发生用地类型改变的概率越小。城镇建设用地、水域及湿地、其他土地的转移弹性分别为 0.91、0.95、0.87。

CLUE-S 模型的空间特征模块中 X21 因子依据城镇用地适宜性分级赋值，其中适建区赋值为 0，限建区赋值为 0.7，禁建区赋值为 1。并且将禁建区范围设定为 CLUE-S 的蒙版图层。

4. 城水协调发展方案（S4 方案）

城水协调发展方案（S4 方案）旨在探究能够协调水环境保护和城镇发展需求，实现城水耦合发展的水资源开发利用、水环境保护和城镇增长管理方式。本方案将以 S2 方案的城镇人口和经济发展目标、S3 方案的水资源承载力和生态环境保护目标为基础条件，仿真模拟实现城水协调发展所需达到的水资源管理技术水平和城镇空间管理要求，从而为水资源管理、水生态红线划定以及城镇开发边界划定提供管理性指标的设定标准。

（1）水资源开发利用方案

S4 方案的水资源承载力目标设定为与生态保护优先方案（S3 方案）相同，即 SD 模型中 “水资源供需比”和“水污染压力”的阈值分别为 1.2 和 0.15，生态用水量至 2025 年达到 10 亿 m^3/ 年。S4 方案的城镇人口和经济发展目标与城镇发展优先方案（S2 方案）相同，其中设定 SD 模型中 GDP 增长率、城镇化率增长率、人口增长率三项变量的调节系数与 S2 方案模拟得到的结果相同。在上述 SD 模型模拟条件的基础上，可对城镇人均生活用水量、人均城镇建设用地面积、城市生活污水处理率、工业废水排放系数四项城市政策与管理性指标进行调节，达到模型成立。若对四项指标的调整均已达到最大合理限度，S4 方案的水资源供需比和水污染压力变量仍无法达到阈值要求，将适度降低城镇人口和经济发展变量的调节系数，即降低城水协调发展过程中对于城镇发展的预期要求，达到保护水生态环境的目的。城水协调发展方案（S4 方案）的 SD 模型参数设定如表 8-10 所示。

表 8-10　城水协调发展方案（S4 方案）的 SD 模型参数设定

变量	缩写	2018 年初始值	2025 年数值	逐年数值设定方式
城镇人均生活用水量（m^3/（人·d））	UWPP	114	待调整参数	线性函数
乡村人均生活用水量（m^3/（人·d））	RWPP	74	74	常数
农业灌溉每公顷用水量（万 t/ hm^2）	AGRWP	0.357	0.357	常数
市域总面积（km^2）	AREA	11917	11917	常数
农业灌溉废水排放系数	AGRWWR	0.3	0.3	常数
人均城镇建设用地面积（m^2/ 人）	UBAPP	160	待调整参数	线性函数
本地水资源总量（万 t）	NWS	100000	100000	常数
外调水供水量（万 t）	OWS	143000	178000	表函数
其他水源供水增长率	QTSR	0.1945	0.1945	常数
征地面积（千 hm^2）	CAGR	1.9	0.5	常数
生态用水量（万 t）	ECOWR	56000	100000	线性函数
城市生活污水处理率（%）	URBWWP	92.5	待调整参数	线性函数
工业废水排放系数	INDWWR	0.32	待调整参数	线性函数
万元 GDP 耗水量（m^3/ 万元）	INDWP	15.1	12.5	线性函数
GDP 增长率	GDPR	0.1	0.1×S2 方案调节系数	
城镇化率增长率	URR	0.0071	0.0071× S2 方案调节系数	
人口增长率	POPR	0.0271	0.0271× S2 方案调节系数	
水资源供需比	WSWR	0.937	≥ 1.2	
水污染压力	WP	0.224	≤ 0.15	

资料来源：作者整理。

（2）水生态空间保护方案

S4 方案中水环境保护方式可采用 S1、S2、S3 三个方案中设定的三种水生态空间设定方式，即：划定“源地–廊道”核心区域为水生态保护红线（图 8-6），划定高安全格局区域为水生态保护红线（图 8-7）和依据水生态安全格局评价城镇用地适宜性（图 8-8）。三种水生态敏感区域面积及占比详见表 8-11。

表 8-11　三种水生态空间设定方式对应的水生态敏感区域对比

水生态空间设定方式	水生态敏感区域面积	占市域面积比例
划定“源地-廊道”核心区域为水生态保护红线	1799 km^2	15.1%
划定高安全格局区域为水生态保护红线	2247 km^2	18.9%
依据水生态安全格局评价城镇用地适宜性	禁建区 2247 km^2；限建区 5005 km^2；适建区 4665 km^2	禁建区 18.9%；限建区 42.0%；适建区 39.1%

资料来源：作者整理。

（3）城镇空间增长的模拟条件

S4 方案中 CLUE-S 模型模拟城镇空间增长的土地需求矩阵根据逐年城镇人口数量确定，水域及湿地面积设定为至 2025 年增长 10%，与 S3 方案相同。土地转移弹性与蒙版图层同 S3 方案。空间特征模块中依据城镇用地适宜性设定 X21 因子图层，其中禁建区赋值为 1，限建区赋值为 0.5，适建区赋值为 0。

8.3　预测情景结果

对上述四种方案进行模拟，预测天津市至 2025 年的城镇空间增长规模和城镇用地的空间分布情况。

8.3.1　水资源承载力与社会经济发展趋势

现状延续发展方案（S1 方案）下，天津市总人口至 2025 年预计达到 1881.11 万人，平均年增长 2.7%，城镇化率预计达到 87.4%，GDP 总量预计达到 36653 亿元（图 8-9）。在不改变现状水资源供给和开发利用条件的情况下，按照当前的城镇人口和经济发展趋势，如表 8-12 所示，至 2023 年天津市的水资源供需比将低于 1，出现水资源供给能力无法满足城市用水需求的情况，水污染压力虽然短期内随着经济发展和产业结构的提升得到减缓，但从长期发展看也将呈现污染压力增大的趋势（表 8-7）。因此，S1 方案模拟结果说明现状延续的城镇发展和水资源开发利用方式将在不久的将来突破水资源承载上限，水资源供给能力将成为影响城镇人口增长和经济发展的制约因素。如 S1 方案模拟结果显示，在当前的水资源开发利用条件下，最大可承载的地区总人口不应超过 1700 万人，城镇化率最高约为 86%。

城镇发展优先方案（S2 方案）的模拟结果显示，在增加外调水、非常规水资源

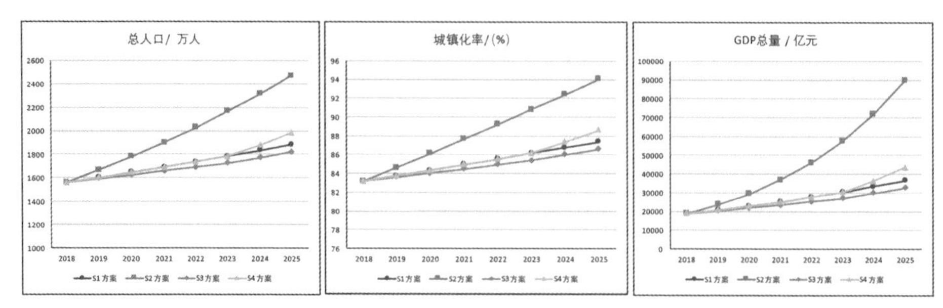

图 8-9　2018—2025 年天津市总人口、城镇化率、GDP 总量的变化情况

（资料来源：作者自绘）

开发利用以及提升节水能力、污水治理能力等多方面的水环境保护响应技术和政策应用的最理想条件下，天津市的水资源最大人口承载能力可以达到 2400 万人左右，城镇化率可达 94%，接近上海市的人口规模。但是，水污染问题依然十分严峻，如表 8-8 和图 8-7 所示，虽然通过开源节流的策略，水资源供需比能够保持在基本供需平衡的水平上，但是水污染压力将会随着人口和经济发展持续增长，成为制约城市环境品质和城市健康的重要因素。

生态保护优先方案（S3 方案）的模拟结果显示，如果适当控制城镇人口增长和牺牲部分经济增长速率，将对水生态环境的修复起到显著作用。至 2025 年相比 S2 方案，S3 方案的水资源供需比可达到 1.313（表 8-12），也就是每年城市水资源供给能力将超出用水需求的 30%，这些水资源可成为地下水补偿、河流湖泊和湿地生态修复的水源。水污染压力指数也从 2018 年的 0.16 下降至 0.15 以下（表 8-13），污水排放量的减少将极大地缓解水生态系统的污染消解压力。在生态优先条件下，至 2025 年天津市总人口约为 1800 万人，城镇化率 86.6%，GDP 总量达到 32600 亿元左右，均低于 S1 与 S2 方案。

城水协调发展方案（S4 方案）探索了如何协调水环境保护和城镇发展需求的水资源开发利用方式和城镇水环境保护的响应措施。在满足水资源供需比高于 1.2，水污染压力小于 0.16 的条件下，SD 模型模拟结果显示，2018—2023 年为生态优先条

件的发展模式，即人口与经济增速放缓，注重对水资源开发利用技术与管理水平的提升，至 2024 年后，随着水生态保护与修复成果的显现，水资源对城镇发展的制约作用减弱，人口增长与经济发展的增长速率再度提升。但是通过 SD 模型的复合模拟和比较，确定 S4 方案中体现水资源承载力反馈作用的调节系数最高为 2，因而低于 S2 方案的人口与 GDP 增长速率。该方案下，至 2025 年天津市总人口规模可达到 1981 万人，城镇化率 88.6%，GDP 总量约为 43600 亿元。

表 8-12　水资源供需比的多方案模拟数值

年份	S1 方案	S2 方案	S3 方案	S4 方案
2018 年	1.017	1.017	1.017	1.017
2019 年	1.023	1.082	1.034	1.039
2020 年	1.040	1.067	1.060	1.076
2021 年	1.041	1.062	1.124	1.142
2022 年	1.011	1.056	1.188	1.172
2023 年	0.982	1.050	1.227	1.206
2024 年	0.954	1.043	1.267	1.226
2025 年	0.926	1.034	1.313	1.249

资料来源：作者整理。

表 8-13　水污染压力的多方案模拟数值

年份	S1 方案	S2 方案	S3 方案	S4 方案
2018 年	0.160	0.160	0.160	0.160
2019 年	0.159	0.156	0.157	0.156
2020 年	0.157	0.159	0.154	0.151
2021 年	0.156	0.164	0.151	0.148
2022 年	0.157	0.170	0.148	0.146
2023 年	0.159	0.176	0.148	0.145
2024 年	0.162	0.183	0.148	0.146
2025 年	0.164	0.190	0.148	0.148

资料来源：作者整理。

8.3.2　城镇空间规模的模拟结果

根据水资源承载力评估，得到 2018—2025 年各方案条件下，城镇建设用地面积如表 8-14 所示。现状延续发展条件下，至 2025 年人均城镇建设用地面积约 155 m^2/人，全域城镇建设用地面积为 2548 km^2，相比 2018 年增长 22.2%。S2 方案中，至 2025 年人均城镇建设用地面积减少至 145 m^2/人的条件下，全域城镇建设用地面积为 3346 km^2，相比 2018 年增长 60.4%，是天津市城镇空间增长的最大限度。S3 方案模拟结果体现了最小增长规模，全域城镇建设用地面积为 2271 km^2，相比 2018 年增长 8.9%。在城水协调发展方案下，以提升用地效率的方式，可适当扩大城镇建设用地规模，在人均城镇建设用地面积达到 139 m^2/ 人的目标时，2025 年城镇建设用地规模 2458 km^2，增长 17.9%。

表 8-14　城镇建设用地面积的多方案模拟结果

单位：km^2

年份	S1 方案	S2 方案	S3 方案	S4 方案
2018 年	2085	2085	2085	2085
2019 年	2157	2226	2101	2119
2020 年	2231	2378	2119	2152
2021 年	2307	2543	2139	2186
2022 年	2386	2721	2160	2220
2023 年	2468	2913	2183	2254
2024 年	2552	3121	2226	2354
2025 年	2548	3346	2271	2458

资料来源：作者整理。

8.3.3　城镇空间布局的模拟结果

根据城镇空间增长规模的预测，应用城镇空间增长模拟模块预测 2018 年至 2025 年的土地利用变化情况，并将模拟结果在 ArcGIS 软件中进行可视化分析和比较。多方案下城镇建设用地和水域及湿地类型土地的空间分布如图 8-10 所示。模拟结果显示，天津市城镇空间增长呈现围绕中心城区的轴线放射式增长和沿海岸带纵向扩展的特征。但在不同的方案条件下，城镇建设用地的扩张位置有较大差异。在高增长规模条件下，城市中心城区与滨海新区相向发展，位于这两个中心之间的非建设用地几乎全部用于城市开发建设，并且沿海地区的盐田、湿地等水域空间也被城镇建设用地大幅度侵占。而在水生态保护优先条件下，城市以填充式用地增长为主，滨海地区的水域与湿地等生态空间有所恢复。

图 8-11 比较了在不同增长规模方案下城镇建设用地空间分布情况。其中，四种方案重合的城镇建设用地范围表明了未来城市发展的热点区域，面积约为 2258 km^2，其中现有城镇建设用地 2050 km^2，新增城镇用地面积约为 208 km^2。新增用地主要为填充式和边缘扩张式增长方式，主要分布在天津市中心城区、滨海新区、东丽区、津南区等地。

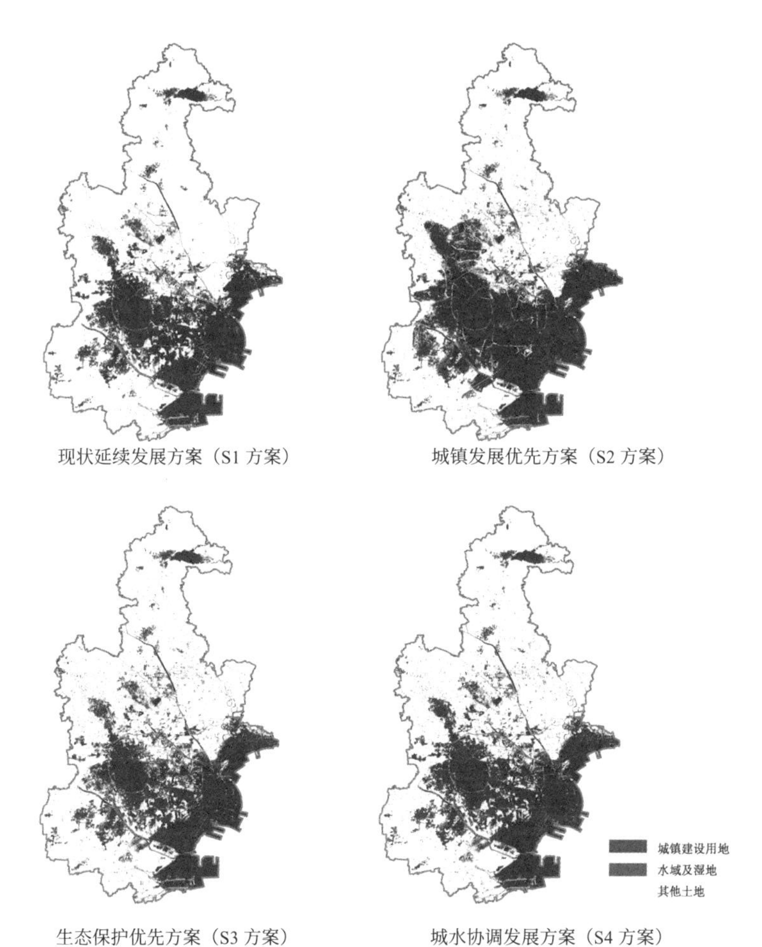

图 8-10　城镇空间增长多方案模拟结果

（资源来源：作者自绘，文后附彩图）

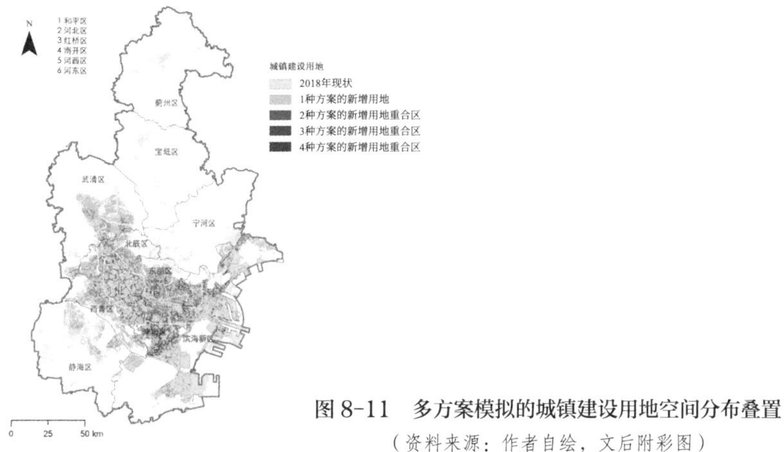

图 8-11　多方案模拟的城镇建设用地空间分布叠置

（资料来源：作者自绘，文后附彩图）

不同增长规模条件的城镇建设用地的空间分布特征，显示出天津市未来城市发展的优先拓展方向和位置。如图 8-11 所示，三种方案重合的新增城镇建设用地区域面积约 105 km^2，主要为边缘扩张式增长，呈现向西北扩展的趋势，分布于天津市武清区、北辰区、西青区、东丽区等地。两种方案重合的新增城镇建设用地区域面积约为 295 m^2，主要为填充式、边缘扩张式增长，围绕天津市中心城区和滨海新区往外扩展。其中 S1、S2 方案的重合区域主要位于滨海新区中新生态城南侧，S2、S4 方案的重合区域主要位于武清新城、北辰区的东西两侧以及滨海新区的滨海西站附近等处。单一方案的新增城镇建设用地区域面积约为 1070 km^2，主要为边缘扩张式和跳跃式增长，显示出在城镇最大化发展的条件下城镇建设用地的空间分布特征。其中 S2 方案与其他方案不重合的新增用地占比最大，面积达到 840 km^2。如图 8-12 所示，S2 方案的城镇建设用地差异区主要位于武清区武清新城东侧、北辰区河北工业大学周边、静海区北部、北大港湿地周边以及中心城区与滨海新区的城镇发展带等区域。而 S1 方案的差异区主要位于滨海新区盐田湿地、静海区的团泊湖周边，S1 与 S2 方案新增城镇土地的差异性也体现出不同的水生态保护方式对于城镇用地空间布局的影响。当水生态环境的保护强度较弱时，滨海新区以及近郊区的滨水区域是城镇空间增长的热点区域，然而随着水环境保护措施的加强，位于较为内陆地区的非滨水空间转而成为城镇空间增长的主要区域。

四种不同城镇发展方案的模拟结果显示，天津市中心城区的外围、武清新城、中心城区与滨海新区的城镇发展带、沿海岸带的汉沽城区、大港城区是未来城镇用地扩展的主要空间。随着城镇建设用地规模的增长，中心城区与滨海新区的双中心结构将逐步融合为一个大面积的都市蔓延区。

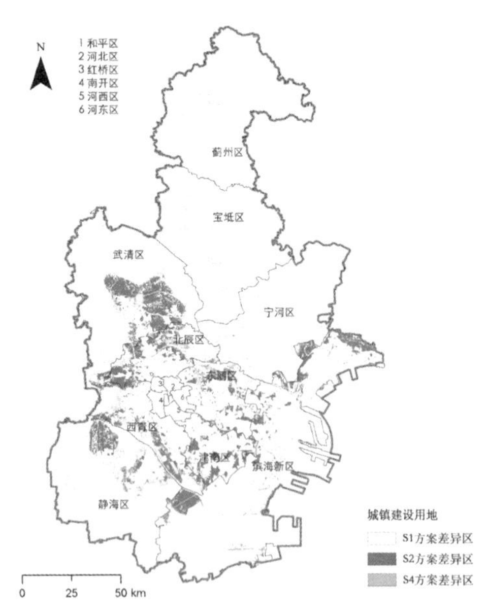

图 8-12　多方案模拟的城镇建设用地差异区

（资料来源：作者自绘，文后附彩图）

8.3.4 预测情景结果比选

由于城市未来的发展充满着不确定性和多变性，本研究开展的多方案比选旨在尽可能地对各种城市发展方案进行模拟，并预测不同的规划方案对城水关系发展的影响作用。多方案比选得出的结论并非是一种最优解的规划方案设计，而是一系列针对天津市地域条件和城市发展趋势的规划方案可能解。表 8-15 给出了本章四种情景分析方案的比选结论。该研究成果可通过与现行或编制中边界管控方案的对比分析，为调整优化增长管理方案的设定方式与管理策略提供决策参考。

表 8-15　多方案比选的结论

价值导向	现状延续发展方案	城镇发展优先方案	生态保护优先方案	城水协调发展方案
城镇社会经济发展	能够保持城镇社会经济的当前发展趋势	城镇社会经济保持高速增长发展状态	城镇社会经济增长速率放缓，增长规模较小	能够基本保持城镇社会经济的当前发展趋势
城镇空间增长	滨海新区以及中心城区周边是用地增长主要方向，侵占较多水域湿地空间	围绕武清、中心城区、滨海新区城镇发展轴线扩张，形成多个城镇连片发展区域，对水文地貌条件改变较大	以填充式、边缘式用地增长为主，对水文地貌条件改变较小，部分水域湿地空间得到恢复	以向中心城区西、北方向的边缘式扩张为主，保护重要的水生态空间，部分水域湿地空间得到恢复
水环境管理	对水环境管理目标的要求较低，维持当前水平	对水环境管理目标要求较高，需要加大对水资源集约利用、水污染防治和水生态空间保护的技术与政策响应措施投入	对水环境管理目标要求较高，各类水资源、水污染、水生态的保护措施投入较高	对水环境管理目标要求较高，各类水资源、水污染、水生态的保护措施投入较高
城水关系	水资源短缺的制约作用较强，城水相互作用不平衡，耦合程度低	水污染问题显现，城水相互作用较不平衡，耦合程度较低	水环境制约作用减弱，城市对水环境的响应作用显著提升，城水相互作用的耦合程度提高	水环境制约作用减弱，城市对水环境的响应作用显著提升，城水相互作用的耦合程度提高
结论	不能满足促进城水协调发展的规划目标，不采用该方案	该方案是以促进城镇发展为目的的较激进方案，中短期内不建议采用该方案，可作为长期发展目标的设定参考	该方案是保护水环境的最理想方案，但可能限制城镇发展潜力，可适当参考该方案	该方案是能够满足城镇发展需求与水环境保护目标的理想方案，建议参考该方案优化相关规划与管理政策

资料来源：作者整理。

8.4 与现行规划及管理政策的比较分析

8.4.1 与市域城镇用地规划比较

将四种方案比选结果显示的城镇空间规模合理范围与天津市近年来的城镇用地相关规划文件进行比较，可为今后相关规划编制和调整提供参考建议。本研究选取规划期为2020—2035年的已发布规划文件或正在编制研究中的规划资料进行对比分析，具体包含“天津市土地利用总体规划（2006—2020）”“天津市城市总体规划（2005—2020）”“天津市城市总体规划修编资料（2014年）”“天津市城市总体规划（2015—2030）编制过程资料”“天津市国土空间总体规划（2019—2035）编制过程资料”五份相关规划文件（详见表8-16）。从市域城镇建设用地的规模上看，除了天津城市总体规划修编资料（2014年）提出的城镇建设用地规模超出较为理想的水资源承载范围以外，其余各个规划的用地规模基本符合水资源承载能力。并且正在编制过程中的“天津市国土空间总体规划（2019—2035）”提出至2035年的规划城镇建设用地规模为2449 km^2，对比本研究设定的四种发展方案，完全符合城市协调发展方案预测的城镇建设用地规模，并且接近生态保护优先方案的建设用地规模。说明天津市城镇空间增长管理的相关规划，越来越关注适应水资源承载力，保护水环境的发展方式。

图8-13为笔者根据天津市城市总体规划修编资料（2014年）和天津市国土空间总体规划（2019—2035）编制过程资料中有关城镇开发边界划定的内容整理绘制的城镇开发边界划定的研究方案。由于获取资料的图件精度存在一定差异，造成两版城镇开发边界的精度存在一定差异，但总体上可以体现两版方案中城镇用地扩展方向的差别。其中2014版城镇开发边界对应的建设用地规模超出水资源承载力范围，并且与正在编制中的天津市国土空间总体规划对比可以发现，2014版规划中将滨海新区的大沽盐田与汉沽盐田均划入城镇开发边界范围内，侵占了大量滨海滩涂和湿地空间。相较而言，编制中的天津市国土空间总体规划方案能够较好地协调滨海新区区域内城水的空间关系，避让盐田湿地等水生态敏感区域。

表 8-16　天津市各类规划文件中城镇用地规划的相关内容

规划文件	城镇用地规划内容	与城水协调发展方案比较
天津市土地利用总体规划（2006—2020）	规划至 2020 年，城乡建设用地控制在 2500 km^2 以内	符合水资源承载范围
天津市城市总体规划（2005—2020）	规划至 2020 年，市域城镇建设用地控制在 1450 km^2 以内，中心城市控制在 1150 km^2	符合水资源承载范围
天津城市总体规划修编资料（2014 年）	规划至 2020 年，市域城镇建设用地控制在 2300 km^2 以内，中心城市控制在 1820 km^2	超出水资源承载范围，S4 方案模拟结果显示至 2020 年城镇建设用地规模应不超过 2152 km^2
天津市城市总体规划（2015—2030）编制过程资料	规划至 2020 年，城镇建设用地 2150 km^2，至 2030 年城镇建设用地 2340 km^2。市域范围城镇开发边界面积 3410 km^2，其中中心城市范围内开发边界 2350 km^2	符合水资源承载范围，S4 方案模拟结果显示至 2025 年城镇建设用地规模应不超过 2458 km^2
天津市国土空间总体规划（2019—2035）编制过程资料	至 2035 年，规划城镇建设用地规模为 2449 km^2。市域范围城镇开发边界面积 2859 km^2	符合水资源承载范围，符合 S4 方案预测规模并且接近 S3 方案的城镇建设用地规模

资料来源：作者整理。

图 8-13　天津市城镇开发边界划定的研究方案

（资料来源：作者自绘，文后附彩图）

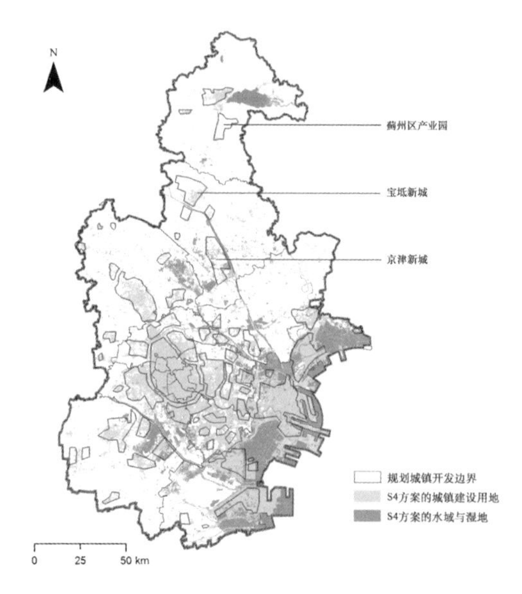

图 8-14　S4 方案模拟的城镇用地布局与天津市国土空间规划的城镇开发边界比较

（资料来源：作者自绘，文后附彩图）

对比本研究 S4 方案模拟的城镇用地布局与天津市国土空间总体规划（2019—2035）编制过程资料的城镇开发边界划定方案（图 8-14），结果显示，位于天津市北部的蓟州区产业园、宝坻新城、京津新城等地的城镇开发边界划定范围和规模超出本研究模拟分析的城镇用地范围，可能存在边界划定范围过大的问题。S4 方案的模拟结果显示，沿滨海新区海岸带、滨海新区—中心城区—武清新城轴带是城镇空间扩展的主要范围，而蓟州区、宝坻区、静海区等地在非行政和规划干预的条件下，城镇空间增长较为缓慢。因此，研究结果显示对于蓟州区产业园、宝坻新城、京津新城等地的城镇用地规模以及边界划定方式还需深入研究，可根据城市发展战略的总体布局和当前用地特征协调确定这些地区的增长边界管控范围，或将部分土地划定为远期城镇空间增长的弹性预留区域。

8.4.2　与市域生态保护红线比较

将本研究中识别的容易受到城镇用地扩张影响的水生态敏感区域与天津市生态保护红线的范围进行对比，分析已划定的生态保护红线是否能够涵盖水生态敏感区域，并为生态保护红线的调整提供参考意见。

根据 2018 年天津市人民政府发布的《关于发布天津市生态保护红线的通知》，

全市划定陆域生态保护红线面积 1195 km^2，约占天津陆域国土面积的 10%。天津市生态保护红线空间基本格局为“三区一带多点”：“三区”为北部蓟州的山地丘陵区、中部七里海-大黄堡湿地区和南部团泊湖-北大港湿地区；“一带”为海岸带区域生态保护红线；“多点”为市级及以上禁止开发区和其他各类保护地。天津市生态保护红线的划定范围如图 8-15 所示。

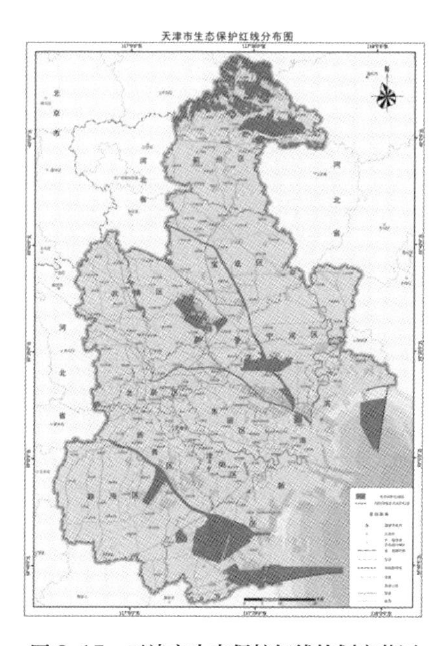

图 8-15　天津市生态保护红线的划定范围

（资料来源：http://www.tj.gov.cn/zwgk/szfwj/tjsrmzf/202005/t20200519_2365979.html，文后附彩图）

通过表 8-17 逐项对比水生态敏感区域与生态保护红线范围可以看出，部分具有一定水生态价值并且较易受到城市发展影响的水域空间并没有被纳入生态保护红线范围，例如位于滨海新区的汉沽盐田和大港盐田、作为京杭大运河重要组成部分的南运河等水域空间。此外，属于海河干流水系的大部分河道，也未被纳入生态保护红线的范围，这些河道多处在天津市中心城区范围内，若被划定为生态保护红线范围，将导致生态保护红线和城镇开发边界的界线过于分散化和复杂化，增加了生态保护红线的管理难度。因此，本研究建议将处在城镇空间内的水生态空间纳入城镇开发边界中的特殊用途区。特殊用途区指的是为了保持开发边界完整性，根据规划管理需要纳入开发边界内的重点地区，提供生态涵养、休闲游憩、防护隔离、自然与历史文化保护等功能。将部分水生态空间划定为特殊用途区，既能够协调城镇土地开发与水生态保护的关系，也能够降低开发边界的规划管理难度。

表 8-17 水生态敏感区域与生态保护红线范围对比分析

容易受到城市发展影响的水生态敏感区域			是否被纳入生态保护红线范围	调整建议
黄港水库			局部涵盖	扩展红线保护范围，涵盖全部水域
汉沽盐田			否	纳入红线保护范围
大港盐田			否	纳入红线保护范围
鸭淀水库			否	纳入红线保护范围
团泊湖湿地			是	—
北大港湿地			是	—
河口湿地			是	—
东丽湖			否	划入城镇开发边界的特殊用途区
水系	**河 流**	**起讫点**	**是否被纳入生态保护红线范围**	**调整建议**
海河干流	海河	三岔口—二道闸上	是	—
		二道闸下—海河闸	是	—
	大沽排污河	咸、密泵站—东大沽泵站	否	功能为现状排污入海通道，可不纳入红线保护范围
	北塘排污河	赵沽里泵站—永和闸	否	功能为现状排污入海通道，可不纳入红线保护范围
	子牙河	西河闸—子北汇流口	否	划入城镇开发边界的特殊用途区
	北运河	屈家店—三岔口	否	划入城镇开发边界的特殊用途区
	新引河	大张庄—屈家店闸	是	—
	金钟河	耳闸—金钟河闸	否	划入城镇开发边界的特殊用途区
	洪泥河	万家码头—生产圈闸	否	划入城镇开发边界的特殊用途区
	南运河	三元村闸—三岔口	否	划入城镇开发边界的特殊用途区
	津河	三元村闸—解放南路	否	划入城镇开发边界的特殊用途区
	卫津河	六里台—外环线	否	划入城镇开发边界的特殊用途区

（续表）

水系	河 流	起讫点	是否被纳入生态保护红线范围	调整建议
海河干流	月牙河	王串场泵站—天钢泵站	否	划入城镇开发边界的特殊用途区
	复兴河	复兴门—纪庄子桥	否	划入城镇开发边界的特殊用途区
	外环河	东丽—北辰—西青—津南	否	划入城镇开发边界的特殊用途区
	四化河	纪庄子—外环线	否	划入城镇开发边界的特殊用途区
	护仓河	光华路—郑庄子	否	划入城镇开发边界的特殊用途区
	长泰河	郁江道—外环线	否	划入城镇开发边界的特殊用途区
北三河	北运河	筐儿港枢纽—屈家店	是	—
	蓟运河	廉庄镇—蓟运河闸	是	—
	北京排污河	大三庄节制闸—永定新河	否	纳入红线保护范围
永定河	永定河	东州大桥—屈家店	否	纳入红线保护范围
	永定新河	屈家店—金钟河闸	是	—
	永定新河	金钟河闸—永定新河防潮闸	是	—
大清河	马圈引河	洋闸—马圈进水闸	否	纳入红线保护范围
	独流减河	进洪闸—团泊湖水库	是	—
子牙河	子牙河	东子牙—西河闸	否	纳入红线保护范围
	子牙新河	太平村—子牙新河主槽闸	否	纳入红线保护范围
漳卫南运河	南运河	双塘镇—十一堡节制闸	否	纳入红线保护范围
	马厂减河	赵连庄闸—南台尾闸	否	纳入红线保护范围

资料来源：作者整理。

8.4.3 与城市社会经济发展目标的比较

对城水协调发展方案的社会经济发展目标与天津市城市总体规划（2015—2030）编制过程资料和天津市国土空间总体规划（2019—2035）编制过程资料进行比较发现，两版规划编制资料中的城市社会经济发展目标基本与城水协调发展方案相符（表 8-18），说明从社会经济发展方面当前的规划编制已经较好地考虑了水资源承载力影响。正在研究编制过程中的天津市国土空间总体规划设定至 2035 年天津市常住人口规模 2000 万人，而本研究分析的 S4 方案至 2025 年常住人口规模已达

1981 万人，S3 方案即生态保护优先条件下预计至 2025 年常住人口规模为 1820 万人，因此至 2035 年时考虑到各项水资源开发利用技术和管理水平的提升，可承载的人口规模还将提高，2000 万人的人口规模应是对水资源开发利用和保护的合理水平。

表 8-18　天津市城市社会经济发展目标与城水协调发展方案对比

规划文件	城市社会经济发展目标	与城水协调发展方案比较
天津城市总体规划（2015—2030）编制过程资料	常住人口规模 <2150 万人 城镇人口规模 1950 万人 地区生产总值年均增长比重 6% 中心城区人均建设用地面积为 109 m^2/ 人	城镇人口规模超出城水协调发展方案预期
天津市国土空间总体规划（2019—2035）编制过程资料	常住人口规模 2000 万人 常住人口城镇化率 90% 人均城乡建设用地 146 m^2/ 人	符合城水协调发展方案预期

来源：作者整理。

通过以上与现行规划和管理政策的比较分析，实现将多方案比选的研究成果应用于指导空间规划决策的制定和调整。总体上，目前正在研究编制过程中的天津市国土空间总体规划中，城镇用地规模与社会经济发展目标的设定基本符合水资源承载力条件；城镇开发边界的划定应关注蓟州区、宝坻区、静海区等非城镇空间增长热点地区的边界划定范围和规模；建议将部分水生态敏感区域补充纳入市域生态保护红线范围，将位于中心城区范围的水域及湿地空间划定为城镇开发边界中的特殊用途区进行管控。

结论与展望

本书围绕如何协调城市发展与水环境保护之间的关系，解析城水耦合的空间规划理论，探讨水资源环境约束下城镇空间增长管理的理论与方法；并以天津市为案例，探究促进我国北方缺水地区城市人、城、水和谐共生的城镇增长管理策略。

9.1 对城水关系研究的启示

对天津市城水关系的历史回顾分析和多方案预测研究，对未来优化提升天津市城镇空间增长的边界管控体系有以下两点启示。

9.1.1 水资源承载力与城镇发展预期的关系

根据对 2000—2018 年天津市城市与水环境系统的发展演变规律的分析，可以看出，当前水资源短缺和水污染问题是制约天津城市发展的重要因素。如何协调水资源承载力与城镇发展预期是今后推动天津城市发展与水环境保护过程中应关注要点之一。一方面，城市规划与管理者应综合考虑天津市的水资源条件设定规划发展目标，控制城镇的人口、产业、用地规模不超出水资源的合理承载范围；另一方面，为了谋求城市更大的发展空间，也应着重提升本地水资源的集约利用能力，加强再生水利用、海水淡化、雨水收集利用等多种水资源供给途径，以及提升生产生活污水的无害化处理能力，从而提升水资源承载力。

通过对四种城镇空间增长和水环境保护方案的模拟分析，可以看出，在不同的水资源开发利用和管理水平下，天津市水资源可承载的最大城镇人口、产业和用地规模也有较大差异。预计天津市 2025 年城镇建设用地面积最高可达到 3346 km^2，城镇人口规模最高可达 2321 万人（表 9-1），但是在该条件下，如 S2 方案模拟结果所示，水污染将成为制约城市环境品质和城市居民健康的严峻问题，水生态环境将承受巨大压力，并且对城市的供水和用水管理技术均提出较高的要求，这仅是对未来发展最大预期的一种理想化预测，但在短期内实现 S2 方案模拟的水资源承载力水平依然有较大难度。

表 9-1　2025 年天津市城镇发展预期以及政策与管理性指标要求

指标要求		现状延续发展方案	城镇发展优先方案	生态保护优先方案	城水协调发展方案
城镇发展目标	城镇人口规模（万人）	1643	2321	1576	1643
	城镇建设用地面积（km^2）	2640	3346	2271	2458
	人均城镇建设用地面积（m^2/ 人）	160	145	145	139
	GDP 总量（亿元）	36653	89688	32673	43620
水环境管理目标	城市生活污水处理率（%）	92.5	95.0	99.0	100.0
	其他水源供水量占比（%）	12.4	32.2	42.0	42.0
	万元 GDP 耗水量（m^3）	15.1	13.5	12.5	12.5
	城镇人均生活用水量（m^3/（人·d））	100	90	85	83
	全市年用水总量（亿 m^3）	29.95	38.39	30.23	30.71
水资源供需比		0.926	1.034	1.313	1.249
水污染压力		0.164	0.190	0.148	0.148

资料来源：作者整理。

根据对城水关系的评价比较， S4 方案是促进城水协调发展较为理想的方案，该方案条件下，至 2025 年城镇建设用地面积最高可达到 2458 km^2。多方案的对比分析显示，若希望既获得城镇社会经济发展进步，也保证水环境系统的健康和稳定，则需要从水资源集约利用和水生态环境保护等多方面加大技术与资金投入。其中对水资源承载力具有显著影响作用的指标有城市生活污水处理率、其他水源供水量占比、万元 GDP 耗水量、城镇人均生活用水量、全市年用水总量等。参考多方案比选过程的参数设置，本研究对天津市至 2025 年的城镇发展目标和水环境管理目标的理想取值范围界定如表 9-2 所示。

表 9-2　天津市至 2025 年的城镇发展目标和水环境管理目标的理想取值范围界定

类型	指标名称	现状（2018 年）	规划（2025 年）
城镇发展目标	城镇人口规模（万人）	1296.81	1600 ～ 1700
	城镇建设用地规模（km^2）	2162	2300~2500
	人均城镇建设用地面积（m^2/ 人）	160	139
	地区生产总值年均增长比重（%）	12.1	8~13
水环境管理目标	城市生活污水处理率（%）	93.8	>99
	非常规水资源利用率（%）	12.1	>40
	万元 GDP 耗水量（m^3）	15.09	<13
	城镇人均生活用水量（m^3/（人·d））	100	≤ 85
	全市年用水总量（亿 m^3）	20.11	<38

资料来源：作者整理。

9.1.2 水生态敏感空间与城镇用地扩张的关系

综合分析不同方案中城镇用地的空间布局特征，识别可能受到城镇用地扩张威胁的水生态敏感空间。在没有任何水环境保护的约束条件时，S1 方案结果显示 2018—2025 年城镇建设用地的增量中 36.5% 的土地来源于水域与湿地空间。由于河流、湖泊、湿地等地表水环境对城镇空间增长具有一定吸引力，城市趋向于在具有良好景观条件、生态条件和微气候条件的滨水区进行开发建设，但在此过程中，为了获取大面积、完整的可建设用地，大量位于主体水域周边的中小型池塘、湿地、水渠等空间更容易被填埋，转变为建设用地。并且滨水区过高的开发强度也会影响水生态系统的健康，削弱了水体自然净化能力，增加了河流水系的雨洪排水压力，也干扰了水生动植物的自然生境。

根据对四种不同方案水域与湿地空间分布的叠置比较（图 9-1），识别天津市水生态空间中容易受到城市开发建设活动影响的敏感区域（图 9-2），以及容易受到城镇用地扩张影响的河道（表 9-3）。可以看出如果仅将重要的河流、湖泊、湿地等生态源地作为水生态保护区域，依然难以预防由城镇用地扩张造成的小型水体和毛细水网减少问题。若把较高等级的水生态安全格局作为保护区域，划定水生态空间红线，限制城市开发建设活动，能够较好地维护水生态空间的系统性和完整性，但同时又面临城市缺乏亲水空间，对城镇街道、功能布局和建筑设计的约束过高，滨水区高价值地段回报率低等问题。因而，在水生态保护空间的范围划定中还应协调滨水发展驱动力与生态保护需求之间的矛盾，应结合地表水系的生态敏感性特征和功能类型，采用相应的水生态空间保护措施。

参考 2000—2018 年天津市的水域及湿地空间变化情况以及四种方案比选结果，本研究建议设定全域水面率不低于 12.3% 作为控制性指标，即要求全市河湖水面和湿地零减少。将黄庄洼湿地片区、黄港水库片区、鸭淀水库片区、北大港湿地片区、河口湿地片区作为水生态保护重点地区，严格控制城镇开发建设活动；对于团泊新城片区、东丽湖片区、大港盐田片区和汉沽盐田片区重点协调城镇开发边界与水生态保护红线的范围，实现“两线合一”，即不留界定不清的空白区域，并严格落实边界管理，从而减少在这些区域内城镇用地扩张与水生态保护的矛盾冲突。

图 9-1　不同方案水域与湿地空间分布的叠置比较

（资源来源：作者自绘，文后附彩图）

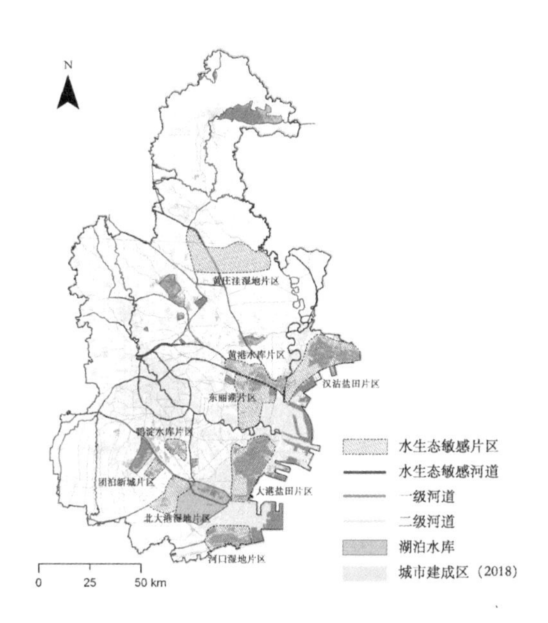

图 9-2　容易受到城市开发建设活动影响的水生态敏感区域

（资源来源：作者自绘，文后附彩图）

表 9-3　容易受到城镇用地扩张影响的河道

水系	河 流	起讫点	水功能区划 *
海河干流	海河	三岔口—二道闸上	现状备用饮用水源地、工业水源地、市区景观绿化取水
		二道闸下—海河闸	现状闸下通航
	大沽排污河	咸、密泵站—东大沽泵站	现状排污入海通道
	北塘排污河	赵沽里泵站—永和闸	现状排污入海通道
	子牙河	西河闸—子北汇流口	现状备用饮用水源地、工业水源地、市区景观绿化取水
	北运河	屈家店—三岔口	现状备用饮用水源地、工业水源地、市区景观绿化取水
	新引河	大张庄—屈家店闸	引滦输水河道
	金钟河	耳闸—金钟河闸	农业用水
	洪泥河	万家码头—生产圈闸	农业用水、备用饮用水输水河道
	南运河	三元村闸—三岔口	现状景观娱乐、绿化用水
	津河	三元村闸—解放南路	现状景观娱乐、绿化用水
	卫津河	六里台—外环线	现状景观娱乐、绿化用水
	月牙河	王串场泵站—天钢泵站	现状景观娱乐、绿化用水
	复兴河	复兴门—纪庄子桥	现状景观娱乐、绿化用水
	外环河	东丽－北辰－西青－津南	现状景观娱乐、绿化用水
	四化河	纪庄子—外环线	现状景观娱乐、绿化用水
	护仓河	光华路—郑庄子	现状景观娱乐、绿化用水
	长泰河	郁江道—外环线	现状景观娱乐、绿化用水
北三河	北运河	筐儿港枢纽—屈家店	调水输水、工业、农业用水
	蓟运河	廉庄镇—蓟运河闸	现状农业用水、规划工业、农业用水
	北京排污河	大三庄节制闸—永定新河	现状农业用水河道
永定河	永定河	东州大桥—屈家店	现状农业用水河道
	永定新河	屈家店—金钟河闸	现状农业用水、规划工业用水
	永定新河	金钟河闸—永定新河防潮闸	河口建闸以后农业用水
大清河	马圈引河	洋闸—马圈进水闸	农业、引黄输水河段
	独流减河	进洪闸—团泊湖水库	引黄及规划南水北调输水河段、农业、渔业、工业水源地
子牙河	子牙河	东子牙—西河闸	农业、渔业、引黄输水河段
	子牙新河	太平村—子牙新河主槽闸	现状农业用水
漳卫南运河	南运河	双塘镇—十一堡节制闸	现状引黄输水道，农业用水、规划南水北调输水河道，工业用水水源地
	马厂减河	赵连庄闸—南台尾闸	现状农业用水，引黄及规划南水北调输水河道

* 水功能信息来源于海河流域天津市水功能区划

资料来源：作者整理。

9.2 针对天津市边界管控体系的优化建议

推动城市与生态环境的协调、可持续发展是城镇空间规划的主要目标。在城水耦合发展视角下，城市的空间规划策略一方面应从“以水定城”的基础出发，依托水生态环境的承载能力，确定城市未来的增长规模；依托水生态安全格局，划定城镇空间的刚性边界，保护重要的水生态空间。另一方面，还应融入“以城理水”的思维，通过城镇空间增长的动态监控建立水生态环境联动保护机制；通过设定城镇空间规划体系中引导性和激励性内容，形成城市发展对水生态环境的补偿机制和响应路径。综合上述对天津市城市现状资源条件、城市发展背景、空间增长模拟等研究成果，提出“刚性约束—弹性联动—反馈激励”的城镇空间规划策略。

9.2.1 刚性约束的水生态保护红线

城市增长管理的根本目的是保护生态环境和基本农田，实现“三生空间”协调发展，而水环境作为支撑生产、生活、生态功能持续运行的基本条件，应是城市增长管理过程中优先保护，并且强制性保护的重要生态要素。在城市增长管理的空间规划策略中，首先应以“先底后图”的思维，明确水生态保护红线，以水生态保护红线作为近期和远期城镇空间扩展的刚性约束条件。水生态保护红线一方面是从城市人口、产业规模角度限定的水资源承载上限，即水生态容量红线；另一方面也是地理空间上划定的水环境保护边界，即水生态空间红线。

（1）水生态容量红线

依据本研究测算的天津市水资源供给能力，较理想状态为至 2025 年全市常住人口规模为 1600 万～ 1700 万人，城镇建设用地 2300~2500 km^2，全市用水需求（取用新水量）不高于 38 亿 m^3。但从多方案比选过程可以看出，城市的产业结构优化、节水、污水处理等技术发展，将带动水资源量可承载能力的提升，故水资源承载力约束的人口、产业和用地规模也将具有更大的增长空间。

根据本研究对天津市 2000—2018 年历史数据和未来发展的多方案预测，建议设定水资源供需比指数近期目标为 1，即供需平衡状态；远期可提高至 1.2 ～ 1.3 的水平，即本地水资源可供应量是需求量的 1.2 ～ 1.3 倍，提升城市应对气候变化、自然灾害等的能力。水污染压力指数 2018 年为 0.16，建议近期目标设定为不高于 0.16，即保障水污染压力不再增长，远期可设定为 0.14 ～ 0.15 的水平。

为此，建议以设定规划期末的“水资源供需比”指数和“水污染压力”指数作为国土空间总体规划中水生态容量红线的管理性指标。

（2）水生态空间红线

水生态空间红线是一切城市开发建设活动不可跨越的约束边界，其划定范围应涵盖水资源保护、水文调节、水生命支持、水文化保护方面的重要空间和节点。并且水生态空间红线应作为永久性、刚性的约束边界，除受极为少数的重大基础设施建设等项目的影响外，不会随城市发展的需求而随意调整。

城镇空间增长的多方案模拟结果显示，仅以重要水生态源地作为水生态保护的空间红线难以保护区域内数量众多的毛细水网，而这些毛细水网对于维持水生态系统健康和良性的循环具有重要作用。再者，不同水生态空间约束方案下的模拟结果显示，把完整的水生态安全格局作为空间约束条件比单一的生态源地保护对促进城水耦合发展具有更显著的积极作用。但如果把最高等级的水生态安全格局作为刚性约束的红线，又存在滨水发展的驱动力与水环境保护之间的矛盾。因此，本研究提出以“底线边界 + 控制指标”的方式划定水生态空间红线。

“底线边界”以最低等级的水生态源地为基础，在容易受到城市建设影响的水生态敏感区域适当调整，扩展缓冲区范围并纳入生态廊道，形成水生态空间的永久性红线（图 9-3）。“控制指标”的设定旨在保护毛细水网，以水面率、河岸带不透水地表表面比例、水网连通结构作为刚性控制指标。其中水面率指标以全域水面零减少作为刚性约束条件，即天津市全域水面率应不低于 12.3%，各行政区之间可根据城市发展需求进行协调调整，保持增减挂钩，维持全域水面率不低于红线约束范围。

水网连通结构管控指标是基于水生态安全格局中生态源地、生态廊道之间的拓扑关系抽象生成的结构图。本研究依据主要水生态保护区和河道，将天津市全域水系划分为 28 个管理单元，每个单元内部的毛细水网结构抽象为线和点的关系（图 9-4）。在城市建设过程中，以该结构为参考对象，可以在不改变毛细水网的结构关系前提下，对局部河道的线形和走向进行灵活调整。例如分区 24，为天津市滨海新区中心城区与港口区范围，该分区内包含大港盐田水生态保护区、海河下游水生态

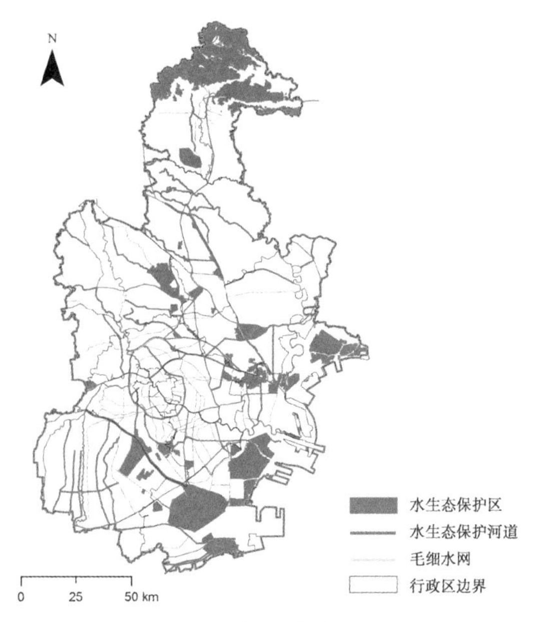

图 9-3　水生态空间的永久性红线

（资源来源：作者自绘，文后附彩图）

图 9-4　水网连通结构的管理单元图

（资源来源：作者自绘，文后附彩图）

保护河道、黑潴河水生态保护河道和一条无名排水渠，形成两个水网连通节点：黑潴河与海河连通点和排水渠与海河连通点。因此，对于分区 24 的水网连通结构要求为：不得改变水生态保护型河道的位置、弯曲度、河道宽度；其余毛细水网可以根据城市功能、景观设计需要调整河道的线形、宽度和岸线类型，但是不得减少水网连通节点的位置和数量。本研究提供的市域层面水网结构管理的分区建议作为水生态空间规划“上下传导”的内容，优化国土空间规划中水生态保护策略。对于各个分区内部的毛细水网结构还需在县区级别的空间规划中进行更详细的调研和分析，形成具体指导规划管理和实施的水网结构管控要求。

最终，综合“底线边界”和“控制指标”两方面的规划管控要素，将形成保护水生态空间的刚性约束红线。

9.2.2 弹性联动的城镇开发边界

天津市正面临水资源短缺、水资源承载能力与城市发展预期之间矛盾突出的问题，未来新增城镇建设用地规模主要受水生态容量的制约。随着城市发展阶段的变化、科技手段和城市治理能力的进步，相同水资源供给水平能够承载的城市人口和产业规模也相应提升，因而水环境的约束作用具有动态变化的特征。据此，本研究提出采用弹性联动策略优化城镇开发边界的划定与调整过程。

城镇开发边界的弹性联动机制如图 9-5 所示。建议首先以对水环境最优的保护方式为基础条件，划定初始城镇开发边界中的城镇集中建设区；参照城镇发展优先方案中城镇空间的最大规模和范围，在不超出刚性约束底线的条件下，划定城镇弹性开发区；并且将位于城镇弹性开发区和集中建设区周边或内部的水生态敏感区域划定为城镇开发边界中的特殊用途区。当达到一个开发边界调整期（建议为 5 至 10 年）时，根据城市社会经济发展形势的变化探讨是否需要调整边界。如需调整，可依托 SD 模型的水资源承载力动态评估模块，对城市水资源可承载的适宜人口规模和城镇建设用地规模进行重新评估。当水资源承载能力可以满足城镇用地规模增长的条件时，规划管理者可以在城镇弹性开发区内增加城镇集中建设区面积，作为新一轮边界管控期内城镇空间扩展的主要空间。这种以水资源承载力与城镇可建设用地规模弹性联动的开发边界调整机制有助于城市增加对水环境保护的投入，城市管理者需

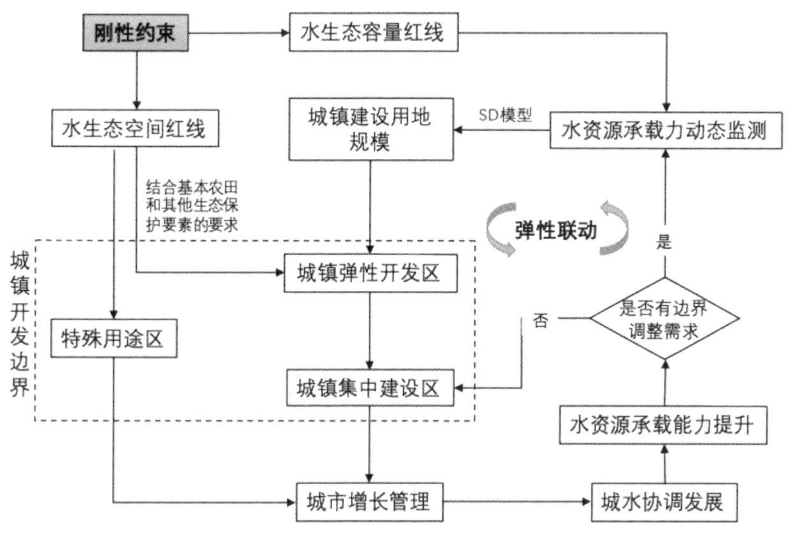

图 9-5　城镇开发边界的弹性联动机制

（资源来源：作者自绘）

要以改善水资源条件为出发点，谋求更大的城市增长空间，由此可进一步强化城市发展与水环境保护的耦合互馈关系。

依据上述的弹性联动机制，对当前正在研究中的天津市城镇开发边界提出一些优化建议。首先，根据城镇空间发展战略和多方案的城市发展情景研究，本研究明确近期、中期、远期的城镇空间增长方向。如图 9-6 所示，参考正在编制过程中的天津市国土空间总体规划（2019—2035）提出的城镇空间发展战略，未来天津将形成双主城、五个综合性节点、五个区域性城市，以及四条城市发展廊道的城镇空间结构。综合城镇空间发展战略与本研究中城镇空间增长的预测分析，得出：京津发展廊道和环渤海发展廊道以及位于这两个廊道上的主城区、五个综合性节点和武清、宁河两个区域性城市是近期城镇空间增长的热点地区；静海、宝坻、蓟州三个区域性城市以及津承发展廊道和津安发展廊道是中远期城市扩张的潜力区域。

在当前城镇开发边界划定成果的基础上，结合 CLUE-S 模型预测的多方案城镇建设用地范围，划分城镇集中建设区与弹性开发区。城镇空间的增长方式包含中心主城、滨海主城和西青节点的填充式增长，中新生态城、大港、津南三个综合性节点和武清新城的边缘式扩张，以及宁河、静海、武清建成区周边的飞地式用地增长。

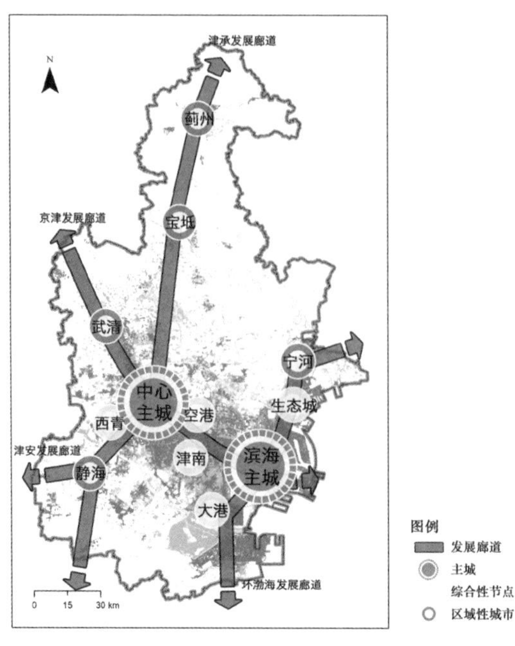

图 9-6　天津城镇空间发展战略

（资源来源：作者自绘，文后附彩图）

城镇开发边界的划定应以促进城市紧凑发展、集约用地为原则，遏制分散化的飞地式用地增长，控制边缘式扩张的范围，鼓励建成区内部的用地更新。如图 9-7 所示，本研究根据天津市水资源承载力条件提出城镇开发边界的调整建议，边界内涵盖土地面积为 3400 km^2，其中根据水生态敏感区域划定开发边界内 610 km^2（约 16%）区域为特殊用途区，限制土地开发建设活动，着重于发挥地表水系的休闲游憩、绿化隔离、微气候调节、雨洪调蓄等功能。城镇集中建设区边界内面积约 2500 km^2，是近期（至 2025 年）城镇建设用地增长的主要空间。参考 S1 和 S2 方案的预测结果，当提高城市增长的规模时，新增城镇空间主要位于武清、静海、宝坻、蓟州等周边区域。因此，建议调整这些区域内部分土地作为弹性发展区，这是今后随着水资源承载能力的提升可以进一步开发建设的潜在区域。

此处需要说明的是，本研究围绕城水关系主要探讨以水环境为制约因素的城镇开发边界优化策略，对其他生态要素和基本农田等制约条件暂未深入分析，但在实践操作中，还应将除水环境以外的其他生态要素和基本农田保护的范围叠加汇总，综合决策，形成最终的城镇开发边界。

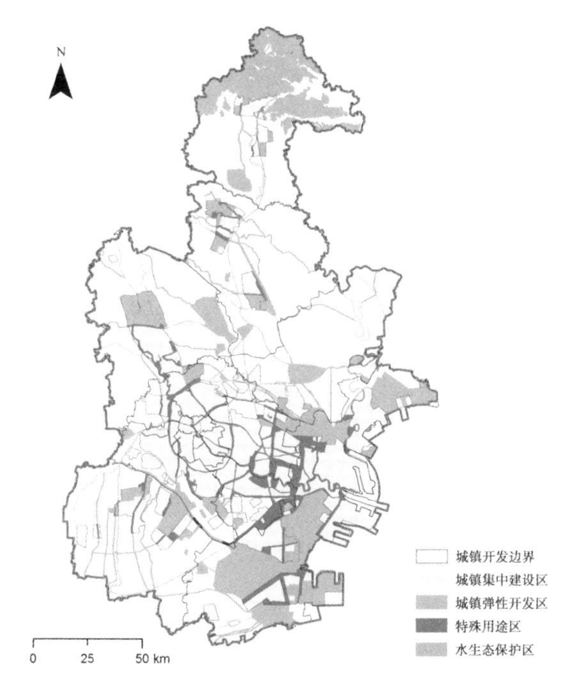

图 9-7　城镇开发边界的调整建议

（资源来源：作者自绘，文后附彩图）

9.2.3　反馈激励的管理实施途径

划定刚性约束的水生态保护红线和弹性联动的城镇开发边界后，构建反馈激励的实施管理途径是保障城市增长管理策略落实的重要手段。城市规划作为一种自上而下的城市开发的空间管控手段对城镇空间增长的方式和规模产生直接影响，也是协调城市开发与自然环境保护两者关系的有效方式。划定生态保护红线、城镇开发边界是通过强制性政策和法律手段，约束城镇空间增长的方式；与此同时，还应充分发挥市场的调节和激励作用，推动城镇空间与水生态环境的耦合协调发展。市场激励手段指的是通过一些土地出让条件、开发条件、税收等方面的奖励政策，鼓励土地开发商在建设过程中更多地考虑保护水环境，应用水环境适应性技术，具体可采用的反馈激励措施如下。

第一，将不透水地表表面比例、水面率等指标作为土地出让和建设审批过程中的管理指标。在当前的控规编制和土地出让条件中，通常把绿地率作为控制性指标，希望以此保障地块开发中能够营造良好的绿地开放空间，改善生态环境。但高绿地率并不等同于大面积可实现雨水下渗的自然绿地。高层住宅小区或商务写字楼的开发项目中，整个地块下都建设为地下停车场，然后再回填部分土壤用于种植草坪或树木，但这些绿地事实上无法让雨水下渗。因此，建议在规划编制和土地出让过程中，以不透水地表表面比例（或可透水地表表面比例）作为一项管理性指标。此外，在土地开发建设过程中，开发商如果主动降低不透水地表表面比例、提高水面率，可获得特定税种（如房地产开发税、交易税等）、相关费用（如水费）的适当减免，或者适当的开发奖励（如提高容积率）。采取推动城水耦合发展的相关管理指标与经济收益相连的政策，能够有效提升开发商和民众对于适水性建设的积极性，形成自下而上的动力机制。

第二，依据水环境区位设定差异化的土地开发条件和奖励性区划条款。虽然水生态保护红线的划定能够保护水生态系统的核心区域，但依然有大面积的湖泊、河道和毛细水网未被纳入红线保护范围内。依据水生态安全格局系统，对于未被划入红线范围内的土地，也应对用地功能、开发强度、不透水地表表面比例等条件设定控制性指标和奖励性指标。具体的指标设定条件依据地块所处的水生态安全等级范围调整，对于中高安全等级范围内的土地，应避免工业、仓储等用途的土地开发，以臻开发强度适宜，并鼓励较高的不透水地表表面比例；对于较低安全等级区域内的土地，可将其作为工业、仓储物流等功能的选址，提升开发强度，适度降低奖励性指标的阈值。通过差异性的规划管控条件和奖励条件，引导城市功能布局和空间形态与水生态环境协调耦合。

第三，建立城镇空间向水生态空间的反向转换机制。在市场规律下，城镇空间相较于水生态空间具有更高的土地价值，难以转换为水生态空间。但为了建立系统完善的水生态安全格局，对于部分在水生态空间红线范围的城镇建设用地，应通过生态补偿制度实现城镇空间向水生态空间的反向转换。生态补偿指的是在生态环境保护过程中，生态利益的享受者通过直接或间接的方式向生态保护行为中的利益受损者，在法律的规定和约定下进行补偿，补偿方式有资金补偿、土地开发权转移、土地置换等。此外，水生态环境为城市营造了良好的生态景观，但由水环境带来的土地溢价缺乏长期的回收途径。滨水地段的城市开发项目在享受了水生态环境营造的环境福利的同时，也是对水生态系统造成不良影响的最直接主体。未来还应探讨以物业税、土地使用税、阶梯水价等持续性的经济手段实现滨水区土地的价值回收，并将这部分收益作为生态补偿的资金来源。

9.3 基于城水耦合理念的增长管理策略

本研究以天津市为典型案例，分析和识别了我国北方缺水地区的城市发展与水环境保护之间存在的三方面问题：城镇空间增长规模与速率受到水资源承载力限制、城镇空间增长造成水生态生境破坏、城镇发展对水环境的被动适应能力降低。围绕这三方面的问题，研究针对我国北方缺水地区的水环境特征，探讨当前我国国土空间规划和边界管控体系的优化途径。

空间规划关注于通过对城镇物质空间的规模、布局以及城镇空间内人类活动的管理和引导，达到相应的规划目标。在城水协调发展的目标引导下，对城镇空间的规划目标可以概括为保护水环境和促进城市发展两方面。表 9-4 给出了以推动城水协调发展为目标的城镇空间规划响应策略。

表 9-4　以推动城水协调发展为目标的城镇空间规划响应策略

规划目标		城镇空间规划响应策略
保护水环境	保障水体净流量	①限制城市的水资源开发利用量； ②保护水源涵养地、地下水补给区
	保护水生动植物生境	①减少岸线人工化痕迹； ②保持水网连通性； ③避免对重要水生动植物栖息地的开发建设
	保障健康流域水质量	①控制流域内污染物排放量； ②限制不透水地表表面面积，降低径流污染
	保持水文化活力	①划定重要河道为水文化保护区； ②维持良好的自然环境
促进城市发展	提供适度的增长空间	划定具有弹性、留有余地的城镇开发边界
	增加城市竞争力	①良好的生态环境； ②富有特色、活力的滨水区环境
	保障城市水安全	①防范雨洪灾害、城市内涝； ②避让蓄滞洪区； ③城市用水供给与需求之间留有弹性余量

资料来源：作者整理。

从具体指导规划编制和管理的角度而言，国土空间规划体系中“双评价”环节和“三线”的边界管控体系是协调城水关系的重要政策工具，围绕这两项规划内容，研究探讨了针对北方缺水地区城市的精细化提升建议。

9.3.1 《双评价指南》的精细化建议

《资源环境承载能力和国土空间开发适宜性评价指南（试行）》（简称《双评价指南》）是开展国土空间规划编制的基础性技术指南，开展“双评价”为划定生态保护红线、永久基本农田、城镇开发边界三条控制线以及确定用地用海等规划指标提供了基础性的参考依据。本书从城水关系的角度，针对《双评价指南》中生态保护重要性评价、承载规模评价、现状问题和风险识别、情景分析四个环节提出了针对我国北方缺水地区的精细化建议（表 9-5）。

表 9-5 针对我国北方缺水地区的精细化建议

类目	《双评价指南》的指导要求	针对我国北方缺水地区的精细化建议
生态保护重要性评价	在市县评价阶段，从生态空间完整性、系统性、连通性出发，结合重要地下水补给、洪水调蓄、河（湖）岸防护、自然遗迹、自然景观等特征对省级评价结果进行补充和修正	针对水生态空间的保护重要性评价，可应用水生态安全格局构建方法，通过识别水生态源地、评价阻力面、提取水生态廊道三步骤，评价水生态空间的敏感性并明确相应的保护等级
承载规模评价	基于现有经济技术水平和生产生活方式，以水资源、空间约束等为主要约束，缺水地区重点考虑水平衡，分别评价各评价单元可承载农业生产、城镇建设的最大合理规模 各地可结合环境质量目标、污染物排放标准和总量控制等因素，评价环境容量对农业生产、城镇建设约束要求。按照短板原理，取各约束条件下的最小值作为可承载的最大合理规模	针对北方缺水地区，应重点考虑水平衡和水污染容量问题，进行水资源承载力动态评估，以水资源供需比、水污染压力指数两项指标作为评价标准，采用系统分析法（如 SD 模型）评估和预测可承载的最大城镇建设合理规模
现状问题和风险识别	可根据相关评价因子，识别水平衡等方面的问题，研判未来变化趋势和存在风险	从城市与水环境系统相互作用关系的角度，城水关系评价指标可以作为针对水平衡或水环境相关问题的现状分析和风险识别的评价因子
情景分析	针对气候变化、技术进步、重大基础设施建设、生产生活方式转变等不同情景，分析对水资源、土地资源、生态系统等的影响，给出相应的评价结果，提出适应和应对的措施建议，支撑国土空间规划多方案比选	耦合城水特征的城镇空间增长模拟系统能够从综合水资源、水生态与城镇发展特征的角度，模拟预测不同空间规划方案条件下的发展趋势，支撑多方案比选

1. 生态保护重要性评价

生态保护重要性评价是“本底评价”的重要组成部分，《双评价指南》中对于市县阶段的评价内容，提出应从生态空间的完整性、系统性和连通性特征出发开展评价。对于水生态系统，地表河流水系的连通性是维护水生态系统健康以及发挥水生态系统的供给服务、调节服务以及支持服务功能的基本条件。然而城镇用地扩张会造成大量毛细水网河道的消失，破坏水生态空间的连通性和完整性。本书依据生态安全格局方法，针对水生态空间的特征提出了“源地识别—阻力面评价—生态廊道提取”三步式的水生态安全格局构建方法。因为水生动植物的活动和迁徙均离不开地表河流水系，所以不同于生态安全格局方法中以最小累积阻力的方法识别廊道，而应根据地表河网水系的网络结构特征，测算每条河流水系的平均累积阻力，并提取阻力值较低的河道作为水生态廊道。这是当前普适性的生态安全格局构建过程中可能忽视的一个水生态环境特征问题。因此，从水环境精细化研究角度而言，对于市县层面的生态保护重要性评价，可以针对水生态系统要素开展特定要素的单一生态安全格局构建，而后再与其他生态要素的安全格局进行叠加，综合构建市县区域的生态安全格局。

2. 承载规模评价

承载规模评价也是“本底评价”的重要组成部分，《双评价指南》中提出应从资源空间供给和环境容量两个方面综合评估可承载的最大城镇建设合理规模。对于水环境问题，资源空间供给主要指的是水资源供给能力和避让水生态保护区域后的可建设空间；环境容量主要指的是水生态系统可以容纳消解的污染物排放量。对天津市进行研究后发现，对于北方缺水地区，水资源短缺是较为突出的城水关系矛盾之一，也是约束最大城镇建设合理规模的重要因素。同时，水污染问题也十分严峻，并且与水资源短缺具有密切联系。但总体上，由于北方缺水地区以平原地形为主，拥有大量可建设用地，河湖水系的空间约束并不突出。因此，水资源供给能力和水污染容量是进行北方缺水地区承载规模评价应考虑的主要因素。

《双评价指南》中提出可根据经验值测算承载规模的方法，但城市发展与水环境保护是一个相互作用且动态变化的系统关系，随着社会经济的发展、科技的进步，水资源供给能力和水污染消解能力均会提升，相同资源环境条件下可承载的最大合理规模也将得到提高。因此，建议采用系统分析法（例如系统动力学模型），综合考虑人、城、水的互馈作用关系，进行城镇空间规模的动态评估和预测。本书构建并实证检验了应用系统动力学模型动态评估水资源承载力的技术方法，同时将水平衡和水环境的污染物容量两方面因素综合纳入水资源承载力的评估过程中。“水资源供需比”和“水污染压力”指数两项指标可以作为今后针对北方缺水地区开展环境承载评估的评价指标。

3. **现状问题和风险识别**

现状问题和风险识别是《双评价指南》中进行“综合分析”的内容之一，《双评价指南》提出“可根据相关评价因子，识别水平衡等方面的问题，研判未来变化趋势和存在风险”。本研究从城市与水环境系统相互作用关系的角度，提供了部分评价因子的选择建议。本书从驱动力、压力、影响、响应四个维度评价了城市系统与水环境系统的相互作用关系特征，其中部分指标（例如人均水资源拥有量、人均城镇建设用地面积、城市生活污水处理率、城镇人均生活用水量等）是通常进行规划现状分析中常常包含的水环境分析内容，但还有一些评价指标是本书基于城水耦合理念提出的，建议今后可以把它们作为城水关系分析和问题识别的量化指标。例如水面率、滨水区可建设用地占比、不透水地表表面比例、水域湿地的景观破碎度、水生态保护区面积占比等指标，可以从空间维度量化水环境特征；水资源负载指数、水资源供需比、水污染压力指数等指标能够体现水资源供需平衡和供给压力情况。该评价指标体系具有将空间与非空间特征综合量化评价，将城水双向作用关系综合量化评价的优势，可以作为今后国土空间规划双评价中围绕水环境要素的现状问题和风险识别的评价依据。

4. **情景分析**

情景分析是《双评价指南》中进行“综合分析”的最后一个环节，《双评价指南》提出应针对地区未来发展可能面临的不同情景，开展多情景分析，支撑国土空间规划多方案比选。根据对天津市的城水关系问题识别和分析，研究提出水资源和水生态问题是导致北方缺水地区城市未来发展中存在不确定性和动态变化特征的因素，因而也是开展国土空间规划情景分析的内容之一。

对于如何进行水资源和水生态的情景分析，本书构建了耦合城水关系的城镇增长情景分析系统，可以模拟分析在不同的水资源供给和需求条件、不同的水生态保护区域划定条件下城镇空间的发展变化特征。对于《双评价指南》中提到的多方案比选要求，研究建议在考虑城市发展的目标定位、上位规划引导以及重大项目的基础上，可以分别设定现状延续发展方案、城镇发展优先方案、生态保护优先方案作为初次的比选方案，从而了解现状发展中面临的问题，识别未来城市发展的最高和最低情景，以及生态保护的最高和最低情景。在此基础上，协调城市发展目标与生态保护目标，寻找适当的城市发展与环境保护协调方案作为较为理想的最优方案，指导国土空间规划的编制。

开展情景分析和多方案比选是一个需要多因子、多要素集合考虑和分析的过程，本研究主要针对水资源和水生态特征开展情景分析的技术方法和方案设定思路进行精细化研究，进而提出相应的规划措施建议。在此基础上，后续还需进行与耕地保护、生态系统保护、灾害防御、陆海环境等其他城镇发展影响因素的多因子综合决策，完成国土空间规划的编制过程。

9.3.2 边界管控体系的精细化建议

在现行的国土空间规划体系框架下，生态保护红线、永久基本农田、城镇开发边界三条控制线是通过边界管控方式优化国土空间开发格局的主要政策工具。本书主要从北方缺水地区水环境保护的视角，探讨了城镇增长管理的相关理论与方法。

1. 水生态保护红线

当前市域国土空间规划中，生态保护红线主要指的是保护重要生态功能区域和敏感性区域的空间管理边界线，但对于水生态系统而言，水质、水量和水生态空间三者均是维护水生态系统健康的关键因素，因此有学者提出从水质、水量、空间三个维度构建水生态红线框架。基于该水生态保护思路，本书以天津市为例，探讨了我国北方缺水地区的水生态保护红线设定方法。

具体而言，建议设定水质与水量相关的规划管理指标，明确水生态保护的底线，本研究结合系统动力学模型的水资源承载力模块，提出可以将“水资源供需比”“水污染压力”指数两项指标作为管控水量、水质的强制性规划管理指标。《市级国土空间总体规划编制指南（试行）》提出的规划指标体系中，与水量相关的指标有“用水总量”（约束性指标）、“万元 GDP 耗水量”（预期性指标）、“地下水水位”（建议性指标）三项，其中“用水总量”是具有强制性的水资源开发利用程度管理指标。但是，笔者认为“用水总量”指标具有一些局限性，其主要约束城市生产生活的用水需求，但对于规划区内地区水资源供给能力的变化缺乏动态监测和调整的能力。从本研究开展的多方案比选分析可以看出，城市未来发展过程中水资源供给能力的变化是充满不确定性的，与城市社会、经济、城市建设水平以及水资源管理能力均有关系。如果以供水量与需水量的比值（“水资源供需比”指标）作为管理标准，则更有助于实现对不确定性的响应，既能够约束城市发展规模不超出水资源承载能力，又能够在水资源承载能力提升的同时为城市释放更大的发展潜力。而“万元 GDP 耗水量”和“地下水水位”等非强制约束性规划指标也能够在“水资源供需比”指标中有所体现。此外，《市级国土空间总体规划编制指南（试行）》中暂时缺少对于水质的相关管理指标，本书采用的“水污染指数”指标可以作为管理城市生产生活污水排放和地表径流污染水平的一项参考指标。

对于水生态保护的空间红线，也就是通常意义上的水生态保护红线，建议采用空间边界与管理指标结合的方式实施空间管控。2017 年 5 月发布的《生态保护红线划定指南》提出，为了降低红线的破碎化程度，便于管理，一般应将面积小于 1 km^2 的独立图斑扣除。因此，大量面积较小的湿地、水塘、沟渠等地表水体空间将被扣除，无法被纳入生态保护红线的强制性保护范围。鉴于此，本研究建议将“水面率”“河岸带不透水地表表面比例”“水网连通结构”等指标作为规划管理性指标，与空间边界共同成为水生态保护的空间红线内容。

2. 城镇开发边界

《城镇开发边界划定指南（试行，征求意见稿）》中提出城镇开发边界应包含城镇集中建设区、城镇弹性开发区和特别用途区三部分。本书从协调水资源、水生态与城镇空间增长关系的角度，对城镇开发边界的划定方法和划定内容提出优化建议。

虽然，当前《城镇开发边界划定指南（试行，征求意见稿）》中提出了集中建设区与弹性开发区的区别，但是对于如何触发弹性发展区向集中建设区转换的必要条件并没有提出明确要求。建议将水资源承载力动态监测作为一项调整集中建设区范围的必要条件，要求各城市只有在通过水资源承载力评估论证本地水资源条件可以承载一定面积的新增建设用地前提下，才可以进行边界调整。对于北方缺水地区城市，水资源承载力是制约城镇发展的关键因素，通过将水资源承载力与城镇开发边界挂钩的方式，一方面能够保障城镇开发建设不超出水资源的合理承载范围，另一方面也能够激励城市管理者更多地关注水环境保护问题，提高城市发展对水环境的被动适应性，落实“以水定城”的发展原则。

此外，建议将部分位于城市中心区、近郊区的水生态空间纳入城镇开发边界的特殊用途区范围，既有利于提高城镇开发边界的完整性，也能够更好地协调这些区域的城水空间冲突。由于特殊用途区原则上禁止任何城镇集中建设行为，划入其中的水生态空间能够得到更完善的保护，避免被城镇开发建设活动侵占。同时，这些水生态空间也将成为城镇蓝绿系统的重要组成部分，更好地发挥水生态系统的服务功能，美化和提升城镇环境。

总之，结合对天津市未来城市发展和水环境保护的多方案比选分析，本书探讨了针对我国北方缺水地区城水关系特征，实施精细化增长管理的规划策略，希望为今后完善和提升国土空间规划编制方法体系提供参考借鉴。

参考文献

[1] 发改委发展规划司. 节水型社会建设“十三五”规划[R]. 北京，2017.

[2] 封志明，刘登伟. 京津冀地区水资源供需平衡及其水资源承载力[J]. 自然资源学报，2006，21（5）：689-699.

[3] 童玉芬. 北京市水资源人口承载力的动态模拟与分析[J]. 中国人口·资源与环境，2010，20（9）：42-47.

[4] 郭倩，汪嘉杨，张碧. 基于DPSIRM框架的区域水资源承载力综合评价[J]. 自然资源学报，2017，32（3）：484-493.

[5] 夏军，朱一中. 水资源安全的度量：水资源承载力的研究与挑战[J]. 自然资源学报，2002，17（3）：262-269.

[6] 尚文绣，王忠静，赵钟楠，等. 水生态红线框架体系和划定方法研究[J]. 水利学报，2016，47（7）：934-941.

[7] 俞孔坚，王春连，李迪华，等. 水生态空间红线概念、划定方法及实证研究[J]. 生态学报，2019，39（16）：5909-5921.

[8] 黎秋杉，卡比力江·吾买尔，小出治. 基于水基底识别的水生态安全格局研究——以都江堰市为例[J]. 地理信息世界，2019，26（6）：14-20.

[9] 王晓红，张梦然，史晓新，等. 水生态保护红线划定技术方法[J]. 中国水利，2017（16）：11-15.

[10] 白羽. 河流沿岸的城市空间肌理生成与规划研究[D]. 合肥：合肥工业大学，2010.

[11] 陈浩. 丘陵地区中小城市道路网与水系的共生研究[D]. 长沙：湖南大学，2013.

[12] 贵体进. 从水环境与土地使用的关联性探讨两江新区土地使用生态化研究[D]. 重庆：重庆大学，2016.

[13] 吴志强. 论新时代城市规划及其生态理性内核[J]. 城市规划学刊，2018（3）：19-23.

[14] QIU J. China faces up to groundwater crisis [J]. Nature，2010，466（7304）：308.

[15] BAO C，FANG C-L. Water resources flows related to urbanization in China：challenges and perspectives for water management and urban development [J]. Water Resources Management，2012，26（2）：531-552.

[16] HU Y，CHENG H. Water pollution during China's industrial transition [J]. Environmental Development，2013，8：57-73.

[17] SHAO M，TANG X，ZHANG Y，et al. City clusters in China：air and surface water pollution [J]. Frontiers in Ecology and the Environment，2006，4（7）：353-361.

[18] 匡耀求，黄宁生. 中国水资源利用与水环境保护研究的若干问题[J]. 中国人口・资源与环境，2013，23（4）：29-33.

[19] 刘耀彬，李仁东，宋学锋. 中国城市化与生态环境耦合度分析[J]. 自然资源学报，2005，20（1）：105-112.

[20] 方创琳，孙心亮. 河西走廊水资源变化与城市化过程的耦合效应分析 [J]. 资源科学，2005，27（2）：2-9.

[21] 王少剑，方创琳，王洋. 京津冀地区城市化与生态环境交互耦合关系定量测度[J]. 生态学报，2015，35（7）：2244-2254.

[22] 钱学森. 一个科学新领域——开放的复杂巨系统及其方法论[J]. 城市发展研究，2005，12（5）：1-8.

[23] 段进. 城市空间发展论[M]. 南京：江苏科学技术出版社，1999.

[24] 马强，徐循初. “精明增长”策略与我国的城市空间扩展[J]. 城市规划汇刊，2004（3）：16-22+95.

[25] 张沛，程芳欣，田涛. “城市空间增长”相关概念辨析与发展解读[J]. 规划师，2011，27（4）：104-108.

[26] 周春山，叶昌东. 中国特大城市空间增长特征及其原因分析[J]. 地理学报，2013，68（6）：728-738.

[27] 李雪英，孔令龙. 当代城市空间拓展机制与规划对策研究[J]. 现代城市研究，2005，20（1）：35-38.

[28] 罗超，王国恩，孙靓雯. 我国城市空间增长现状剖析及制度反思[J]. 城市规划学刊，2015（6）：46-55.

[29] 张兵，林永新，刘宛，等. 城镇开发边界与国家空间治理——划定城镇开发边界的思想基础[J]. 城市规划学刊，2018（4）：16-23.

[30] BENGSTON D N，FLETCHER J O，NELSON K C. Public policies for managing urban growth and protecting open space：policy instruments and lessons learned in the United States[J]. Landscape and Urban Planning，2004，69（2）：271-286.

[31] AMATI M，YOKOHARI M. Temporal changes and local variations in the functions of London's green belt [J]. Landscape and Urban Planning，2006，75（1）：125-142.

[32] 王颖，顾朝林，李晓江. 中外城市增长边界研究进展[J]. 国际城市规划，2014，29（4）：1-11.

[33] HUBER M T，CURRIE T M. The urbanization of an Idea：imagining nature through urban growth boundary policy in Portland，Oregon[J]. Urban Geography，2007，28（8）：705-731.

[34] KNAAP G J. The price effects of urban growth boundaries in metropolitan Portland, Oregon[J]. Land Economics，1997，62（1）：26-35.

[35] SONG Y，KNAAP G J. Measuring urban form - is Portland winning the war on sprawl? [J]. Journal of the American Planning Association，2004，70（2）：210-225.

[36] 程茂吉. 城镇开发边界的划定原则和管控政策探讨[J]. 城市规划，2019，43（8）：69-74.

[37] 姚佳，王敏，黄宇驰，等. 我国生态保护红线三维制度体系——以宁德市为例[J]. 生态学报，2015，35（20）：6848-6856.

[38] 宋永昌，由文辉，王祥荣. 城市生态学[M]. 上海：华东师范大学出版社，2000.

[39] 段春青，刘昌明，陈晓楠，等. 区域水资源承载力概念及研究方法的探讨[J]. 地理学报，2010，65（1）：82-90.

[40] 李云玲，郭旭宁，郭东阳，等. 水资源承载能力评价方法研究及应用[J]. 地理科学进展，2017，36（3）：342-349.

[41] 龙腾锐，姜文超，何强. 水资源承载力内涵的新认识[J]. 水利学报，2004（1）：38-45.

[42] 惠泱河，蒋晓辉，黄强，等. 二元模式下水资源承载力系统动态仿真模型研究[J]. 地理研究，2001，20（2）：191-198.

[43] 沈清基，徐溯源，刘立耘，等. 城市生态敏感区评价的新探索——以常州市宋剑湖地区为例[J]. 城市规划学刊，2011（1）：58-66.

[44] 汪军英，达良俊，由文辉. 城镇生态敏感区的划分及建设途径——以上海市航头镇为例[J]. 城市问题，2007（1）：52-55.

[45] NELSON A C，MOORE T. Assessing urban growth management：the case of Portland，Oregon，the USA's largest urban growth boundary[J]. Land Use Policy，1993，10（4）：293-302.

[46] LIANG X，LIU X，LI X，et al. Delineating multi-scenario urban growth boundaries with a CA-based FLUS model and morphological method [J]. Landscape and Urban Planning，2018，177：47-63.

[47] 林坚，骆逸玲，楚建群. 城镇开发边界实施管理思考——来自美国波特兰城市增长边界的启示[J]. 北京规划建设，2018（2）：58-62.

[48] OATES D. Urban growth boundary [EB/OL]. https://oregonencyclopedia.org/articles/urban_growth_boundary/#.XsiKohMzZ0t.2020/05/10.

[49] HUANG D，HUANG J，LIU T. Delimiting urban growth boundaries using the CLUE-S model with village administrative boundaries [J]. Land Use Policy，2019，82：422-435.

[50] AL-HATHLOUL S，MUGHAL M A. Urban growth management - the Saudi experience [J].

Habitat International，2004，28（4）：609-623.
[51] CARRUTHERS J I. Evaluating the effectiveness of regulatory growth management programs：an analytic framework [J]. Journal of Planning Education and Research，2002，21（4）：391-405.
[52] CARRUTHERS J I. The impacts of state growth management programmes：a comparative analysis [J]. Urban Studies，2002，39（11）：1959-1982.
[53] DAWKINS C J，NELSON A C. Urban containment policies and housing prices：an international comparison with implications for future research[J]. Land Use Policy，2002，19（1）：1-12.
[54] DEMPSEY J A，PLANTINGA A J. How well do urban growth boundaries contain development? Results for Oregon using a difference-in-difference estimator [J]. Regional Science and Urban Economics，2013，43（6）：996-1007.
[55] JUN M-J. The effects of Portland's urban growth boundary on urban development patterns and commuting [J]. Urban Studies，2004，41（7）：1333-1348.
[56] LANDIS J D. Growth management revisited：efficacy，price effects，and displacement [J]. Journal of the American Planning Association，2006，72（4）：411-430.
[57] NELSON A C，DUNCAN J B. Growth management：principles and practices [M]. London：Routledge，1995.
[58] WASSMER R W. The Influence of local urban containment policies and statewide growth management on the size of United States urban areas [J]. Journal of Regional Science，2006，46（1）：25-65.
[59] WOO M，GULDMANN J-M. Impacts of urban containment policies on the spatial structure of US metropolitan areas [J]. Urban Studies，2011，48（16）：3511-3536.
[60] COUCH C，KARECHA J. Controlling urban sprawl：some experiences from Liverpool [J]. Cities，2006，23（5）：353-363.
[61] DIELEMAN F M，DIJST M J，SPIT T. Planning the compact city：the Randstad Holland experience [J]. European Planning Studies，1999，7（5）：605-621.
[62] EVERS D，BEN-ZADOK E，FALUDI A. The Netherlands and Florida：two growth management strategies [J]. International Planning Studies，2000，5（1）：7-23.
[63] KÜHN M. Greenbelt and green heart：separating and integrating landscapes in European city regions [J]. Landscape and Urban Planning，2003，64（1-2）：19-27.
[64] GENNAIO M-P，HERSPERGER A M，BÜRGI M. Containing urban sprawl— evaluating

effectiveness of urban growth boundaries set by the Swiss Land Use Plan[J]. Land Use Policy，2009，26（2）：224-232.

[65] BAE C-H C，JUN M-J. Counterfactual planning：what if there had been no greenbelt in Seoul? [J]. Journal of Planning Education and Research，2003，22（4）：374-383.

[66] BENGSTON D N，YOUN Y-C. Urban containment policies and the protection of natural areas：the case of Seoul's greenbelt[J]. Ecology and Society，2006，11（1）: 3.

[67] YANG J，JINXING Z. The failure and success of greenbelt program in Beijing [J]. Urban Forestry & Urban Greening，2007，6（4）：287-296.

[68] 韩昊英，冯科，吴次芳. 容纳式城市发展政策：国际视野和经验[J]. 浙江大学学报（人文社会科学版），2009，39（2）：162-171.

[69] HUMSTONE B. Building Invisible Walls [EB/OL]. https://conservationtools-production.s3.amazonaws.com/library_item_files/1686/1893/520.pdf?AWSAccessKeyId=AKIAIQFJLILYGVDR4AMQ&Expires=1596187791&Signature=%2BPP0XmuS9lOYQgVykiopgARiJ3s%3D.2020/07/22.

[70] DIERWECHTER Y. Urban growth management and its discontents：promises，practices，and geopolitics in U.S. city-regions [M]. New York: Palgrave Macmillan，2008.

[71] SIEDENTOP S，FINA S，KREHL A. Greenbelts in Germany's regional plans— an effective growth management policy?[J]. Landscape and Urban Planning，2016，145：71-82.

[72] 张媛明，罗海明，黎智辉. 英国绿带政策最新进展及其借鉴研究[J]. 现代城市研究，2013（10）：50-53.

[73] 吴纳维. 北京绿化隔离地区土地利用演变及规划实施机制研究[D]. 北京：清华大学，2016.

[74] 王旭东，王鹏飞，杨秋生. 国内外环城绿带规划案例比较及其展望[J]. 规划师，2014，30（12）：93-99.

[75] 林坚，乔治洋，叶子君. 城市开发边界的“划”与“用”——我国14个大城市开发边界划定试点进展分析与思考[J]. 城市规划学刊，2017（2）：37-43.

[76] ARROW K，BOLIN B，COSTANZA R，et al. Economic growth，carrying capacity，and the environment[J]. Science，1995，268（5210）：520–521.

[77] 张旋. 天津市水环境承载力的研究[D]. 天津：南开大学，2010.

[78] 阮本青，沈晋. 区域水资源适度承载能力计算模型研究[J]. 土壤侵蚀与水土保持学报，1998（3）：58-62+86.

[79] 薛小杰，惠泱河，黄强，等. 城市水资源承载力及其实证研究[J]. 西北农业大学学报，2000，28（6）：135-139.
[80] 王友贞，施国庆，王德胜. 区域水资源承载力评价指标体系的研究[J]. 自然资源学报，2005，20（4）：597-604.
[81] 李新，石建屏，曹洪. 基于指标体系和层次分析法的洱海流域水环境承载力动态研究[J]. 环境科学学报，2011，31（6）：1338-1344.
[82] 薛冰，宋新山，严登华. 基于系统动力学的天津市水资源模拟及预测[J]. 南水北调与水利科技，2011，9（6）：43-47.
[83] 姜大川，肖伟华，范晨媛，等. 武汉城市圈水资源及水环境承载力分析[J]. 长江流域资源与环境，2016，25（5）：761-768.
[84] 段新光，栾芳芳. 基于模糊综合评判的新疆水资源承载力评价[J]. 中国人口·资源与环境，2014，24（3）：119-122.
[85] 王春晓，林广思. 城市绿色雨水基础设施规划和实施——以美国费城为例 [J]. 风景园林，2015（5）：25-30.
[86] 张志军，黄宝连. 基于水资源优化配置的多目标决策模型探析 [J]. 水利规划与设计，2011（3）：22-24+72.
[87] 杨朝阳. 西安市水资源承载力模拟预测与评价[D]. 西安：西北大学，2019.
[88] 曹琦，陈兴鹏，师满江. 基于DPSIR概念的城市水资源安全评价及调控[J]. 资源科学，2012，34（8）：1591-1599.
[89] 马慧敏. 基于DPSIR模型的山西省水资源可持续性评价[D]. 太原：太原理工大学，2015.
[90] 李红薇. 基于DPSIR模型的松原市水资源可持续利用评价[D]. 长春：吉林大学，2017.
[91] 李庆国. 水文水资源系统计算智能评价与预测方法研究[D]. 大连：大连理工大学，2004.
[92] 陈洋波，陈俊合，李长兴，等. 基于DPSIR模型的深圳市水资源承载能力评价指标体系[J]. 水利学报，2004（7）：98-103.
[93] 翁薛柔，龙训建，叶琰，等. 基于DPSIR耦合模型的重庆市水资源承载研究[J]. 水资源研究，2020，9（2）：189-201.
[94] 俞孔坚，李迪华，袁弘，等. “海绵城市”理论与实践[J]. 城市规划，2015，39（6）：26-36.
[95] 彭建，赵会娟，刘焱序，等. 区域水安全格局构建：研究进展及概念框架[J]. 生态学报，2016，36（11）：3137-3145.
[96] WEBER T，SLOAN A，WOLF J J L，et al. Maryland's green infrastructure assessment：development of a comprehensive approach to land conservation [J]. Landscape and Urban Planning，2006，77（1-2）：94-110.

[97] 李博，甘恬静. 基于ArcGIS与GAP分析的长株潭城市群水安全格局构建[J]. 水资源保护，2019，35（4）：80-88.
[98]麦克哈格. 设计结合自然[M]. 芮经纬，译. 天津：天津大学出版社，2006.
[99] 王森. 徐州市水生态安全格局构建[D]. 徐州：中国矿业大学，2018.
[100] 许文雯，孙翔，朱晓东，等. 基于生态网络分析的南京主城区重要生态斑块识别[J]. 生态学报，2012，32（4）：1264-1272.
[101] 王海涛，魏博，王楠，等. 资源型城市转型视角下的城镇开发边界研究——以铜川市为例[J]. 上海城市规划，2019（4）：111-116.
[102] 熊文，黄思平，杨轩. 河流生态系统健康评价关键指标研究[J]. 人民长江，2010，41（12）：7-12.
[103] 文扬，陈迪，李家福，等. 美国市政污水处理排放标准制定对中国的启示[J]. 环境保护科学，2017，43（3）：26-33.
[104] 卢峰. 城市形态史：工业革命以前[J]. 世界建筑，2018（5）：115.
[105] Castonguay S，Evenden M. Urban rivers：remaking rivers，cities，and space in Europe and North America[M]. Pittsburgh，PA：University of Pittsburgh Press，2012.
[106] 董鉴泓. 中国城市建设史 [M]. 3版. 北京：中国建筑工业出版社，2004.
[107] 吴庆洲. 中国古代城市防洪研究[M]. 北京：中国建筑工业出版社，1995.
[108] MCBRIDE M，BOOTH D B. Urban impacts on physical stream condition：effects of spatial scale，connectivity，and longitudinal trends[J]. Journal of the American Water Resources Association，2005，41（3）：565-580.
[109] BACH P M，DELETIC A，URICH C，et al. Modelling interactions between lot-scale decentralised water infrastructure and urban form — a case study on infiltration systems [J]. Water Resources Management，2013，27（14）：4845-4863.
[110] BHASKAR A S，JANTZ C，WELTY C，et al. Coupling of the water cycle with patterns of urban growth in the Baltimore Metropolitan Region，United States[J]. Journal of the American Water Resources Association，2016，52（6）：1509-1523.
[111] 徐康，吴绍华，陈东湘，等. 基于水文效应的城市增长边界的确定——以镇江新民洲为例[J]. 地理科学，2013，33（8）：979-985.
[112] 宁雄. 基于分布式CA和BP水质模型的城市空间增长边界研究[D]. 北京：清华大学，2015.
[113] 黄金川，方创琳. 城市化与生态环境交互耦合机制与规律性分析[J]. 地理研究，2003，22（2）：211-220.
[114] 崔学刚，方创琳，刘海猛，等. 城镇化与生态环境耦合动态模拟理论及方法的研究进展

[J]. 地理学报，2019，74（6）：1079-1096.
[115] 刘海猛，方创琳，李咏红. 城镇化与生态环境“耦合魔方”的基本概念及框架[J]. 地理学报，2019，74（8）：1489-1507.
[116] 崔子豪. 西安市城市化过程与用水耦合关系研究[D]. 西安：西安理工大学，2016.
[117] 麦地那·巴合提江，阿不都沙拉木·加拉力丁，盛永财，等. 乌鲁木齐市城市化与水资源协调度分析[J]. 人民长江，2018，49（7）：42-46+51.
[118] 黄宾. 杭州城市化与水环境的耦合协调发展研究[J]. 环境科学导刊，2015，34（6）：13-17+30.
[119] 莫里斯. 城市形态史：工业革命以前[M]. 北京：商务印书馆，2011.
[120] 陈英燕. 城市不同发展阶段地表水系及地貌形态的变化[J]. 西南师范大学学报（自然科学版），1990，15（4）：579-586.
[121] 王爱敏. 水源地保护区生态补偿制度研究[D]. 泰安：山东农业大学，2016.
[122] 张仁铎. 环境水文学[M]. 广州：中山大学出版社，2006.
[123] WAGNER I，Marsalek J，BREIL P. 城市水生态系统可持续管理：科学·政策·实践[M]. 孟令钦，译. 北京：中国水利水电出版社，2014.
[124] 陈博，李卫明，陈求稳，等. 夏季漓江不同底质类型和沉水植物对底栖动物分布的影响[J]. 环境科学学报，2014，34（7）：1758-1765.
[125] 曹红军. 浅评DPSIR模型[J]. 环境科学与技术，2005，28（Z1）：110-111+126.
[126] 肖新成，何丙辉，倪九派，等. 农业面源污染视角下的三峡库区重庆段水资源的安全性评价——基于DPSIR框架的分析[J]. 环境科学学报，2013，33（8）：2324-2331.
[127] 杨法暄，郑乐，钱会，等. 基于DPSIR模型的城市水资源脆弱性评价——以西安市为例[J]. 水资源与水工程学报，2020，31（1）：77-84.
[128] 陈华伟，黄继文，张欣，等. 基于DPSIR概念框架的水生态安全动态评价[J]. 人民黄河，2013，35（9）：34-37+45.
[129] 商震霖，王志齐，魏梦现. 基于DPSIR模型的许昌市水生态安全评价[J]. 水资源开发与管理，2019（1）：29-33+26.
[130] 向红梅，金腊华. 基于DPSIR模型的区域水安全评价研究[J]. 安全与环境学报，2011，11（1）：96-100.
[131] 方创琳，孙心亮. 河西走廊水资源变化与城市化过程的耦合效应分析[J]. 资源科学，2005，27（2）：2-9.
[132] 冯文文，郭梦，钱会，等. 西安市城市化与水资源环境耦合关系研究及预测[J]. 水资源与水工程学报，2019，30（4）：113-118+123.

[133] 喻笑勇，张利平，陈心池，等. 湖北省水资源与社会经济耦合协调发展分析[J]. 长江流域资源与环境，2018，27（4）：809-817.

[134] 尹鹏. 哈尔滨市水资源发展态势及可持续利用评价研究[D]. 哈尔滨：哈尔滨工程大学，2011.

[135] 于志慧，许有鹏，张媛，等. 基于熵权物元模型的城市化地区河流健康评价分析——以湖州市区不同城市化水平下的河流为例[J]. 环境科学学报，2014，34（12）：3188-3193.

[136] LU W W，XU C，WU J，et al. Ecological effect assessment based on the DPSIR model of a polluted urban river during restoration：a case study of the Nanfei River，China[J]. Ecological Indicators，2019，96：146-152. _(1≤i,j≤n,i≠j)(m_i+m_j)

[137] 李玉照，刘永，颜小品. 基于DPSIR模型的流域生态安全评价指标体系研究[J]. 北京大学学报（自然科学版），2012，48（6）：971-981.

[138] 欧定华，夏建国，姚兴柱，等. 景观生态安全格局规划理论、方法与应用[M]. 北京：科学出版社，2019：160.

[139] 陈希冀，郭青海，黄硕，等. 厦门城市水环境景观格局调整与建设探讨[J]. 生态科学，2018，37（6）：97-105.

[140] 徐毅，孙才志. 基于系统动力学模型的大连市水资源承载力研究[J]. 安全与环境学报，2008，8（6）：71-74.

[141] SCHNEIDER A，WOODCOCK C E. Compact，dispersed，fragmented，extensive? A comparison of urban growth in twenty-five global cities using remotely sensed data, pattern metrics and census information[J]. Urban Studies，2008，45（3）：659-692.

[142] MORRISON N. The compact city：theory versus practice—the case of Cambridge[J]. Journal of Housing and the Built Environment，1998，13（2）：157-179.

[143] EWING R H. Characteristics，causes，and effects of sprawl：a literature review [M]// Marzluff J M, et al. Urban Ecology. New York：Springer，2008：519-535.

[144] HAMIDI S，EWING R. A longitudinal study of changes in urban sprawl between 2000 and 2010 in the United States [J]. Landscape and Urban Planning，2014，128：72-82.

[145] 吕斌，孙婷. 低碳视角下城市空间形态紧凑度研究[J]. 地理研究，2013，32（6）：1057-1067.

[146] 马奕鸣. 紧凑城市理论的产生与发展[J]. 现代城市研究，2007，22（4）：10-16.

[147] 王其藩. 高级系统动力学[M]. 北京：清华大学出版社，1995.

[148] 吉久伟，方红远，纪静怡. 系统动力学在水文水资源应用研究的进展与展望[J]. 水资源研究，2019，8（5）：523-533.

[149] YANG J，LEI K，KHU S，et al. Assessment of water resources carrying capacity for sustainable development based on a system dynamics model：a case study of Tieling City，China[J]. Water Resources Management，2015，29（3）：885-899.
[150] 姜秋香，董鹤，付强，等. 基于SD模型的城市水资源承载力动态仿真——以佳木斯市为例[J]. 南水北调与水利科技，2015，13（5）：827-831.
[151] 王其藩. 系统动力学[M]. 上海：上海财经大学出版社，2009.
[152] 俞孔坚，王思思，李迪华，等. 北京城市扩张的生态底线——基本生态系统服务及其安全格局[J]. 城市规划，2010，34（2）：19-24.
[153] VERBURG P H，SOEPBOER W，VELDKAMP A，et al. Modeling the spatial dynamics of regional land use：the CLUE-S model [J]. Environmental Management，2002，30（3）：391-405.
[154] 吴健生，冯喆，高阳，等. CLUE-S模型应用进展与改进研究[J]. 地理科学进展，2012，31（1）：3-10.
[155] 张华，张勃. 国际土地利用/覆盖变化模型研究综述[J]. 自然资源学报，2005，20（3）：422-431.
[156]天津市人民政府. 天津市人民政府关于发布天津市生态保护红线的通知[EB/OL]. http://www.tj.gov.cn/zwgk/szfwj/tjsrmzf/202005/t20200519_2365979.html.2018-09-06.
[157] 王丽艳，张学儒，张华，等. CLUE-S模型原理与结构及其应用进展[J]. 地理与地理信息科学，2010，26（3）：73-77.
[158] 陈天，贾梦圆，臧鑫宇. 滨海城市用海规划策略研究——以天津滨海新区为例[J]. 天津大学学报（社会科学版），2015，17（5）：391-398.
[159] HASSANZADEH E，ZARGHAMI M，HASSANZADEH Y. Determining the main factors in declining the Urmia Lake level by using system dynamics modeling [J]. Water Resources Management，2012，26（1）：129-145.
[160] 彭建，赵会娟，刘焱序，等. 区域生态安全格局构建研究进展与展望[J]. 地理研究，2017，36（3）：407-419.
[161] 张亮. 基于生态安全格局的城市增长边界划定与管理研究[D]. 杭州：浙江大学，2018.
[162] 洪世键，张京祥. 城市蔓延的界定及其测度问题探讨——以长江三角洲为例[J]. 城市规划，2013，37（7）：42-45+80.
[163] 王家庭，张俊韬. 我国城市蔓延测度：基于 35 个大中城市面板数据的实证研究[J]. 经济学家，2010（10）：56-63.
[164] LIU X，LI X，CHEN Y M，et al. A new landscape index for quantifying urban expansion using multi-temporal remotely sensed data [J]. Landscape Ecology，2010，25（5）：671-

682.
[165] FORMAN R T T. Land mosaics：the ecology of landscapes and regions [M]. Cambridge: Cambridge University Press, 1995.
[166] 张琳琳. 转型期中国城市蔓延的多尺度测度、内在机理与管控研究[D]. 杭州：浙江大学，2018.
[167] LUO J，WEI Y H D. Modeling spatial variations of urban growth patterns in Chinese cities：the case of Nanjing [J]. Landscape and Urban Planning，2009，91（2）：51-64.
[168] PUERTAS O L，HENRÍQUEZ C，MEZA F J. Assessing spatial dynamics of urban growth using an integrated land use model. Application in Santiago Metropolitan Area，2010-2045[J]. Land Use Policy，2014，38：415-425.
[169] 徐秋蓉. 基于生态安全的北京市城镇开发边界模型构建与应用[D]. 武汉：中国地质大学，2019.
[170] 吴浩，梅志雄，李诗韵. 基于改进CLUE-S模型的土地利用变化动态模拟与分析——以广州市增城区为例[J]. 华南师范大学学报（自然科学版），2015，47（6）：98-104.
[171] 韩富状. 广州市中心城区扩张及其空间影响因子研究[D]. 广州：广州大学，2016.
[172] 吴桂平，曾永年，冯学智，等. CLUE-S模型的改进与土地利用变化动态模拟——以张家界市永定区为例[J]. 地理研究，2010，29（3）：460-470.
[173] 周鹏. 城市居住空间形态测度与评价[D]. 武汉：武汉大学，2015.
[174] ORD K. Estimation methods for models of spatial interaction [J]. Journal of the American Statistical Association，1975，70（349）：120-126.
[175] DORMANN C F. Assessing the validity of autologistic regression [J]. Ecological Modelling，2007，207（2）：234-242.
[176] 许小亮，李鑫，肖长江，等. 基于CLUE-S模型的不同情景下区域土地利用布局优化[J]. 生态学报，2016，36（17）：5401-5410.
[177] 朱龙基，范兰池，林超. 引滦入津工程水质时空演化规律分析[J]. 水资源保护，2009，25（2）：15-17+54.

附　　录

附录A

CLUE-S模型的R代码

```
#load required packages
library（"lulcc"）
library（"gsubfn"）
library（'Hmisc'）
library（'raster'）
library（'fmsb'）

#load observe maps
data=list（lu2000=raster（‘file’, values=T）,
    lu2010=raster（‘file’, values=T））
obs=ObsLulcRasterStack（x=data,
            pattern="lu",
            categories=c（1,2,3）, #set landuse categories
            labels=c（"Other","Built","Water"）, #define landuse labels
t=c（0,10））#time steps of observe maps

#load explanatory variables
expdata=list（X_02=raster（'X2.tif',values=T）, X_03=raster（'X3.tif',values=T）,
X_04=raster（'X4.tif',values=T）, X_05=raster（'X5.tif',values=T）,
X_06=raster（'X6.tif',values=T）, X_08=raster（'X8.tif',values=T）,
X_09=raster（'X9.tif',values=T）, X_10=raster（'X10.tif',values=T）,
X_11=raster（'X11.tif',values=T）, X_12=raster（'X12.tif',values=T）,
X_13=raster（'X13.tif',values=T）, X_15=raster（'X15.tif',values=T）,
X_16=raster（'X16.tif',values=T）, X_17=raster（'X17.tif',values=T）,
X_18=raster（'X18.tif',values=T）, X_19=raster（'X19.tif',values=T）,
X_20=raster（'X20.tif',values=T）, X_21=raster（'X21.tif',values=T）,
```

```
X_22=raster（'X22.tif',values=T），
X_23=raster（'X23.tif',values=T），#the Autocov of other
X_24=raster（'X24.tif',values=T），#the Autocov of built
X_25=raster（'X25.tif',values=T））#the Autocov of water
ef <- ExpVarRasterList（x=expdata, pattern='X'）

# Autologistic model
part <- partition（x=obs, size=0.3, spatial=TRUE）
train.data <- getPredictiveModelInputData（obs=obs, ef=ef, cells=part[["train"]]）
forms<-list（Other~ X_02+X_03+X_04+X_05+X_06+X_08+X_09+X_10+X_11+X_12+X_13+
X_15+X_16+X_17+X_18+X_19+X_20+X_21+X_22+X_25,
        Built ~ X_02+X_03+X_04+X_05+X_06+X_08+X_09+X_10+X_11+X_12+X_13+X_15+
X_16+X_17+X_18+X_19+X_20+X_21+X_22+X_23,
        Water ~ X_02+X_03+X_04+X_05+X_06+X_08+X_09+X_10+X_11+X_12+X_13+X_15+
X_16+X_17+X_18+X_19+X_20+X_21+X_22+X_24）
glm.models<-glmModels（formula=forms, family=binomial（link='logit'）, data=train.data,
obs=obs,control=list（maxit=100））
summary（glm.models）

# test ability of models to predict allocation of other, built and water
test.data <- getPredictiveModelInputData（obs=obs, ef=ef, cells=part[["test"]]）
glm.pred <- PredictionList（models=glm.models_2010, newdata=test.data）
glm.perf <- PerformanceList（pred=glm.pred,measure="tpr", x.measure="fpr"）
plot（list（glm.perf））# ROC curve

# obtain demand scenario
dmd <- approxExtrapDemand（obs=obs, tout=0:18）# tout is predict time

# get neighbourhood values
w <- matrix（data=1, nrow=3, ncol=3）
nb <- NeighbRasterStack（x=obs[[1]], weights=w, categories=c（2））
```

```
# load mask
mask_ocean <- raster（‘mask file’, values=T）

#set clues.rules
clues.rules <- matrix（data=c（1,1,1,1,1,1,1,1,1）, nrow=3, ncol=3, byrow=TRUE）

#create CLUE-S model object
clues.parms <- list（jitter.f=0.000007,
          scale.f=0.00000007,
          max.iter=3000,
          max.diff=100,
ave.diff=100）
clues.model <- CluesModel（obs=obs,
               ef=ef,
               models=glm.models,
               time=0:18,
               demand=dmd,
mask=mask_ocean,
               neighb=nb,
               elas=c（0.87, 0.91, 0.76）,
               rules=clues.rules,
               params=clues.parms）
clues.model@nb.rules=c（0.3） #源代码存在bug，需单独设置nb.rules参数

#perform allocation
clues.model <- allocate（clues.model）
summary（clues.model）

#Kappa test
points <- rasterToPoints（obs[[1]], spatial=TRUE）
pred_map=extract（clues.model@output[[11]], points） #predicted landuse map of 2010
obs_map=extract（lu2010new, points） #observed landuse map of 2010
res <- Kappa.test（x=pred_map, y=obs_map, conf.level=0.95）
```

```
str (res)
print (res)

#output predicted maps
```

lulcc语言包中主要参数的含义解释如下:

CLUE-S 模型参数及含义

<table>
<tr><th colspan="2">参数</th><th>解释</th></tr>
<tr><td colspan="2">obs</td><td>格式为 ObsLulcRasterStack 的土地利用类型图，包含至少两个时间点的观察数据</td></tr>
<tr><td colspan="2">ef</td><td>格式为 ExpVarRasterList 的驱动因子栅格图，用以预测不同土地利用类型分布的空间特征</td></tr>
<tr><td colspan="2">models</td><td>空间特征模块的预测模型，使用 glmModels 语句构建 Autologistic 回归模型</td></tr>
<tr><td colspan="2">time</td><td>数值向量格式，定义模拟时长</td></tr>
<tr><td colspan="2">demand</td><td>土地需求矩阵</td></tr>
<tr><td colspan="2">hist</td><td>土地利用类型的历史图，栅格数值代表该栅格为当前土地类型的时长（年）</td></tr>
<tr><td colspan="2">mask</td><td>土地政策与限制区域模块，格式为二分值栅格图层，数值为 0 的栅格表示土地利用类型不能转变</td></tr>
<tr><td colspan="2">neighb</td><td>定义邻域影响的大小范围</td></tr>
<tr><td colspan="2">elas</td><td>土地转移弹性，0 与 1 之间的数值，接近于 0 表示低转移弹性，接近于 1 表示高转移弹性</td></tr>
<tr><td colspan="2">rules</td><td>土地转移秩序，格式为数值矩阵</td></tr>
<tr><td colspan="2">nb.rules</td><td>邻域影响的阈值，数值在 0 与 1 之间，高于该数值时土地利用类型可以发生变化</td></tr>
<tr><td rowspan="5">params</td><td>jitter.f</td><td>初始扰动因子，设定进行空间分配循环之前，土地需求分配的随机扰动程度，数值越大，则初始扰动越大。默认值为 0.0001</td></tr>
<tr><td>scale.f</td><td>增量因子，当分配面积不同于土地需求面积，需返回重新分配土地需求时，增加或减少迭代变量的数量。默认值为 0.005</td></tr>
<tr><td>max.iter</td><td>最大迭代次数</td></tr>
<tr><td>max.diff</td><td>最大差异量，分配面积与土地需求面积之间能够容忍的最大数量差异值。默认值为 5</td></tr>
<tr><td>ave.diff</td><td>平均差异量，分配面积与土地需求面积之间能够容忍的平均差异值，默认值为 5</td></tr>
<tr><td colspan="2">output</td><td>输出数据格式，选择栅格文件或 Null（空）</td></tr>
</table>

附录 B

天津市水资源承载力动态评估 SD 模型所包含的 44 项变量以及相关解释详细列表如下：

天津市水资源承载力动态评估 SD 模型的变量列表

<table>
<tr><th>变量类型</th><th>解释</th><th colspan="2">SD 模型中的变量</th><th>缩写</th><th>参考历史数据及来源（未标注资料来源的变量可根据其他变量计算获得）</th></tr>
<tr><td rowspan="6">状态变量</td><td rowspan="6">或称积累变量，是最终决定系统行为的变量，随着时间变化，当前时刻的值等于过去时刻的值加上这一段时间的变化量</td><td>1</td><td>总人口（万人）</td><td>POP</td><td>《天津统计年鉴》常住人口</td></tr>
<tr><td>2</td><td>城镇化率（%）</td><td>UR</td><td>《天津市国民经济和社会发展统计公报》常住人口城镇化率</td></tr>
<tr><td>3</td><td>国内生产总值（亿元）</td><td>GDP</td><td>《天津统计年鉴》国内生产总值</td></tr>
<tr><td>4</td><td>城镇建设用地面积（km^2）</td><td>UBA</td><td>《天津统计年鉴》城市建设用地面积</td></tr>
<tr><td>5</td><td>其他水源供水量（万 t）</td><td>QTS</td><td>《天津市水资源公报》其他水源供水量</td></tr>
<tr><td>6</td><td>耕地灌溉面积（km^2）</td><td>AGR</td><td>《天津统计年鉴》有效灌溉面积</td></tr>
<tr><td rowspan="5">速率变量</td><td rowspan="5">是直接改变积累变量值的变量，反映积累变量输入或输出的速度，本质上和辅助变量没有区别</td><td>7</td><td>人口变化数量（万人）</td><td>CPOP</td><td></td></tr>
<tr><td>8</td><td>城镇化率增长量（%）</td><td>CUR</td><td></td></tr>
<tr><td>9</td><td>GDP 增长量（亿元）</td><td>CGDP</td><td></td></tr>
<tr><td>10</td><td>新增城镇建设用地面积（km^2）</td><td>CUBA</td><td></td></tr>
<tr><td>11</td><td>其他水源供水增长量（万 t）</td><td>CQTS</td><td></td></tr>
</table>

（续表）

变量类型	解释	SD 模型中的变量		缩写	参考历史数据及来源（未标注资料来源的变量可根据其他变量计算获得）
辅助变量	辅助变量值由系统中其他变量计算获得，当前时刻的值和历史时刻的值是相对独立的	12	水资源年需水量（万 t）	WR	《天津市水资源公报》全市总用水量
		13	水资源年供水量（万 t）	WS	《天津市水资源公报》年供水总量
		14	水资源供需比	WSWR	
		15	年污水排放总量（万 t）	TOTWP	
		16	水污染压力	WP	
		17	农业灌溉用水量（万 t）	AGRWR	《天津统计年鉴》农业用水
		18	农村生活用水量（万 t）	RURWR	
		19	城镇生活用水量（万 t）	URBWR	
		20	工业用水总量（万 t）	INDWR	《中国统计年鉴》工业用水总量
		21	万元 GDP 耗水量（m^3/ 万元）	INDWP	
		22	城镇人口（万人）	UPOP	《天津统计年鉴》城镇人口
		23	乡村人口（万人）	RPOP	《天津统计年鉴》非城镇人口
		24	城市生活污水排放量（万 t）	URBWW	
		25	城市生活污水处理率（%）	URBWWP	《中国城市统计年鉴》生活污水处理率
		26	工业废水排放量（万 t）	INDWW	《中国城市统计年鉴》工业废水排放量
		27	农业废水排放量（万 t）	AGRWW	
		28	地表径流污染压力	DBJLWP	
		29	GDP 增长率	GDPR	《天津统计年鉴》国内生产总值
		30	城镇化率增长率	URR	《天津统计年鉴》城镇化率

（续表）

变量类型	解释	SD 模型中的变量		缩写	参考历史数据及来源（未标注资料来源的变量可根据其他变量计算获得）
辅助变量	辅助变量值由系统中其他变量计算获得，当前时刻的值和历史时刻的值是相对独立的	31	人口增长率	POPR	《天津统计年鉴》年末总人口
		32	其他水源供水增长率	QTSR	《天津市水资源公报》其他水源供水量
常量	常量值不随时间变化	33	城镇人均生活用水量（m^3/（人·d））	UWPP	薛冰 等的《基于系统动力学的天津市水资源模拟及预测》
		34	乡村人均生活用水量（m^3/（人·d））	RWPP	薛冰 等的《基于系统动力学的天津市水资源模拟及预测》
		35	农业灌溉每公顷用水量（万 t/ hm^2）	AGRWP	《天津统计年鉴》有效灌溉面积、农业用水
		36	市域总面积（km^2）	AREA	《天津统计年鉴》行政区面积
		37	城镇建设用地面积增长率	CUBAR	《天津统计年鉴》城市建设用地面积
		38	农业灌溉废水排放系数	AGRWWR	薛冰 等的《基于系统动力学的天津市水资源模拟及预测》
		39	城镇生活耗水系数	URBWWR	薛冰 等的《基于系统动力学的天津市水资源模拟及预测》
		40	本地水资源总量（万 t）	NWS	《天津市水资源公报》水资源总量
外生变量	随时间变化，但这种变化不是系统中其他变量引起的	41	征地面积（千 hm^2）	CAGR	《天津统计年鉴》有效灌溉面积
		42	生态用水量（万 t）	ECOWR	《中国统计年鉴》生态环境补水用水总量
		43	工业废水排放系数	INDWWR	《中国城市统计年鉴》工业废水排放量、《中国统计年鉴》工业用水总量
		44	外调水供水量（万 t）	OWS	《天津市水资源公报》外调水总量

文中部分彩图

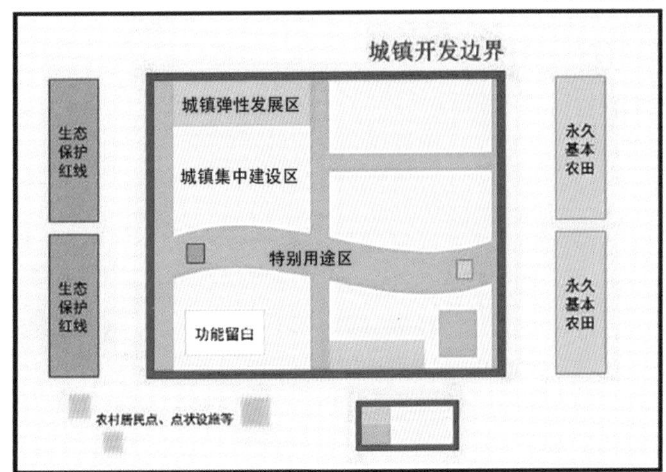

城镇集中建设区
根据规划城镇建设用地规模，为满足城镇居民生产生活需要，划定的一定时期内允许开展城镇开发和集中建设的地域空间。

城镇弹性发展区
为应对城镇发展的不确定性，在城镇集中建设区外划定的，在满足特定条件下方可进行城镇开发和集中建设的地域空间。

特别用途区
为完善城镇功能，提升人居环境品质，保持城镇开发边界的完整性，根据规划管理需要划入开发边界内的重点地区，主要包括与城镇关联密切的生态涵养、休闲游憩、防护隔离、自然和历史文化保护等地域空间。

图 1-2　城镇开发边界空间关系示意图
（资料来源：《城镇开发边界划定指南（试行，征求意见稿）》）

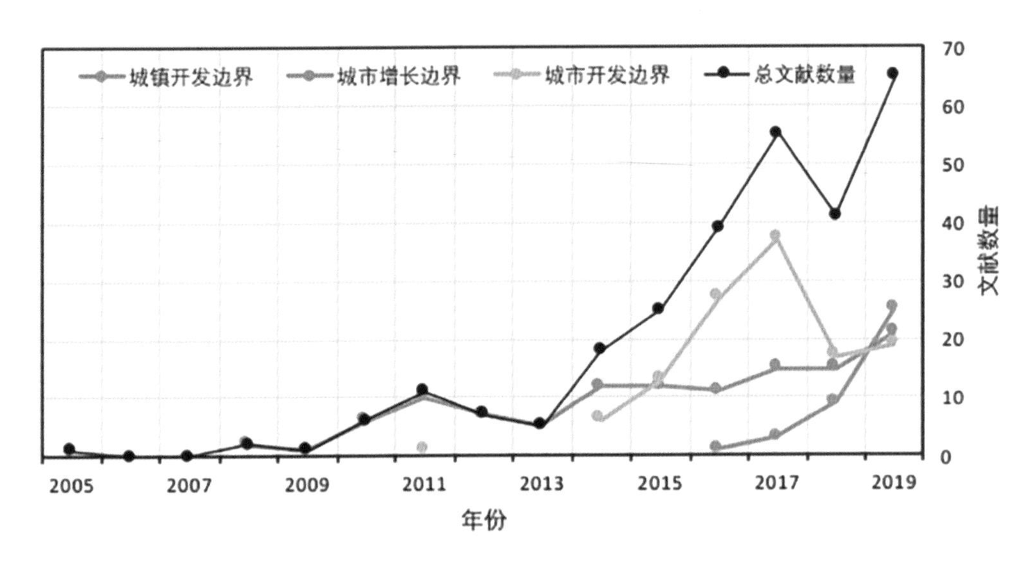

图 2-2　在 CNKI 中城市增长边界相关文献历年发表数量
（资料来源：作者自绘）

绿带

城镇建成区

保障土地

示意图

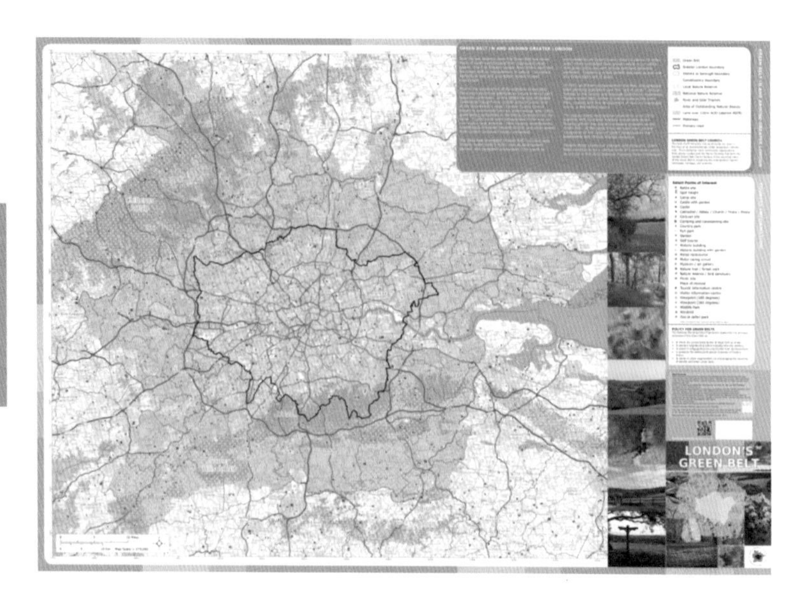

图 2-4　伦敦绿带规划图

（资料来源：https://londongreenbeltcouncil.org.uk/maps/）

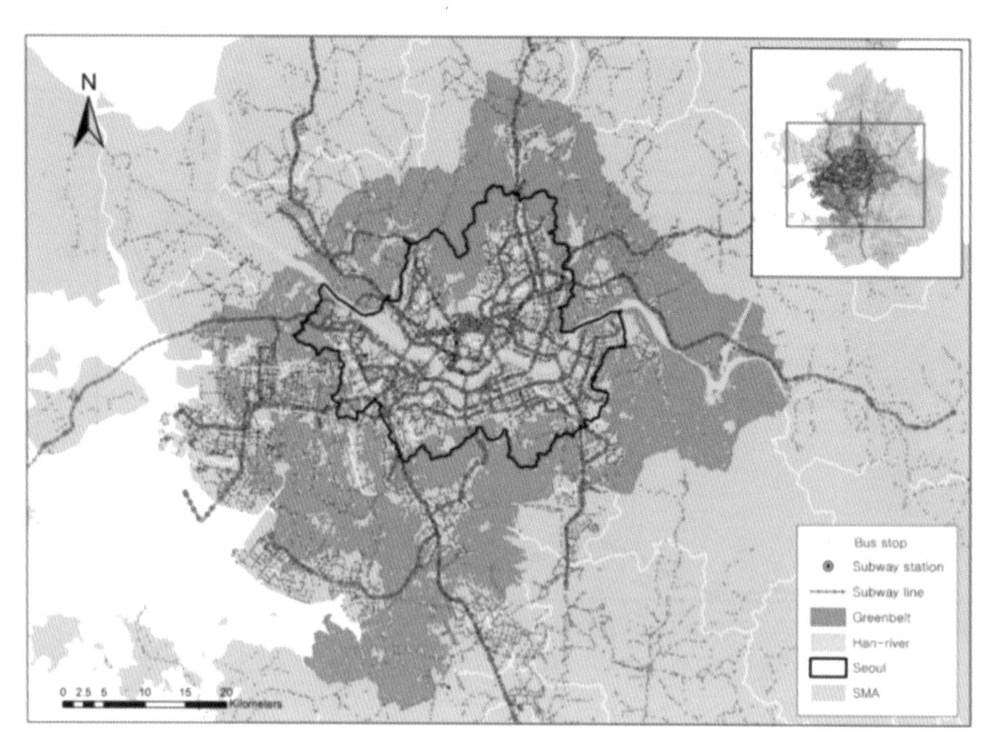

图 2-5　首尔的绿带规划图

（资料来源：https://thinksustainabilityblog.com/2018/02/28/sustainable-cities-seoul-south-korea/）

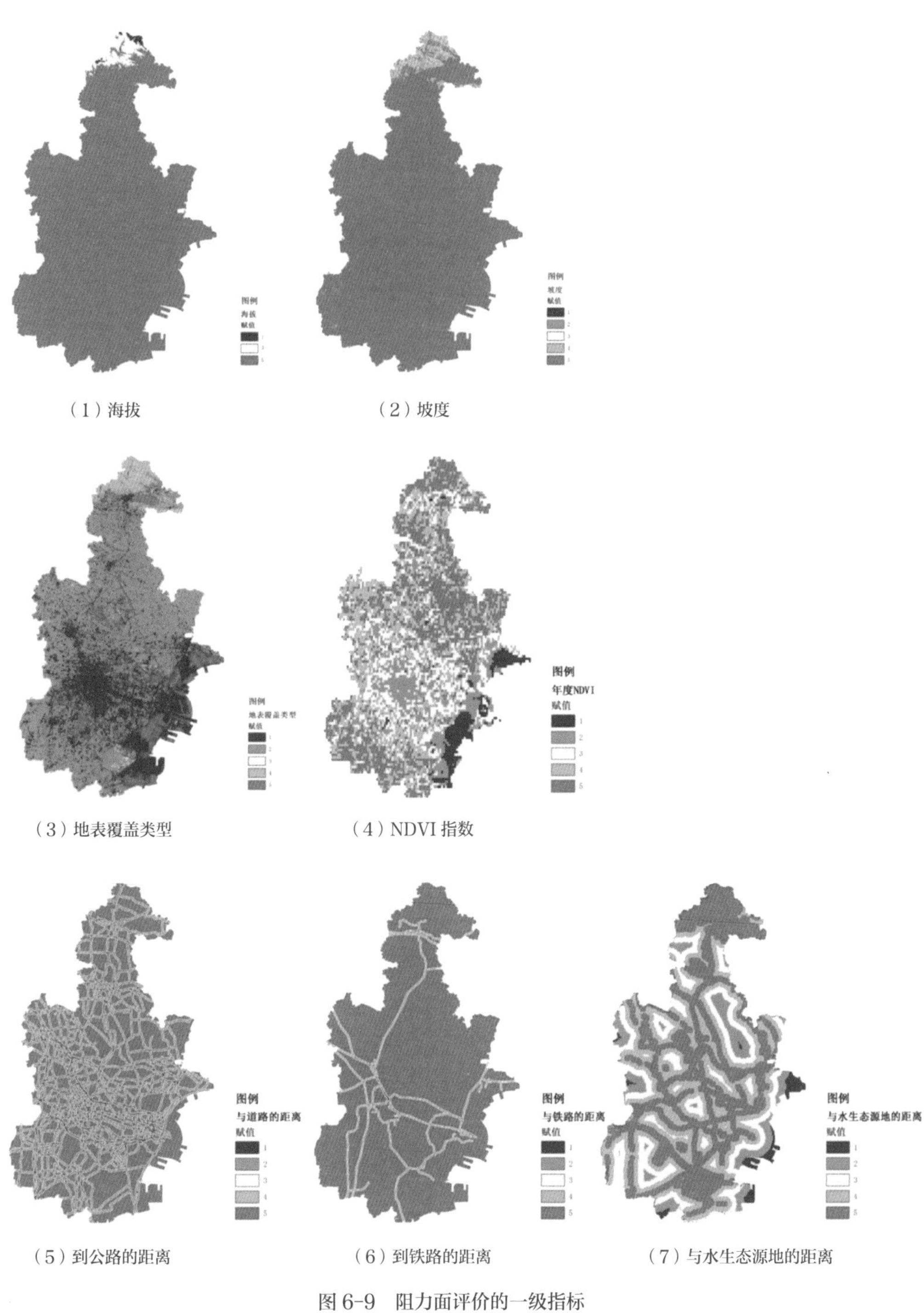

（1）海拔　（2）坡度　（3）地表覆盖类型　（4）NDVI 指数　（5）到公路的距离　（6）到铁路的距离　（7）与水生态源地的距离

图 6-9　阻力面评价的一级指标

（资料来源：作者自绘）

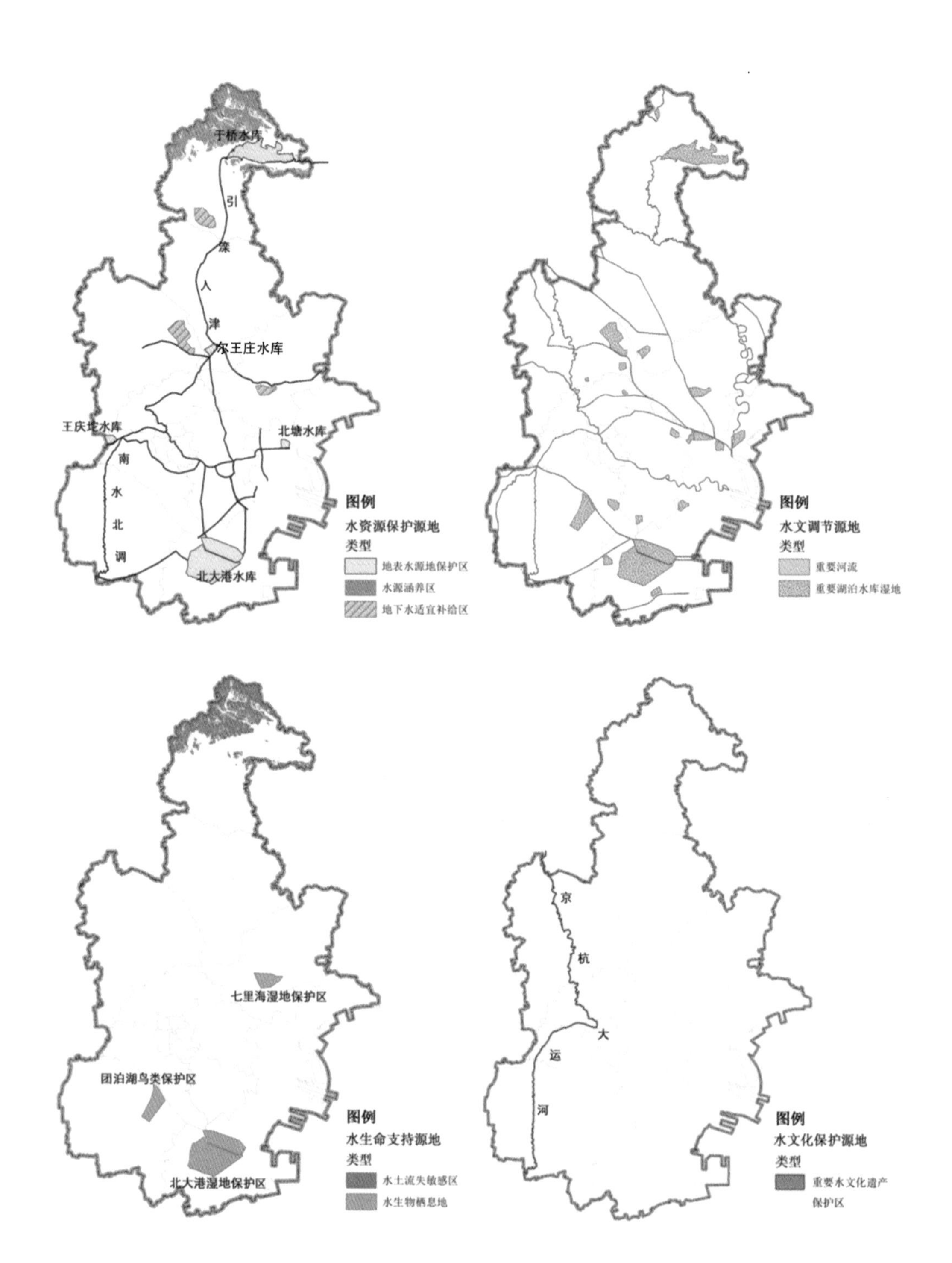

图 6-10　水生态源地的类型及划定范围

（资料来源：作者自绘）

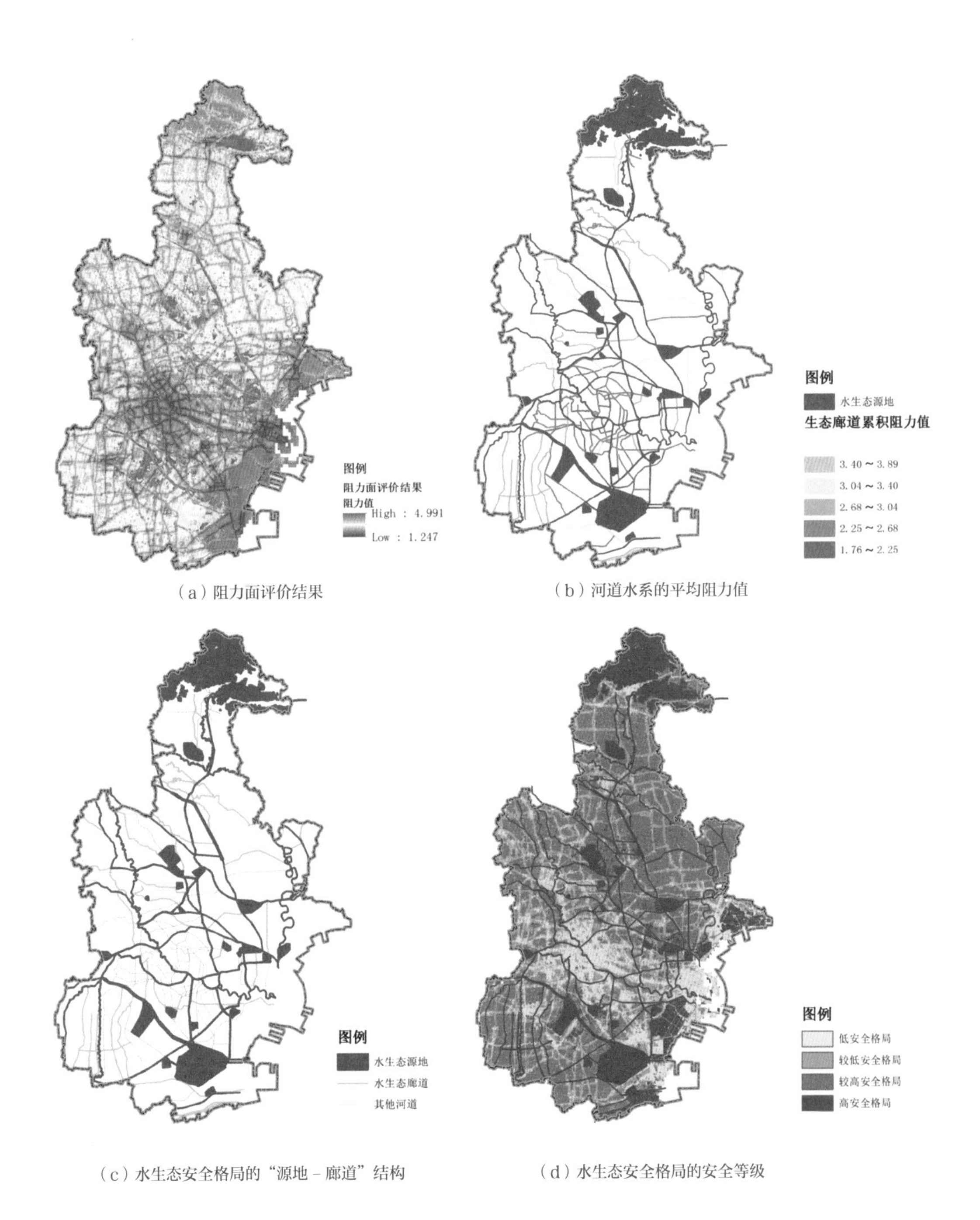

（a）阻力面评价结果

（b）河道水系的平均阻力值

（c）水生态安全格局的“源地－廊道”结构

（d）水生态安全格局的安全等级

图 6-11　天津市水生态安全格局

（资料来源：作者自绘）

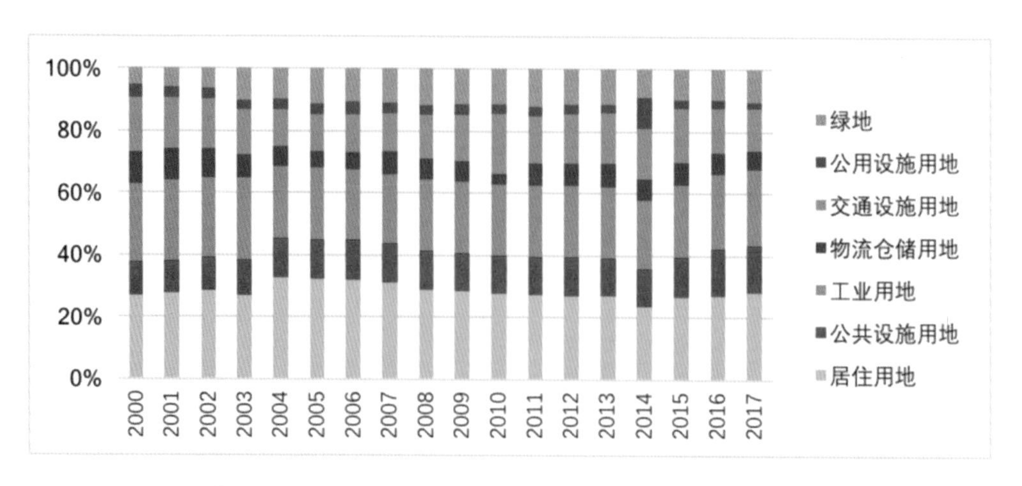

图 7-5　2000—2017 年天津市各类型城市建设用地面积变化情况

（资料来源：《天津统计年鉴》）

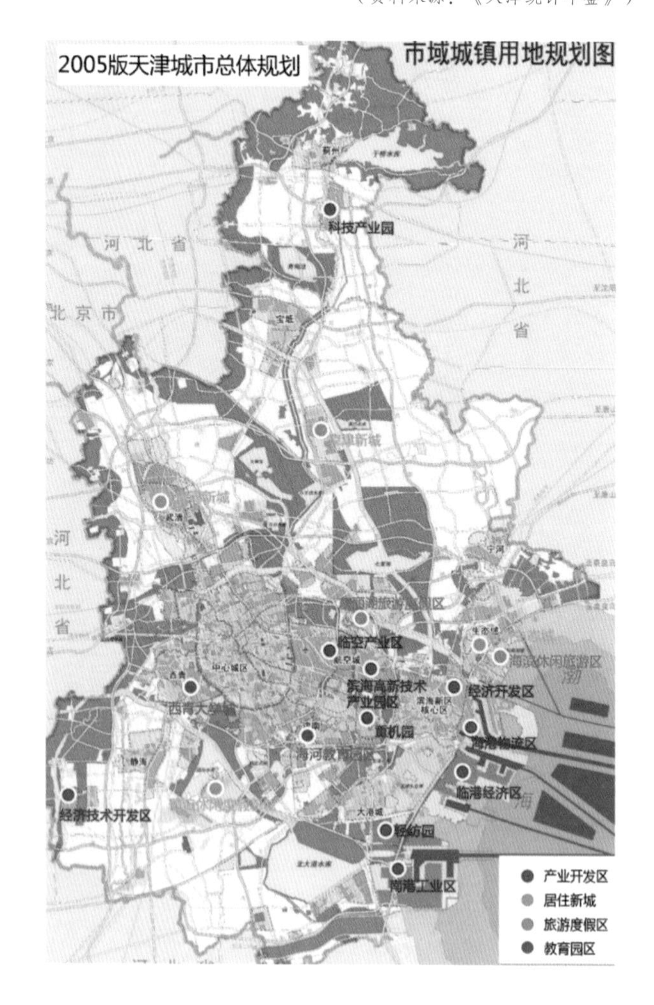

图 7-6　天津城镇空间增长的要素类型

（资料来源：作者自绘）

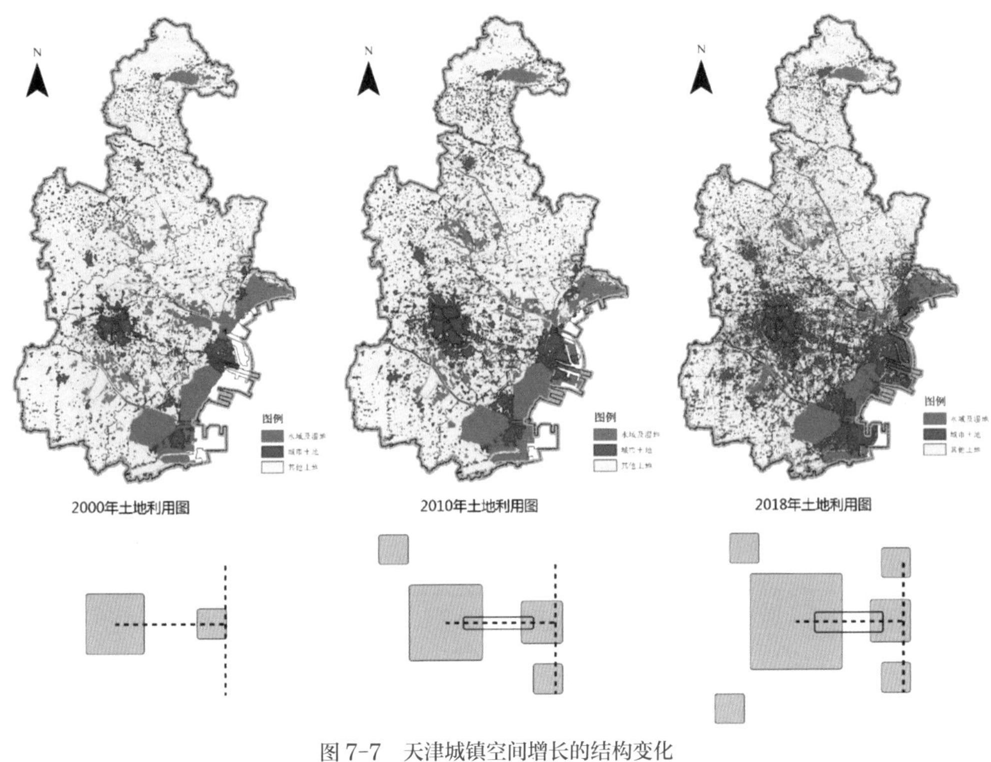

图 7-7　天津城镇空间增长的结构变化

（资料来源：作者自绘）

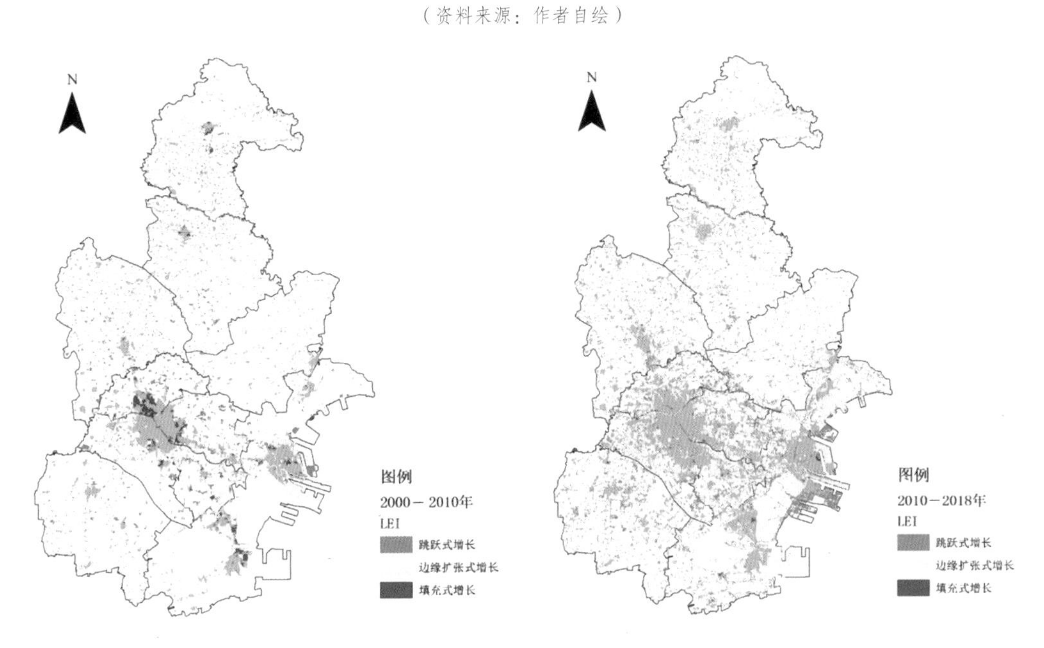

图 7-11　天津市 2000—2010 年和 2010—2018 年城镇空间增长的类型

（资料来源：作者自绘）

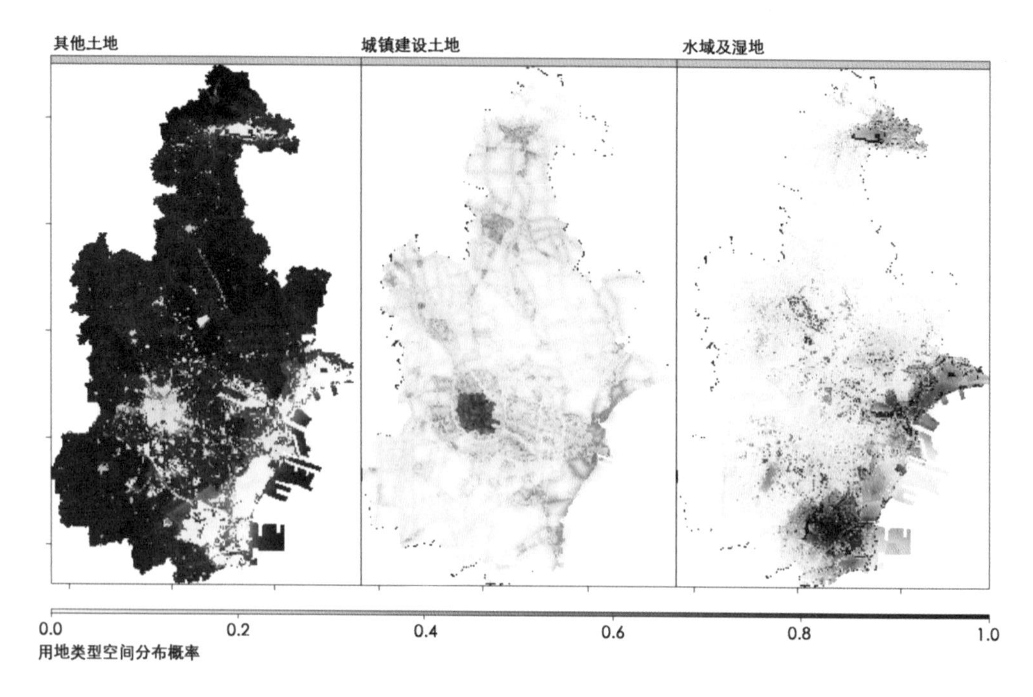

图 8-2　土地利用空间分布的可能性地图
（资料来源：作者自绘）

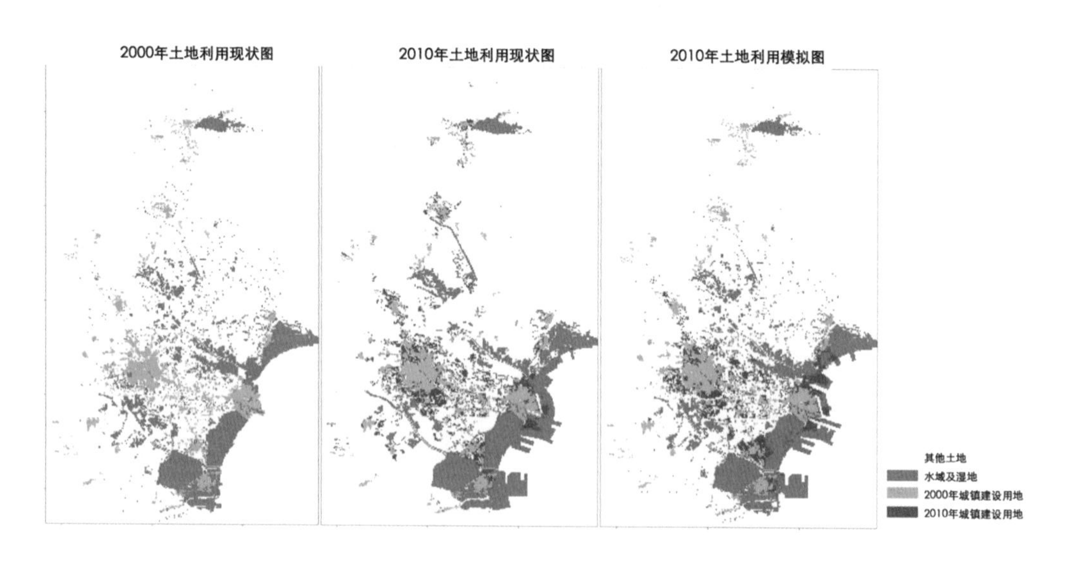

图 8-4　2000 年、2010 年土地利用现状图与 2010 年土地利用模拟图对比
（资料来源：作者自绘）

图 8-5 初始模型与三个修正后模型的 2010 年土地利用模拟图

（资料来源：作者自绘）

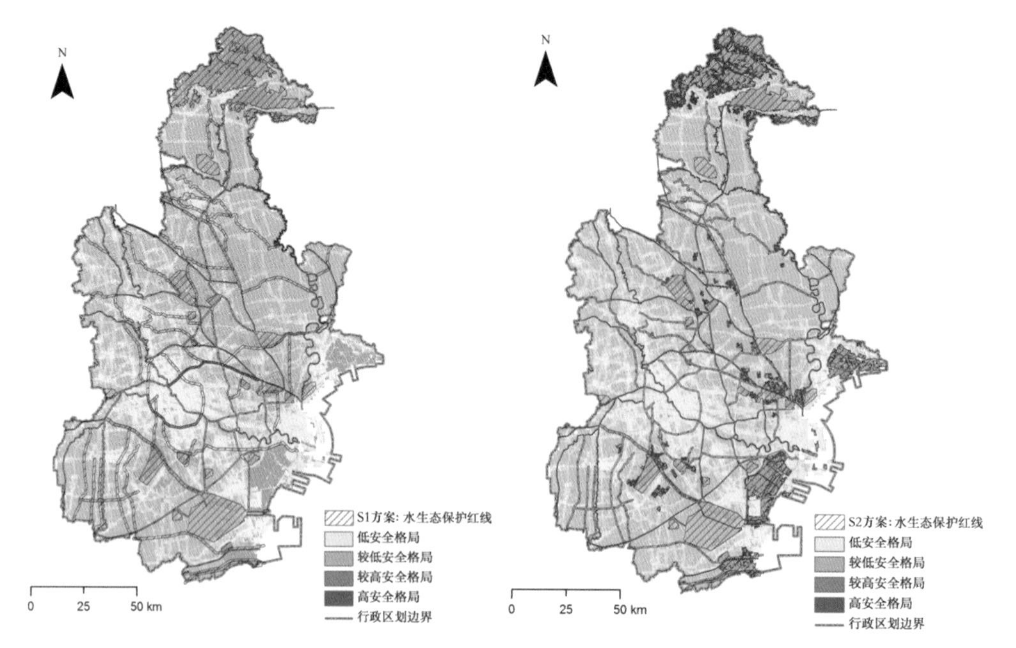

图 8-6　现状延续发展方案（S1 方案）的水生态保护红线范围

（资料来源：作者自绘）

图 8-7　城镇发展优先方案（S2 方案）的水生态保护红线范围

（资料来源：作者自绘）

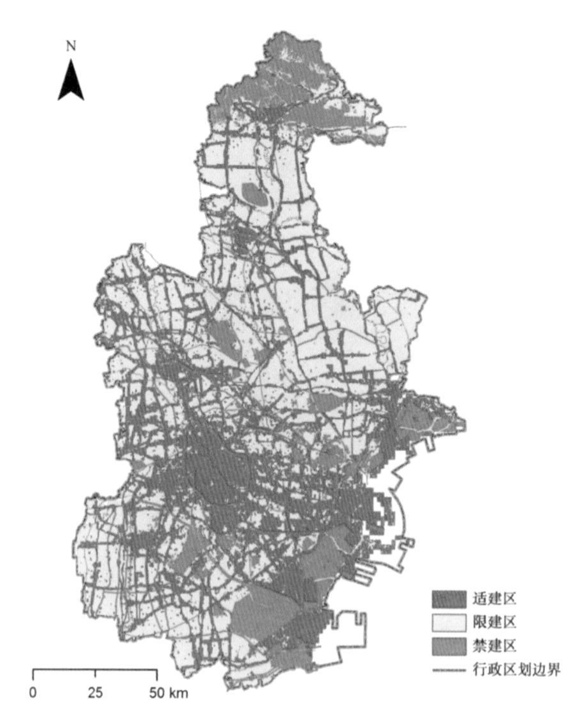

图 8-8　生态保护优先方案（S3 方案）的城镇用地适宜性范围

（资料来源：作者自绘）

图 8-10　城镇空间增长多方案模拟结果

（资料来源：作者自绘）

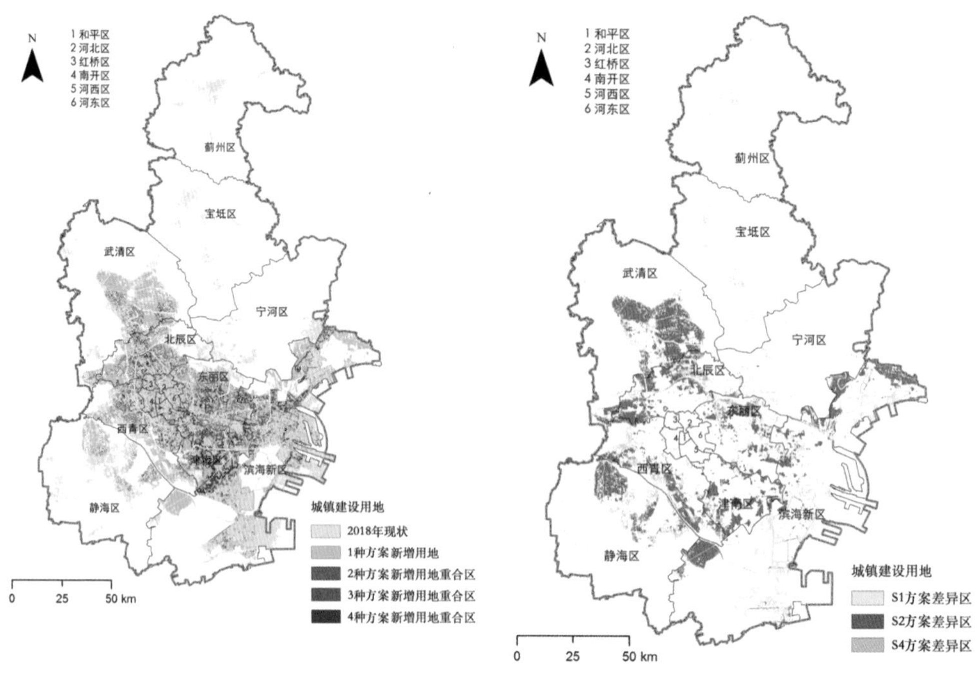

图 8-11 多方案模拟的城镇建设用地空间分布叠置

（资料来源：作者自绘）

图 8-12 多方案模拟的城镇建设用地差异区

（资料来源：作者自绘）

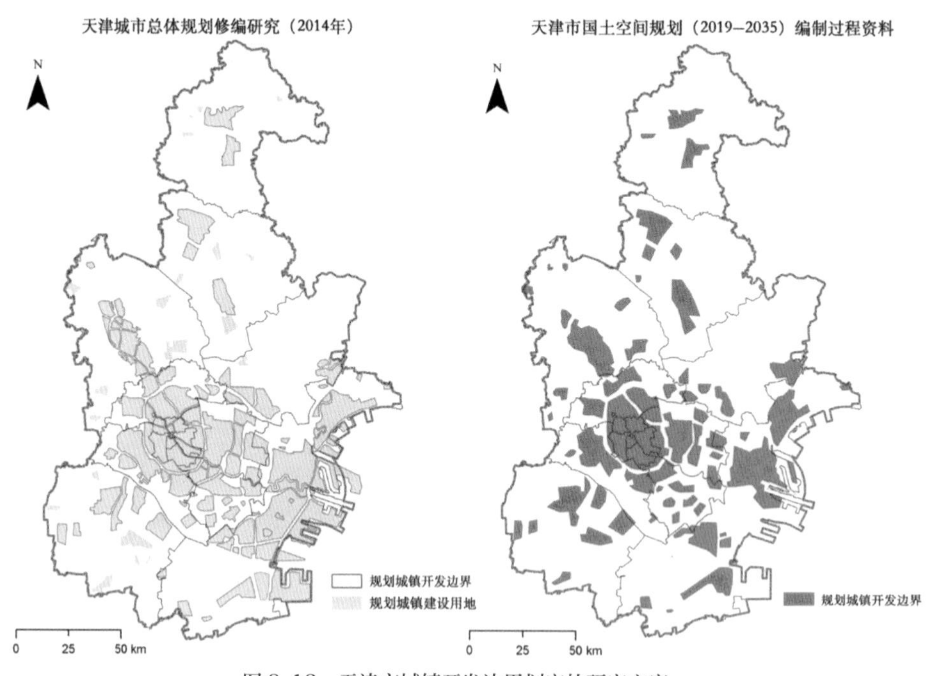

图 8-13 天津市城镇开发边界划定的研究方案

（资料来源：作者自绘）

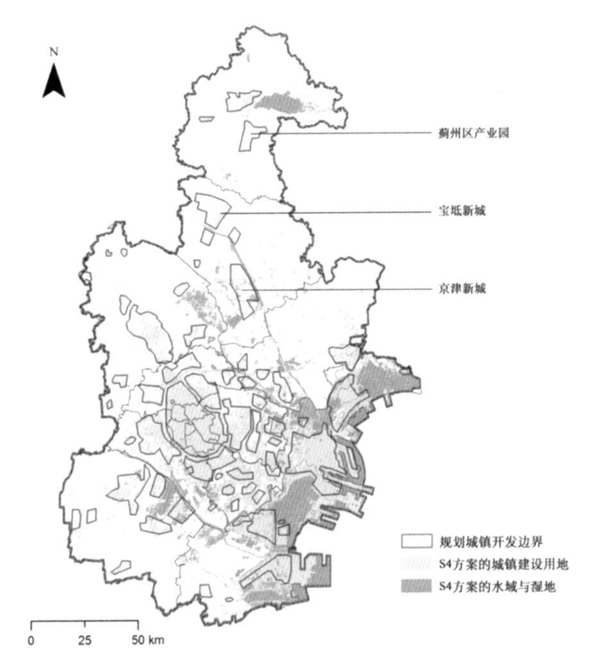

图 8-14　S4 方案模拟的城镇用地布局与天津市国土空间规划的城镇开发边界比较

（资料来源：作者自绘）

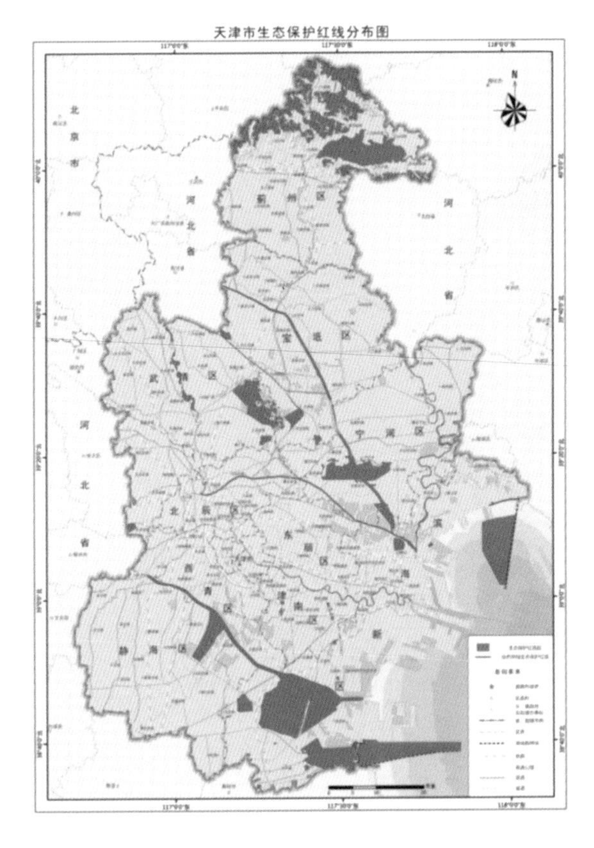

图 8-15　天津市生态保护红线的划定范围

（资料来源：http://www.tj.gov.cn/zwgk/szfwj/tjsrmzf/202005/t20200519_2365979.html）

图 9-1　不同方案水域与湿地空间分布的叠置比较

（资料来源：作者自绘）

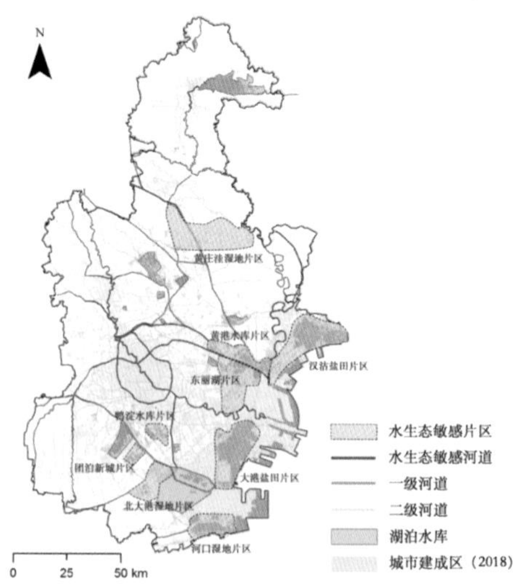

图 9-2　容易受到城市开发建设活动影响的水生态敏感区域

（资料来源：作者自绘）

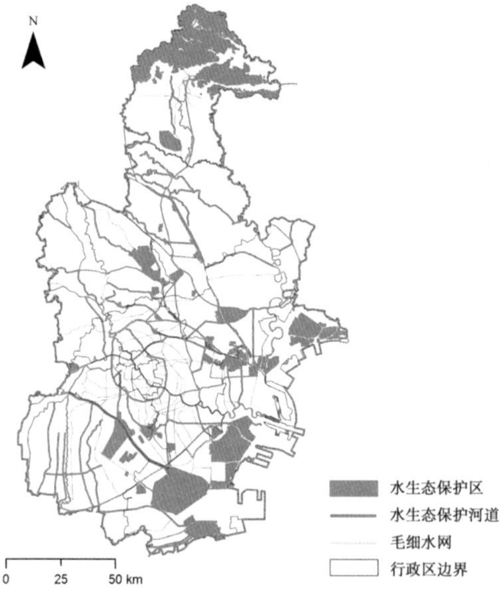

N

水生态保护区

水生态保护河道

毛细水网

行政区边界

0 25 50 km

图 9-3　水生态空间的永久性红线

（资料来源：作者自绘）

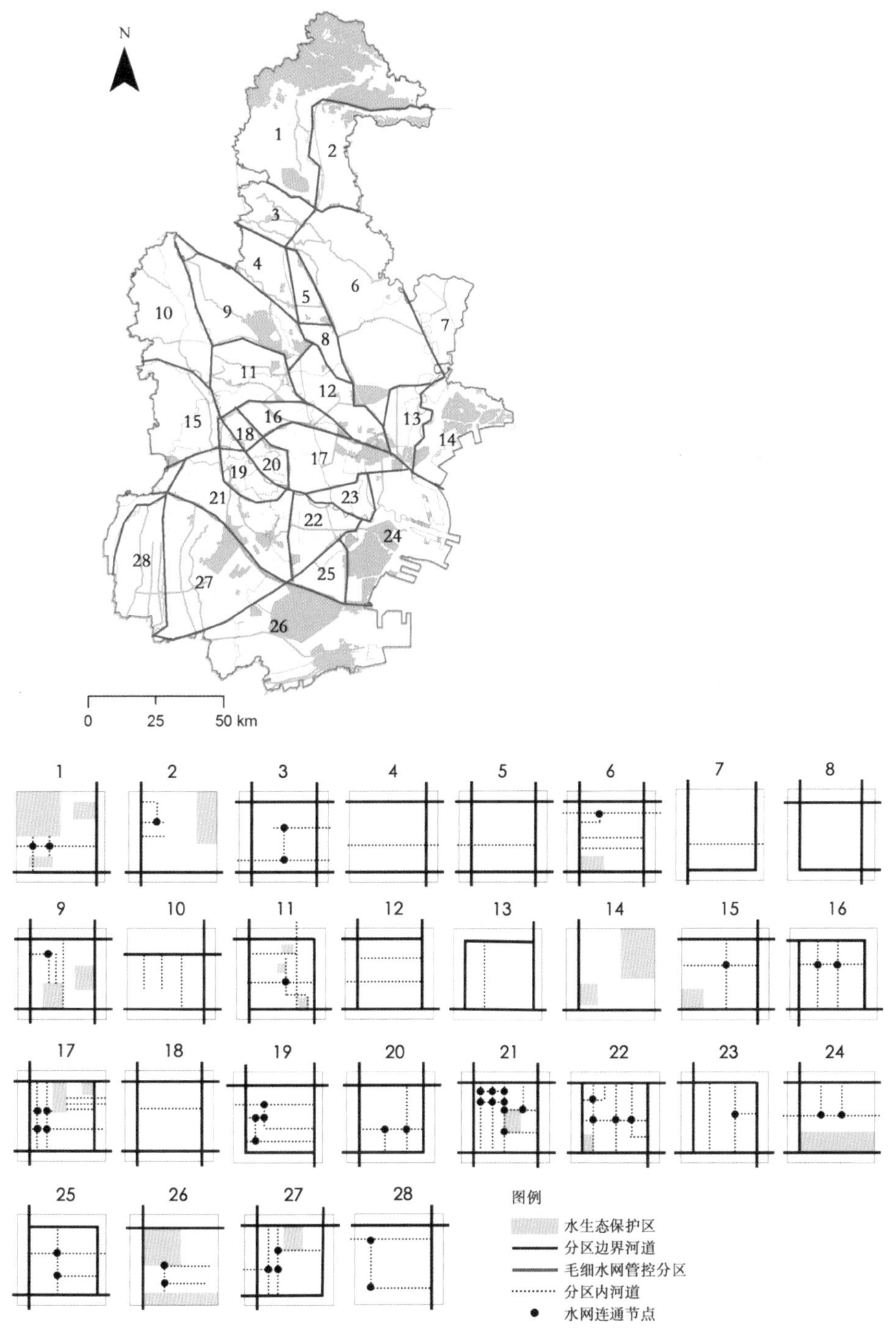

图 9-4　水网连通结构的管理单元图

（资料来源：作者自绘）

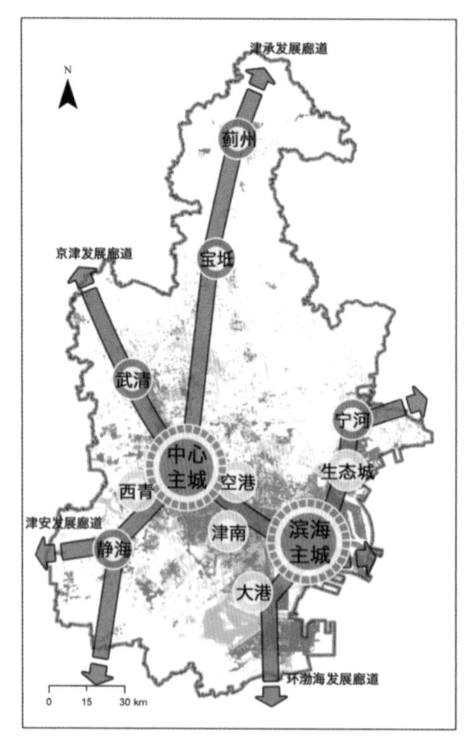

图 9-6　天津城镇空间发展战略
（资料来源：作者自绘）

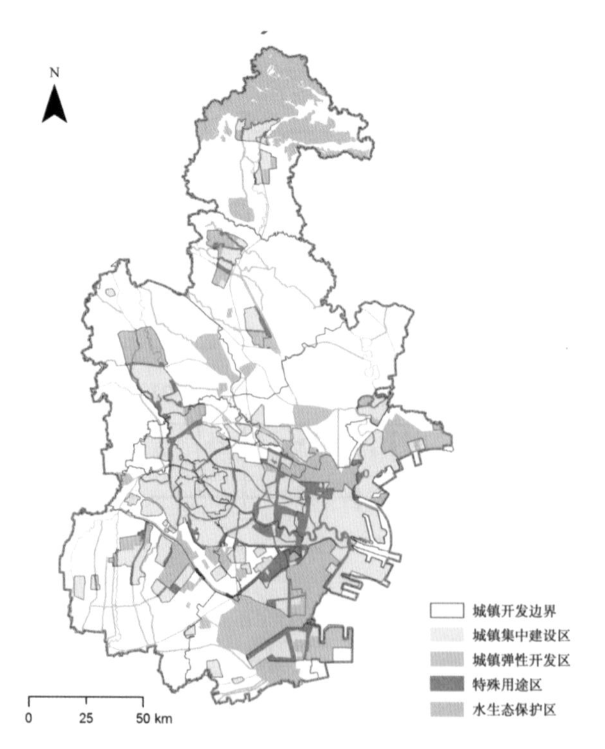

图 9-7　城镇开发边界的调整建议
（资料来源：作者自绘）